Dr. R. Thameem Azarudeen
Dr. M. Govindarajan
Dr. A. Amsath

# Nanopartículas para combater os mosquitos

Dr. R. Thameem Azarudeen
Dr. M. Govindarajan
Dr. A. Amsath

# Nanopartículas para combater os mosquitos

ScienciaScripts

**Imprint**



Cover image: www.ingimage.com

This book is a translation from the original published under ISBN 978-620-6-78315-2.

Publisher:
Sciencia Scripts
is a trademark of
Dodo Books Indian Ocean Ltd. and OmniScriptum S.R.L publishing group

120 High Road, East Finchley, London, N2 9ED, United Kingdom
Str. Armeneasca 28/1, office 1, Chisinau MD-2012, Republic of Moldova, Europe
Printed at: see last page
**ISBN: 978-620-8-13220-0**

## Sobre o autor

**O Dr. R. Thameem Azarudeen** trabalha como Professor Assistente no Departamento de Zoologia, Saraswathi Narayanan College, Madurai - 625022, Tamil Nadu, Índia. Recebeu o grau de doutoramento na Universidade de Bharathidasan, Thiruchirapalli, em 2018. Tem 7 anos de experiência de ensino. Ele treinou como estagiário de pesquisa no NYU Langone Medical Center, Nova York, EUA. Ele publicou 6 artigos em revistas internacionais. Ele orientou 6 M.Sc. alunos. Foi coordenador do Clube de Sensibilização Cibernética e da Cruz Vermelha Juvenil. Organizou vários programas académicos na área da Zoologia. Publicou 6 artigos de investigação em revistas nacionais e internacionais de renome. Participou em muitos seminários nacionais e internacionais. As suas áreas de especialização são a Entomologia e a NanoBiotecnologia.

## Acerca do Auth or

**O Dr. M. Govindarajan** concluiu o seu bacharelato em Zoologia no Government Arts College (**I**), Kumbakonam, e os seus mestrados, doutoramentos e M.Phil na Annamalai University, Annamalainagar, Tamil Nadu, Índia. Obteve o primeiro lugar com uma medalha de ouro no grau de M.Phil. Trabalhou como professor assistente no Departamento de Zoologia da Universidade de Annamalai. Atualmente, é professor assistente no Departamento de Zoologia do Government College for Women (Autónomo), Kumbakonam. Os seus interesses de investigação incluem o isolamento, a identificação e a caraterização de moléculas biologicamente activas de plantas e micróbios. Identificou mais de 20 compostos puros com elevada atividade mosquitocida e realizou investigação de alta qualidade sobre fitoquímica e nanossíntese.

É autor de mais de 300 artigos académicos em revistas com factores de impacto notáveis, bem como de seis livros reconhecidos internacionalmente. Também orientou candidatos a M.Phil. e Ph.D.. Várias instituições selecionaram-no como examinador de provas públicas de mestrado e doutoramento. Faz parte do conselho editorial de várias revistas nacionais e internacionais. Foram-lhe atribuídos projectos de investigação importantes pelo DST, UGC e ICMR do Governo da Índia. Além disso, recebeu o prémio Shiksha Rattan Puraskar da Sociedade de Amizade Internacional da Índia em Nova Deli, Índia. Foi escolhido como um dos principais cientistas do mundo, de acordo com a classificação da Universidade de Stanford, nos Estados Unidos.

## Sobre o autor

**O Dr. A. Amsath** trabalha como Professor Associado e Diretor de Zoologia no Khadir Mohideen College, Adirampattinam-614 701, Tamil Nadu, Índia. Obteve o grau de doutor na Universidade de Bharathidasan, Tiruchirappalli, em 2000. Tem 34 anos de experiência de ensino e investigação. Além disso, desempenhou várias funções, tais como Decano de Ciências e Vice-Diretor. É autor de 6 livros. Publicou 80 artigos de investigação em revistas nacionais e internacionais de renome. Apresentou mais de 35 trabalhos de investigação em seminários/simpósios/conferências nacionais e internacionais. Quinze candidatos receberam o grau de doutoramento sob a sua orientação. Trabalha continuamente para o melhoramento dos estudantes, da investigação e da sociedade. Neste contexto, organizou muitos seminários nacionais e programas de sensibilização. Foi Convocador da Célula de Aconselhamento aos Estudantes, da Associação Zoológica, do Comité Progressivo da Biblioteca e da Associação de Pais e Professores. É o editor associado do "International Journal of Zoology and Applied Biosciences" e administrador do sítio Web de recursos zoológicos. Além disso, é também membro do Conselho Editorial de muitas revistas revistas por pares. Contribuiu como orador convidado em várias faculdades e universidades. Recebeu prémios como o Prémio Bharat Jyoti, o Prémio de Melhor Conselheiro de Investigação, o Prémio de Melhor Professor e o Prémio Kalvi Bharathi. Participou em quatro workshops e cursos de atualização.

# Conteúdo

# CAPÍTULO - 1

# INTRODUÇÃO

Os mosquitos são bem conhecidos como pragas incómodas e como portadores de agentes causadores de doenças para os seres humanos e animais. O movimento rápido das suas asas produz um zumbido agudo caraterístico e as suas picadas provocam vergões vermelhos e com comichão. Os mosquitos são moscas pequenas e esguias que pertencem à família Culicidae. São geralmente parecidos a olho nu, mas as diferentes espécies variam muito, com vários padrões de faixas, riscas e manchas que adornam os seus corpos. É importante saber que espécies de mosquitos vivem dentro e à volta da sua casa, porque variam em termos de biologia e comportamento e têm impactos diferentes nos seres humanos e na vida selvagem. Compreender a sua biologia ajudá-lo-á a tomar decisões mais informadas sobre como lidar com os riscos que representam para a saúde, se deve tentar controlar os mosquitos e quais os métodos a utilizar para os controlar.

As doenças infecciosas transmitidas por vectores estão a surgir ou a ressurgir em resultado de alterações na política de saúde pública, da resistência aos insecticidas e aos medicamentos, da mudança de ênfase da prevenção para a resposta de emergência, de alterações demográficas e societais e de alterações genéticas nos agentes patogénicos. Estratégias de prevenção eficazes podem inverter esta tendência. É necessária investigação sobre vacinas, insecticidas ambientalmente seguros, abordagens alternativas ao controlo dos vectores e programas de formação para os profissionais de saúde.

Os mosquitos são vectores importantes de várias doenças tropicais, incluindo a malária, as filarioses e numerosas doenças virais, como o dengue, a encefalite japonesa e a febre amarela. Nos países de clima temperado, são mais importantes como pragas incómodas do que como vectores. Existem cerca de 3500 espécies de mosquitos, das quais cerca de 100 são vectores de doenças humanas. As medidas de controlo são geralmente dirigidas contra apenas uma ou algumas das espécies mais importantes e podem visar os adultos ou as larvas.

O controlo dos vectores é um requisito essencial para o controlo de doenças epidémicas como a malária, a filariose e a dengue, que são transmitidas por diferentes espécies de mosquitos. O aparecimento de resistência aos insecticidas e os seus efeitos nocivos para os organismos não visados e para o ambiente exigiram a procura urgente de métodos novos e melhorados de controlo dos mosquitos que sejam económicos e eficazes, bem como seguros para os organismos não visados e para o ambiente. Os insecticidas sintetizados a partir de produtos naturais, tais como nanopartículas de prata, ouro ou silício de origem vegetal, tornaram-se uma prioridade nesta procura.

As nanopartículas são definidas como dispersões de partículas ou partículas sólidas com uma dimensão de 10-1000 nm. A palavra "nano" deriva de uma palavra grega que significa "anão". Em termos técnicos, a palavra "nano" significa 10-9, ou seja, um bilionésimo de um metro. Naturalmente, a palavra nanotecnologia evoluiu devido à utilização de partículas de tamanho nanométrico. As nanopartículas alvo apresentam muitas caraterísticas novas, tais como uma força extraordinária, maior reatividade química, propriedades magnéticas e/ou elevada condutividade eléctrica. A "nanotecnologia" trata da aplicação de tais partículas em ciências biológicas, físicas, químicas, ambientais, agrícolas, industriais ou farmacêuticas. Dependendo do método de preparação, podem obter-se nanopartículas, nanoesferas ou nanocápsulas. Embora os métodos físicos e químicos sejam mais populares e amplamente utilizados para a síntese de nanopartículas, a toxicidade ambiental associada e a natureza não biodegradável dos produtos limitam as suas aplicações. Assim, a via "verde" para a síntese de nanopartículas de origem vegetal é de grande interesse devido à sua compatibilidade ecológica, perspectivas económicas, viabilidade e vasta gama de aplicações.

## 1.1 Mosquitos vectores

### 1.1.1 *Anopheles stephensi*

Existem cerca de 380 espécies de *Anopheles* em todo o mundo. Cerca de 60 espécies são suficientemente atraídas pelos seres humanos para actuarem como vectores da malária. Várias espécies de Anopheles são também vectores da filariose e de doenças virais.

#### Ciclo de vida

Os habitats das larvas variam de espécie para espécie, mas estão frequentemente expostos à luz solar e encontram-se geralmente associados a vegetação emergente, como ervas ou tapetes de vegetação flutuante ou algas. Os locais de reprodução mais preferidos são os charcos, as infiltrações, os locais calmos em cursos de água lentos, os campos de arroz, as axilas das folhas de certas plantas epífitas e as poças de água da chuva. Os recipientes artificiais, tais como vasos, banheiras, cisternas e tanques suspensos, não são geralmente adequados, exceto no caso do *Anopheles stephensi* no sudoeste da Ásia. Os ovos, postos individualmente à superfície da água, onde flutuam até à eclosão, são alongados, têm um par de flutuadores laterais e têm cerca de 1 mm de comprimento. A eclosão ocorre em 2-3 dias. As larvas flutuam numa posição horizontal à superfície, onde se alimentam de pequenas partículas orgânicas. Nas regiões tropicais, a duração do desenvolvimento desde o ovo até ao adulto é de 11-13 dias.

### Comportamento

Os mosquitos *Anopheles* estão activos entre o pôr do sol e o nascer do sol. Cada espécie tem horas específicas de pico de picada, e há também variações na sua preferência por picar dentro ou fora de casa. Os anophelinos que entram nas casas para se alimentarem descansam frequentemente dentro de casa durante algumas horas após a alimentação. Podem então partir para locais de repouso abrigados no exterior, entre os quais vegetação, tocas de roedores, fendas e fissuras em árvores ou no solo, grutas e a parte inferior de pontes. Em alternativa, podem permanecer dentro de casa durante todo o período necessário para digerir a farinha de sangue e produzir ovos. O repouso no interior é mais comum em zonas secas ou ventosas, onde os locais seguros de repouso no exterior são escassos. Quando os ovos estão completamente desenvolvidos, os mosquitos grávidos deixam os seus locais de repouso e tentam encontrar um habitat de reprodução adequado. Muitas espécies de *Anopheles* alimentam-se tanto de seres humanos como de animais. No entanto, diferem no grau em que preferem um em detrimento do outro. Algumas espécies alimentam-se sobretudo de animais, enquanto outras se alimentam quase exclusivamente de seres humanos. Estas últimas espécies são as mais perigosas como vectores da malária.

### 1.1.2 *Aedes aegypti*

Os mosquitos *Aedes* estão presentes em todo o mundo e existem mais de 950 espécies. Podem causar um grave incómodo de picadas a pessoas e animais, tanto nas regiões tropicais como em climas mais frios. Nos países tropicais, *o Aedes aegypti* é um importante vetor do dengue, da febre hemorrágica do dengue, da febre amarela e de outras doenças virais. Uma espécie estreitamente relacionada, o *A. albopictus*, também pode transmitir a dengue. Em algumas zonas, as espécies de *Aedes* transmitem a filariose, a filariose bancroftiana e doenças arbovirais, como a encefalite japonesa. Nalgumas zonas, constituem um incómodo considerável.

**Ciclo de vida: frequentemente** encontrados a repousar em cantos escuros de divisões, abrigos e bueiros. Também repousam ao ar livre sobre a vegetação e em buracos de árvores em zonas florestais.

### 1.1.3 *Culex quinquefasciatus*

Foram descritas cerca de 550 espécies de *Culex*, a maioria das quais de regiões tropicais e subtropicais. Algumas espécies são importantes como vectores da filariose bancroftiana e de doenças arbovirais, como a encefalite japonesa. Nalgumas zonas, constituem um incómodo considerável.

**Ciclo de vida**

São colocadas na superfície da água jangadas de 100 ou mais ovos. As jangadas permanecem à tona até à eclosão dos ovos, que ocorre 2 a 3 dias mais tarde. As espécies de *Culex* reproduzem-se numa grande variedade de águas paradas, desde recipientes artificiais e bacias de captação de sistemas de drenagem até grandes massas de água permanentes. A espécie mais comum, *C. quinquefasciatus*, um grande incómodo e vetor da filariose bancroftiana, reproduz-se especialmente em água poluída com material orgânico, como lixo e excrementos ou plantas em decomposição. Exemplos de tais locais de reprodução são fossas de imersão, fossas sépticas, latrinas de fossa, esgotos entupidos, canais e poços abandonados. Em muitos países em desenvolvimento, *C. quinquefasciatus* é comum em áreas urbanas em rápida expansão, onde a drenagem e o saneamento são inadequados. *O C. tritaeniorhynchus*, o vetor da encefalite japonesa na Ásia, prefere água mais limpa. Encontra-se mais frequentemente em campos de arroz irrigado e em valas.

**Comportamento**

*O C. quinquefasciatus* é uma espécie marcadamente doméstica. As fêmeas adultas picam pessoas e animais durante toda a noite, dentro e fora de casa. Durante o dia, estão inactivas e são frequentemente encontradas a descansar em cantos escuros de quartos, abrigos e bueiros. Também descansam ao ar livre na vegetação e em buracos de árvores em áreas florestais.

## 1.2 Doenças transmitidas por mosquitos

### 1.2.1 Malária

A malária é causada pelo parasita protozoário *Plasmodium*, que passa parte do seu ciclo de vida no ser humano e outra parte em certas espécies de mosquitos. Cinco espécies de *Plasmodium* causam a malária no ser humano: *Plasmodium falciparum, P. vivax, P. malariae, P. ovale* e o parasita da malária do macaco, *P. knowlesi.* Destes, *o P. falciparum* é o mais importante na maior parte das regiões tropicais e é responsável pela maioria das doenças graves e mortes causadas pela malária. Os parasitas da malária são transmitidos por mosquitos fêmeas pertencentes ao género *Anopheles*. Os mosquitos *Anopheles* machos alimentam-se apenas de sumos e néctar de plantas e não podem transmitir a malária. O ciclo de vida do parasita da malária divide-se em três fases diferentes: uma no mosquito, o ciclo esporogónico; e duas no hospedeiro humano - o ciclo eritrocítico (nos glóbulos vermelhos do sangue humano) e o ciclo exo-eritrocítico.

### 1.2.2 Dengue

A dengue é uma doença transmitida por mosquitos causada por qualquer um de quatro vírus da dengue estreitamente relacionados (DENV-1, -2, -3 e -4). A infeção com um serótipo de DENV confere imunidade vitalícia a esse serótipo, mas não confere imunidade a longo prazo a outros serótipos. Assim, uma pessoa pode ser infetada até quatro vezes, uma vez com cada serótipo. Os vírus da dengue são transmitidos de pessoa para pessoa por mosquitos *Aedes* (mais frequentemente *A. aegypti*) no ambiente doméstico. Há mais de 200 anos que se registam periodicamente epidemias no hemisfério ocidental. Nos últimos 30 anos, a transmissão da dengue e a frequência das epidemias de dengue aumentaram muito na maioria dos países tropicais da região americana.

Os sintomas da dengue incluem febre, dores de cabeça fortes, dores atrás dos olhos, dores musculares e nas articulações, glândulas inchadas e erupções cutâneas. Não existe uma vacina ou um medicamento específico para tratar a dengue. As pessoas que têm dengue devem descansar, beber muitos líquidos e reduzir a febre com paracetamol.

### 1.2.3 Febre amarela

A febre amarela é uma doença hemorrágica viral aguda transmitida pelos mosquitos Aedes. O "amarelo" do nome refere-se à iterícia que afecta alguns doentes. Estima-se que, anualmente, ocorram 200 000 casos de febre-amarela em todo o mundo, causando 30 000 mortes. O vírus que causa a febre-amarela é endémico nas zonas tropicais de África e da América Latina, onde vive uma população conjunta de mais de 900 milhões de pessoas. Um pequeno número de casos importados ocorre em países sem febre amarela.

Os sintomas da doença incluem febre, dores musculares com dores de costas proeminentes, dores de cabeça, calafrios, perda de apetite e náuseas ou vómitos. A maioria dos doentes melhora e os sintomas desaparecem ao fim de 3 a 4 dias. No entanto, 15% dos doentes entram numa segunda fase, mais tóxica, no espaço de 24 horas após a remissão inicial. A febre alta regressa e vários sistemas do corpo são afectados. O doente desenvolve rapidamente iterícia e queixa-se de dores abdominais com vómitos e hemorragias internas. Metade destes doentes morre num prazo de 10 a 14 dias. Não existe tratamento específico para a febre amarela, apenas cuidados de apoio para tratar a desidratação, a insuficiência respiratória e a febre. A vacinação é a medida preventiva mais importante contra a febre-amarela. A vacina é segura, acessível e altamente eficaz. Uma única dose de vacina contra a febre amarela é suficiente para proporcionar uma proteção vitalícia contra a doença. Para mais informações, consulte a ficha informativa sobre a febre amarela.

### 1.2.4 Chikungunya

A Chikungunya é uma doença tropical viral transmitida também por mosquitos *Aedes*. É relativamente pouco frequente e está mal documentada. A doença foi detectada em África, na Ásia e em ilhas dos oceanos Caraíbas, Índico e Pacífico. Os sintomas típicos são uma doença aguda com febre, erupção cutânea e dores incapacitantes nas articulações que podem durar semanas. Este último distingue o vírus chikungunya da dengue, que, de resto, partilha os mesmos vectores, sintomas e distribuição geográfica. Não existe cura nem vacina comercial para a doença. A maioria dos doentes recupera totalmente mas, em alguns casos, as dores nas articulações podem persistir durante vários meses ou mesmo anos. Tal como acontece com a dengue, o único método para reduzir a transmissão do vírus chikungunya é o controlo dos mosquitos vectores e a proteção contra as picadas dos mosquitos. Para mais informações, consulte a ficha informativa sobre chikungunya.

Os sintomas típicos são uma doença aguda com febre, erupção cutânea e dores incapacitantes nas articulações que podem durar semanas. Este último distingue o vírus chikungunya da dengue, que, de resto, partilha os mesmos vectores, sintomas e distribuição geográfica. Não existe cura nem vacina comercial para a doença. A maioria dos doentes recupera totalmente mas, em alguns casos, as dores nas articulações podem persistir durante vários meses ou mesmo anos. Tal como acontece com a dengue, o único método para reduzir a transmissão do vírus chikungunya é o controlo dos mosquitos vectores e a proteção contra as picadas dos mosquitos. Para mais informações, consulte a ficha informativa sobre chikungunya.

### 1.2.5 Filariose linfática

A infeção por filariose linfática, vulgarmente conhecida como elefantíase, ocorre quando parasitas filariais semelhantes a fios são transmitidos aos seres humanos através de mosquitos. A filariose linfática é transmitida por diferentes tipos de mosquitos, por exemplo, o mosquito *Culex*, que se encontra disseminado nas zonas urbanas e semi-urbanas; *o Anopheles,* principalmente nas zonas rurais; e o *Aedes*, principalmente nas ilhas do Pacífico e em partes das Filipinas. É também transmitida por 3 tipos de parasitas (*Wuchereria bancrofti*, responsável por 90% dos casos, *Brugia malayi* e *B. timori*). Os vermes parasitas microscópicos alojam-se no sistema linfático e perturbam o sistema imunitário. Vivem entre 6 a 8 anos e, durante a sua vida, produzem milhões de microfilárias (larvas minúsculas) que circulam no sangue. Mais de 120 milhões de pessoas estão atualmente infectadas com *filariose linfática*, das quais cerca de 40 milhões estão desfiguradas e incapacitadas pela doença. *A filariose linfática* afecta mais de 25 milhões de homens com doença genital e mais de 15 milhões de pessoas com linfedema. A maioria das infecções não apresenta sintomas, mas causa silenciosamente danos ao sistema linfático e aos rins, bem como altera o sistema imunitário do organismo. Os episódios agudos de inflamação local que envolvem a pele, os gânglios linfáticos e os vasos linfáticos acompanham frequentemente o linfedema crónico (inchaço dos tecidos). Cerca de 65% das pessoas infectadas vivem na região do Sudeste Asiático da OMS, 30% na região africana e as restantes noutras zonas tropicais. O tratamento recomendado para eliminar os parasitas da corrente sanguínea é uma dose única de albendazol administrada juntamente com dietilcarbamazina ou ivermectina. A interrupção da transmissão da infeção pode ser conseguida se pelo menos 65% da população em risco for tratada ao longo de 5 anos. Para mais informações, consulte a ficha informativa sobre a filariose linfática.

## 1.3 Controlo dos mosquitos

A modificação e a manipulação do ambiente para o controlo dos mosquitos vectores de doenças quase desapareceram com o desenvolvimento dos insecticidas químicos. Após a Segunda Guerra Mundial, a utilização desses insecticidas, especialmente como pulverizadores residuais domésticos, foi tão eficaz no controlo dos mosquitos e das doenças transmitidas por mosquitos que pouco ou nenhum uso foi feito dos métodos biológicos e físicos de controlo dos mosquitos (Amer e Mehlhorn, 2006).

## 1.4 Desvantagens do controlo químico

A utilização de insecticidas para o controlo da malária e de outras doenças transmitidas por vectores ganhou grande impulso com o aparecimento do DDT e de outros compostos organoclorados no final da década de 1940. A sua utilização na saúde pública aumentou em extensão e intensidade com o programa mundial de erradicação da malária, iniciado em 1956/57. O efeito inseticida residual de alguns destes produtos químicos tornou possível manter um ataque aos vectores da malária através da pulverização periódica das casas (ver secção 3.2.1 infra). O desenvolvimento de resistência dos mosquitos a alguns insecticidas residuais e o comportamento esquivo de certos mosquitos vectores diminuíram a eficácia da pulverização residual e, consequentemente, a extensão da sua aplicação. Perante este problema e em conformidade com a aceitação universal dos princípios e das vantagens de uma abordagem integrada, os responsáveis pelo planeamento e os operadores de programas de controlo de vectores dirigiram a sua atenção para outros métodos de controlo dos mosquitos, como a larvicida, a aplicação espacial de pesticidas através de técnicas de ultrabaixo volume (ULV) ou de nebulização térmica, e a reintrodução de medidas de gestão ambiental e de controlo biológico para complementar a pulverização residual. Na luta contra certas doenças transmitidas por mosquitos, como a febre hemorrágica da dengue e as encefalites, recorre-se atualmente, sobretudo, à aplicação de pesticidas em aerossol (ULV, nevoeiro, neblina, etc.). Noutros casos, como o da febre-amarela urbana, a larvicida ocupa também um lugar de destaque. Nos programas antimaláricos, continua a haver uma grande dependência das aplicações de insecticidas residuais no interior das habitações, enquanto a larvicida está a ser cada vez mais utilizada, especialmente em ambientes urbanos.

## 1.5 Vantagens do controlo biológico

A luta biológica, nomeadamente através da utilização de peixes larvívoros, foi importante para os programas de luta contra o paludismo no século XX, sobretudo nas zonas urbanas e periurbanas, para utilização imediata nos países desenvolvidos e em desenvolvimento. Tem um papel muito positivo a desempenhar nas metodologias de controlo integrado, em que tanto os pesticidas como os peixes ou outros agentes bióticos têm o seu próprio papel. O controlo biológico refere-se à introdução ou manipulação de organismos para suprimir as populações de vectores. Uma vasta gama de organismos ajuda a regular naturalmente as populações de mosquitos através da predação, do parasitismo e da competição. Como agentes de controlo biológico dos mosquitos, os peixes larvívoros (ou seja, os que se alimentam de estádios imaturos dos mosquitos) têm sido amplamente utilizados em todo o mundo desde o início do século XX (era pré-DDT) (Raghavendra e Subbarao 2002). Durante a era anterior ao DDT, o controlo dos mosquitos e dos mosquitos vectores de diferentes doenças transmitidas por mosquitos era efectuado principalmente através da gestão ambiental, da pulverização espacial com piretro, da utilização do verde de Paris, da aplicação de óleo com produtos petrolíferos e da introdução de peixes larvívoros. Reconhecendo o elevado potencial larvófago da *Gambusia affinis*, esta espécie de peixe foi propositadamente introduzida nas ilhas do Havai em 1905, a partir da sua terra natal, o Texas (sul dos EUA). Em 1921, foi introduzida em Espanha; depois em Itália durante os anos 20 e mais tarde em 60 outros países. *A* partir de 1908, outro peixe larvófago, *Poecilia reticulata*, originário da América do Sul, foi introduzido na Índia Britânica e em muitos outros países para controlo da malária. A introdução da utilização do DDT na pulverização residual interior para o controlo da malária, em meados da década de 1940, levou ao declínio gradual da utilização de conceitos de gestão ambiental e de métodos de controlo biológico, exceto em alguns programas na Rússia. Nos anos cinquenta, a atenção foi dirigida para a erradicação dos mosquitos através de insecticidas sintéticos, até que a resistência aos insecticidas começou a ganhar destaque. Em 1969, a OMS alterou a sua estratégia de erradicação da malária, pulverizando as casas com insecticidas sintéticos, em favor de uma estratégia mais realista de controlo das populações de mosquitos nas fases larvares (era pós-DDT) (Raghavendra e Subbarao 2002). A seleção dos agentes de luta biológica deve basear-se no seu potencial de impacto não intencional, na sua capacidade de auto-replicação, na sua compatibilidade climática e na sua capacidade de manter interações muito estreitas com as populações de presas-alvo (Waage e Greathead 1988). Eliminam certas presas e mantêm-se nesses ambientes (ou seja, comem as presas, quando introduzidas) durante longos períodos (Marten et al., 1994). No entanto, isto só será possível se o predador possuir uma eficiência de busca extraordinária, independentemente da situação de iluminação, em resposta ao aparecimento de presas.

É importante ter um bom conhecimento dos padrões de seleção das presas do predador e, em particular, da sua seleção de larvas de mosquito na presença de presas naturais alternativas.

### 1.6 Vantagens das nanopartículas de prata nas plantas

A principal vantagem da utilização de extractos de plantas para a síntese de nanopartículas de prata é o facto de estarem facilmente disponíveis, serem seguras e não tóxicas na maioria dos casos, terem uma grande variedade de metabolitos que podem ajudar na redução de iões de prata e serem mais rápidas do que os micróbios na síntese. O principal mecanismo considerado para o processo é a redução assistida por plantas devido aos fitoquímicos. Os principais fitoquímicos envolvidos são os terpenóides, as flavonas, as cetonas, os aldeídos, as amidas e os ácidos carboxílicos. As flavonas, os ácidos orgânicos e as quinonas são fitoquímicos solúveis em água, responsáveis pela redução imediata dos iões. Estudos revelaram que as xerófitas contêm emodina, uma antraquinona que sofre tautomerização, levando à formação de nanopartículas de prata. No caso das mesófitas, verificou-se que contêm três tipos de benzoquinonas: a ciperoquinona, a dietchequinona e a remirina. Foi sugerido que os fitoquímicos estão diretamente envolvidos na redução dos iões e na formação de nanopartículas de prata.

### 1.7 Objectivos do presente estudo

Nesta investigação, foi analisada a atividade mosquitocida de nanopartículas de prata sintetizadas utilizando cinco plantas *Merremia emarginata*, *Naregamia alata*, *Hedyotis puberula*, *Aglaia elaeagnoidea* e *Ventilago madrasapatna* contra três importantes vectores de mosquitos *Anopheles stephensi*, *Aedes aegypti* e *Culex quinquefasciatus*. Os objectivos detalhados deste estudo foram,

i. Recolher, identificar, preparar o extrato aquoso e a síntese de nanopartículas de prata das folhas de plantas selecionadas de *M. emarginata*, *N.alata*, *H.puberula*, *A. elaeagnoidea* e *V.madrasapatna* de Nilgiris, Western Ghats, Tamil Nadu, Índia.

ii. Para caraterizar as AgNPs utilizando espetrofotometria UV-vis, espetroscopia de infravermelhos com transformada de Fourier (FTIR), análise de difração de raios X (XRD), microscopia de força atómica (AFM), microscopia eletrónica de varrimento (SEM) com espetroscopia de raios X por dispersão de energia (EDX) e microscopia eletrónica de transmissão (TEM).

iii. Avaliar a eficácia do extrato aquoso de folhas e das AgNPs sintetizadas contra as actividades larvicida, ovicida e adulticida de *Anopheles stephensi*, *Aedes aegypti* e *Culex quinquefasciatus*.

iv. Testar o efeito do extrato aquoso de folhas e das AgNPs em organismos não visados.

# CAPÍTULO - 2

# REVISÃO DA LITERATURA

Os mosquitos são o principal vetor de muitas doenças transmitidas por vectores que afectam os seres humanos e os animais. Estes vectores são responsáveis pela transmissão de várias doenças, como a malária, a dengue, a febre hemorrágica da dengue, a síndrome de choque da dengue, a chikungunya, a filariose linfática, a encefalite japonesa e a leishmaniose, etc., causando milhares de mortes todos os anos (Benelli, 2015a,b). É urgente controlar a proliferação da população de mosquitos vectores a fim de reduzir as doenças transmitidas por vectores através de métodos de controlo adequados (Kuppusamy e Murugan, 2009). Como os mosquitos são criadores de água, as suas fases larvares são alvos atractivos dos pesticidas, sendo fácil lidar com eles neste habitat (Dhiman *et al.*, 2010; Benelli *et al.*, 2015; Benelli, 2016). A utilização de extractos de plantas para a síntese de nanopartículas pode ser vantajosa em relação a outros processos biológicos benignos para o ambiente, eliminando o elaborado processo de manutenção de culturas celulares.

O problema tem uma face complexa e tem de ser tratado com cuidado. É essencial controlar a população de mosquitos para que as pessoas possam ser protegidas das doenças transmitidas pelos mosquitos. Estas doenças podem ser controladas atacando os parasitas e os agentes patogénicos causadores. É mais fácil controlar os vectores do que os parasitas. O controlo químico foi um dos métodos convencionais mais utilizados para o controlo dos mosquitos, uma vez que os pesticidas químicos são relativamente baratos e produzem geralmente um controlo imediato. Geralmente, o controlo químico é efectuado através da pulverização residual em interiores de insecticidas como o dicloro difenil tricloro etano, o hexa clorociclo hexano, o hexa cloreto de benzeno, o melatião e o pirotróide sintético. No entanto, foi registado o desenvolvimento de resistência a estes produtos químicos em várias populações de mosquitos. Por conseguinte, o controlo biológico pode fornecer uma abordagem eficaz e amiga do ambiente, que pode ser utilizada como alternativa para minimizar a população de mosquitos. Os fungos e os produtos derivados de fungos são altamente tóxicos para os mosquitos, mas têm baixa toxicidade para os organismos não visados (Govindarajan *et al.,* 2005).

As nanopartículas de prata estão a emergir como um dos materiais de crescimento mais rápido devido às suas propriedades físicas, químicas e biológicas únicas, pequenas dimensões e elevada área de superfície específica. A síntese biológica de nanopartículas tem recebido cada vez mais atenção devido à necessidade crescente de desenvolver tecnologias ambientalmente benignas na síntese de materiais. Várias espécies vegetais têm sido utilizadas neste domínio.

A utilização de materiais benignos para o ambiente, como as nanopartículas de prata, oferece inúmeras vantagens em termos de compatibilidade e respeito pelo ambiente para a aplicação de larvicidas. Nestas circunstâncias, foi avaliado um método improvisado que utiliza nanopartículas de prata sintetizadas biologicamente para a destruição das larvas dos mosquitos *An. stephensi*, *Ae. aegypti* e *Cx. quinquefasciatus*.

## 2.1 Atividade larvicida

A atividade larvicida de nanopartículas de prata sintetizadas em verde a partir do extrato aquoso de folhas de *Carissa spinarum* foi demonstrada contra larvas de *An. subpictus*, *Ae. albopictus* e *Cx. tritaeniorhynchus* (Govindarajan *et al.*, 2016a). Mahesh Kumar *et al.* (2016) relataram que as nanopartículas de prata sintetizadas usando o extrato de folhas de *Berberis tinctoria* eram tóxicas contra larvas de *Ae. albopictus*. Chandramohan *et al.* (2016) estudaram que as nanopartículas de prata biossintetizadas usando o extrato de bolo de neem de *Azadirachta indica* contra larvas e pupas de *Ae.aegypti*. Govindarajan *et al.* (2016a) investigaram que as nanopartículas de prata sintetizadas a partir do extrato aquoso de folhas de *Bauhinia variegata* eram tóxicas para larvas de terceiro instar de *An. subpictus*, *Ae. albopictus* e *Cx. tritaeniorhynchus*.

As propriedades mosquitocidas das nanopartículas de prata sintetizadas utilizando o extrato de folhas de *Pteridium aquilinum* contra *An. stephensi* (Panneerselvam *et al.*, 2016). Govindarajan e Benelli (2016a) avaliaram as nanopartículas de prata biossintetizadas usando o extrato de folhas de *Barleria cristata* contra larvas de *Anopheles subpictus*, *Aedes albopictus* e *Culex tritaeniorhynchus*. Murugan *et al.* (2016a) determinaram que as nanopartículas de carbono e prata sintetizadas a partir do extrato de sementes de *Moringa oleifera* eram tóxicas contra larvas e pupas de *Cx. quinquefasciatus*. Govindarajan *et al.* (2016c) investigaram as nanopartículas de prata biossintetizadas com extrato de folhas de *Clerodendrum chinense* contra larvas de *An. subpictus*, *Ae. albopictus* e *Cx. tritaeniorhynchus*. Síntese verde de nanopartículas de prata usando extrato aquoso de *Hybanthus enneaspermus* contra as larvas de quarto instar de *An. subpictus* e *Cx. quinquefasciatus* (Suman *et al.*, 2016).

Govindarajan *et al.* (2016d) relataram que a toxicidade aguda do óleo essencial de *Plectranthus barbatus* contra larvas de terceiro instar de *An. subpictus Ae. albopictus* e *Cx. tritaeniorhynchus*. A atividade larvicida e pupicida de nanopartículas de prata sintetizadas utilizando extrato de folhas de *Centroceras clavulatum* foi tóxica contra o vetor da dengue *Ae. aegypti* (Murugan *et al.*, 2016). A atividade larvicida e repelente do óleo essencial de *Zingiber nimmonii* foi avaliada contra o vetor da malária *An. stephensi*, o vetor da dengue *Ae. aegypti* e o vetor da filariose linfática *Cx. quinquefasciatus* (Govindarajan *et al.*, 2016b).

Murugan *et al.* (2015) avaliaram as propriedades mosquitocidas do extrato aquoso de *Toddalia asiatica* e sintetizaram nanopartículas de prata contra o vetor da filariose *Cx. quinquefasciatus* e a eficácia predatória do guppy *Poecilia reticulata*. Velu *et al.* (2015) observaram a atividade larvicida máxima em nanopartículas de prata sintetizadas a partir de cascas *de Arachis hypogaea* contra as larvas de quarto instar de *Ae. aegypti* e *An. stephensi*.

As nanopartículas de prata sintetizadas a partir do extrato de *Aloe vera* foram altamente eficazes contra o vetor da malária *An. stephensi* (Dinesh *et al.*, 2015).

Ramesh Kumar *et al.* (2015) relataram que a atividade larvicida das nanopartículas de prata sintetizadas a partir do extrato de folhas de *Morinda tinctoria* contra as larvas de terceiro instar de *Cx. quinquefasciatus*. A atividade larvicida de nanopartículas de prata biossintetizadas a partir do extrato aquoso de folhas de *A. indica* contra larvas de *Ae. aegypti* e *Cx. quinquefasciatus* (Poopathi *et al.*, 2015). Rajasekharreddy e Rani (2015) relataram que as nanopartículas de prata fabricadas usando o extrato de sementes de *Sterculia foetida* mostraram atividade mosquitocida contra larvas de quarto instar de *Ae. aegypti, An. stephensi* e *Cx. quinquefasciatus*. Murugan *et al.* (2015a) investigaram que as nanopartículas de prata fabricadas com *Caulerpa scalpelliformis* foram eficazes contra larvas e pupas de *Cx. quinquefasciatus*. Murugan *et al.* (2015b) relataram que a síntese de nanopartículas de ouro a partir de *Cymbopogon citratus* foi tóxica contra *An. stephensi* e *Ae. aegypti*. Foram sintetizadas nanopartículas de prata utilizando o extrato aquoso de folhas de *Artemisia vulgaris* contra larvas e pupas de *Ae. aegypti* (Murugan *et al.*, 2015c).

Suresh *et al.* (2015) determinaram que as nanopartículas de prata fabricadas utilizando o extrato aquoso de *Phyllanthus niruri* eram altamente eficazes contra larvas e pupas de *Ae. aegypti*. A elevada taxa de mortalidade foi demonstrada pelas nanopartículas de prata fabricadas com extrato de folhas de *Crotalaria verrucosa* contra larvas e pupas de *Ae. aegypti* (Murugan *et al.*, 2015e). Murugan *et al.* (2015f) realizaram a atividade larvicida de nanopartículas de prata sintetizadas a partir de *Aristolochia indica* contra larvas de instares jovens de *An. stephensi.* Murugan *et al.* (2015g) investigaram que as nanopartículas de prata sintetizadas utilizando o extrato aquoso de folhas *cilíndricas de Bruguiera* eram altamente tóxicas contra larvas e pupas de *Ae. aegypti*. Nanopartículas de prata fabricadas com extrato aquoso de folhas de *Datura metel* contra larvas e pupas do vetor da malária *An. stephensi* (Murugan *et al.*, 2015h).

Balakrishnan *et al.* (2015) determinaram que a atividade larvicida de nanopartículas de prata sintetizadas com extrato de folhas de *Avicennia marina* era tóxica contra larvas de *An. stephensi* e *Ae. aegypti*. Nanopartículas de prata verde sintetizadas produzidas usando o extrato de folha de *Annona muricata* contra larvas de terceiro instar de *Ae. aegypti*, *An. stephensi* e *Cx. quinquefasciatus* (Santhosh *et al.*, 2015). Madhiyazhagan *et al.* (2015) relataram que as nanopartículas de prata sintetizadas usando o extrato aquoso da alga *Sargassum muticum* contra *An. stephensi*,

*Ae. aegypti* e *Cx. quinquefasciatus*. Baixas doses de nanopartículas de prata sintetizadas por *Mimusops elengi* apresentaram toxicidade larvicida e pupicida contra o vetor da malária *An. stephensi* e o vetor do arbovírus *Ae. albopictus* (Subramaniam *et al.*, 2015).

Vimala *et al.* (2015) avaliaram a atividade larvicida de nanopartículas de prata sintetizadas utilizando extractos de folhas e frutos de *C. guianensis* contra larvas de quarto instar de *Ae. aegypti*. Nanopartículas de prata biossintetizadas usando 2, 7.bis [2-[dietilamino]-etoxi]fluorence isolado de folhas de *Melia azedarach* foram testadas contra larvas de terceiro instar de *Ae. aegypti* e *Cx. quinquefasciatus* (Ramanibai e Velayutham, 2015). Nanopartículas de prata extremamente estáveis sintetizadas usando o extrato aquoso de folhas de *Mukia maderaspatana* contra larvas de quarto instar de *Ae. aegypti* e *Cx. quinquefasciatus* (Chitra *et al.*, 2015).

Arokiyaraj *et al.* (2015) relataram que as nanopartículas de prata sintetizadas usando *Chrysanthemum indicum* eram tóxicas contra *An. stephensi.* As nanopartículas de prata sintetizadas a partir do extrato de sementes de *Moringa oleifera* foram consideradas tóxicas para os instares jovens de *Ae. aegypti* (Sujitha *et al.*, 2015). Najitha Banu e Balasubramanian, (2015) investigaram que as nanopartículas de prata sintetizadas pelo método extracelular usando *Bacillus megaterium* contra larvas de primeiro, segundo, terceiro e quarto instar de *Cx. quinquefasciatus* e *Ae.aegypti*. Lallawmawma *et al.* (2015) avaliaram que as nanopartículas de prata e as nanopartículas de ouro fabricadas com *Jasminum nervosum* eram tóxicas contra *Cx. quinquefasciatus*. A atividade larvicida de nanopartículas de prata sintetizadas usando extratos aquosos de folhas de *Mangifera indica* contra a quarta larva de *An. subpictus* e *Cx. quinquefasciatus* (Rajakumar *et al.*, 2015).

As nanopartículas de prata sintetizadas utilizando estirpes bacterianas de *Listeria monocytogenes*, *Bacillus subtilius* e *Streptomyces anulatus* contra as larvas, pupas e adultos de *An. stephensi* e *Cx. quinquefasciatus* (Soni e Prakash, 2015). Atividade larvicida de nanopartículas de prata sintetizadas utilizando *Pseudomonas mandelii* contra larvas de *An.subpictus* e *Cx. tritaeniorhynchus* (Mageswari *et al.*, 2015). Amerasan *et al.* (2015) determinaram que as dosagens mais baixas de nanopartículas de prata mico-sintetizadas usando *Metarhizium anisopliae* foram efeitos sobre larvas e pupas de *An. culicifacies*. As nanopartículas de prata biossintetizadas usando o extrato de folhas de *Artemisia vulgaris* foram tóxicas contra larvas e pupas do vetor da dengue de *Ae. aegypti* (Murugan *et al.*, 2015). Potencial larvicida e pupicida do mosquito de nanopartículas de prata sintetizadas usando extrato de algas marinhas de *Ulva lactuca* contra larvas e pupas do vetor da malária *An. stephensi* (Murugan *et al.*, 2015).

Murugan *et al.* (2015) determinaram a toxicidade larvicida, pupicida e de fumo dos extractos de folhas de *Senna occidentalis* e *Ocimum basilicum* contra o vetor da malária *An. stephensi.* O potencial larvicida dos extractos de hexano, clorofórmio, acetato de etilo, acetona e metanol de sete plantas aromáticas, nomeadamente *Blumea mollis*, *Chloroxylon swietenia*, *Clausena anisata*, *Feronia limnonia*, *Lantana camara*, *Plectranthus amboinicus* e *Tagetes erecta*, foi analisado contra *Cx. quinquefasciatus*, *Ae.aegypti* e *An. stephensi* (Jayaraman *et al.*, 2015). Escaline *et al.* (2015) avaliaram a atividade larvicida do mosquito do extrato bruto de *Piper nigrum*, que era tóxico contra o vetor da dengue *Ae. aegypti*. Ragavendran *et al.* (2015) examinaram o potencial larvicida e pupicida de micélios de fungos utilizando extractos de solvente de acetato de etilo e metanol produzidos por *Aspergillus terreus* contra *An. stephensi*, *Cx. quinquefasciatus* e *Ae. aegypti*.

Shawky *et al.* (2014) avaliaram que as nanopartículas de prata sintetizadas com o extrato aquoso de folhas de *Citrullus colocynthis* eram tóxicas para larvas de terceiro instar de *Cx. pipiens*. O extrato de folha de acetona de *Morinda tinctoria* foi usado para produzir nanopartículas de prata contra larvas de terceiro instar de *Cx. quinquefasciatus* (Kumar *et al.*, 2014). Veerakumar *et al.* (2014a) relataram que as nanopartículas de prata sintetizadas usando o extrato aquoso de folhas de *Feronia elephantum* contra larvas de *An. stephensi*, *Ae. aegypti* e *Cx. quinquefasciatus*. Potencial larvicida de nanopartículas de prata produzidas usando o extrato aquoso de folhas de *Leucas aspera* contra larvas de quarto instar de *Ae. aegypti* (Suganya *et al.*, 2014).

As nanopartículas de prata fabricadas com o extrato de folhas de *Heliotropium indicum* foram testadas contra larvas de terceiro instar de *An. stephensi*, *Ae. aegypti* e *Cx. quinquefasciatus* (Veerakumar *et al.*, 2014b). Suresh *et al.* (2014) descobriram que as nanopartículas de prata sintetizadas usando o extrato aquoso da raiz de *Delphinium denudatum* exibiram atividade tóxica para larvas de segundo instar de *Ae. aegypti*. Najitha banu *et al.* (2014) avaliaram a eficácia larvicida de nanopartículas de prata sintetizadas usando *Bacillus thuringiensis* contra o vetor da dengue *Ae. aegypti.* Os extractos aquosos de folhas de nim foram utilizados para produzir nanopartículas de prata activas como larvicidas e pupicidas contra *An. stephensi* e *Cx. quinquefasciatus* (Soni e Prakash, 2014a). Karthikeyan *et al.* (2014) verificaram que o potencial larvicida de nanopartículas de prata sintetizadas utilizando *Melia dubia* era tóxico para larvas de quarto instar de *Cx. quinquefasciatus*. Os extractos aquosos de folhas de *Aegle marmelos* foram utilizados para sintetizar nanopartículas de níquel tóxicas para *Ae. aegypti*, *An. stephensi* e *Cx. quinquefasciatus* (Angajala *et al.*, 2014).

A eficácia larvicida das nanopartículas de prata sintetizadas utilizando o fungo *Beauveria bassiana* foi avaliada contra os instares larvares do vetor da dengue *Ae. aegypti* (Najitha Banu e Balasubramanian, 2014a). Sundaravadivelan e Padmanabhan, (2014) investigaram o efeito larvicida e pupicida de nanopartículas de prata micossintetizadas utilizando um fungo entomopatogénico *Trichoderma harzianum* contra o vetor da dengue *Ae. aegypti*. Um processo verde para a produção extracelular de nanopartículas (NP) de prata (Ag) e ouro (Au) sintetizadas usando os fungos do solo *Chrysosporium keratinophilum* e *Verticillium lecanii* contra as larvas e pupas de *An. stephensi* , *Cx. quinquefasciatus* e *Ae. aegypti* (Soni e Prakash, 2014b). A eficácia larvicida de nanopartículas de prata sintetizadas usando fungos de *Isaria fumosorosea* contra larvas de primeiro, segundo, terceiro e quarto instar de *Cx. quinquefasciatus* e *Ae. aegypti* (Najitha Banu e Balasubramanian, 2014b).

Sharma *et al.* (2014) referiram que o extrato clorofórmico da folha de *Artemisia annua* demonstrou uma forte atividade larvicida contra *An. stephensi* e *Ae. aegypti*. Nayak, (2014) estudou o potencial larvicida de extractos brutos de *Annona reticulata* e *Pongamia pinnata,* que foram avaliados contra larvas de quarto instar de *Cx. quinquefasciatus*. Os compostos ecbolina A e ecbolina B isolados do extrato de acetato de etilo da raiz de *Ecbolium viride* apresentaram atividade larvicida contra as larvas de terceiro instar e pupas de *Cx. quinquefasciatus* (Cecilia *et al.*, 2014). Maheswaran e Ignacimuthu, (2014) avaliaram o óleo essencial e um composto isolado das folhas de *Polygonum hydropiper* contra o vetor da dengue *Ae. albopictus.*

As propriedades larvicidas dos extractos metanólico, clorofórmico e de éter de petróleo de *Monstera adansonii* contra larvas de quarto instar de *Culex quinequefaciatus* (Gomathi *et al.*, 2014). O potencial larvicida do extrato de folhas de *Lawsonia inermis* e *Murraya exotica* foi avaliado contra larvas de terceiro e quarto instar e pupas de *Cx. quinquefasciatus* (Dass e Mariappan, 2014). Liu *et al.* (2014) investigaram a atividade larvicida do óleo essencial de *Allium macrostemon* contra larvas de *Ae. albopictus.* Raveen *et al.* (2014) mostraram que o hexano bruto e o extrato aquoso das flores de *Nerium oleander* foram avaliados quanto à atividade larvicida contra o vetor filarial *Cx. quinquefasciatus*.

Velayutham *et al.* (2013) determinaram o potencial larvicida de nanopartículas de prata sintetizadas utilizando o extrato aquoso da casca de *Ficus racemosa*, que foi estudado com sucesso contra as quartas larvas do vetor da filariose *Cx. quinquefasciatus* e do vetor da encefalite japonesa *Culex gelidus*. O extrato de coco de *Cocos nucifera* foi utilizado para produzir nanopartículas de prata tóxicas para larvas de quarto instar de *An. stephensi Cx. quinquefasciatus* (Roopan *et al.*, 2013). Veerakumar *et al.* (2013) relataram que as nanopartículas de prata fabricadas com extrato de folhas de *Sida acuta* foram avaliadas contra larvas de terceiro instar de *An. stephensi*, *Ae. aegypti* e *Cx. quinquefasciatus*. Foram produzidas nanopartículas de prata utilizando os extractos de folhas e bagas de *Solanum nigrum* e testadas contra larvas de segundo e terceiro instar de *An. stephensi* e *Cx. quinquefasciatus* (Rawani *et al.*, 2013).

As nanopartículas de prata fabricadas com o extrato de folhas de *Murraya koenigii* foram tóxicas para o *An. stephensi* e o *Ae. aegypti* (Suganya *et al.*, 2013). Naresh Kumar *et al.* (2013) estudaram as propriedades larvicidas das nanopartículas de ouro sintetizadas por *Anthocephalus cadamba* (AuNP) contra larvas de terceiro instar de *Cx. quinquefasciatus*. As nanopartículas de prata produzidas com o extrato de folhas de *Nerium oleander* foram tóxicas para larvas e pupas de *An. stephensi* (Roni *et al*., 2013). Suman *et al*. (2013) avaliaram nanopartículas de prata sintetizadas usando o extrato aquoso da parte aérea de *Ammannia baccifera* como agente redutor e mostraram efeitos tóxicos contra larvas de quarto instar de *An. subpictus* e *Cx. quinquefasciatus*.

Sundaravadivelan *et al*. (2013) determinaram que as nanopartículas de prata sintetizadas utilizando o extrato aquoso de folhas de *Pedilanthus tithymaloides* apresentavam atividade anti-desenvolvimento e toxicidade aguda em relação ao instar larvar de *Ae. aegypti*. As nanopartículas de prata sintetizadas utilizando o extrato aquoso de frutos de *Drypetes roxburghii* foram avaliadas contra larvas de *An. stephensi* e *Cx. quinquefasciatus* (Haldar *et al*., 2013). Subarani *et al*. (2013) investigaram que as nanopartículas de prata realizadas com o extrato aquoso de folhas de *Vinca rosea* eram tóxicas para larvas de quarto instar de *An. stephensi* e *Cx. quinquefasciatus*. Marimuthu *et al*. (2013) investigaram as actividades larvicidas de nanopartículas de cobalto sintetizadas (Co NP) utilizando o agente de controlo biológico *Bacillus thuringiensis* contra o vetor da malária *An. subpictus* e o vetor da dengue *Ae. aegypti*.

As actividades larvicidas e inibidoras do crescimento de uma formulação que inclui oito óleos voláteis de plantas de *Acorus calamus*, *Cinnamomum veerum*, *Cymbopogon nardus*, *Myrtus caryophyllus*, *Eucalyptus globulus*, *Mentha piperita*, *Citrus limon*, *Citrus sinensis*, com cânfora natural foram estudadas contra *An. stephensi*, *Ae.aegypti* e *Cx. quinquefasciatus* (Manimaran *et al*., 2013). Govindarajan *et al*. (2013c) observaram que a atividade larvicida do óleo essencial de *Coleus aromaticus* e do seu constituinte isolado puro timol contra larvas de *Cx. tritaeniorhynchus*, *Ae. albopictus* e *An. subpictus*.

Os óleos essenciais e os extractos de acetona de *Lavandula gibsoni* e *Plectranthus mollis* foram investigados quanto à sua atividade larvicida contra as larvas de quarto instar de *Ae. aegypti*, *An. stephensi* e *Cx. quinquefasciatus* (Kulkarni *et al*., 2013). Cheng *et al*. (2013) investigaram as actividades larvicidas de mosquitos dos óleos essenciais de madeira e folha e extractos de etanol de *Cunninghamia konishii* contra *Ae. aegypti* e *Ae. albopictus*. A toxicidade da atividade larvicida de mosquitos do óleo essencial de folhas e dos seus principais constituintes químicos de *Ocimum basilicum* foi avaliada contra *Cx. tritaeniorhynchus*, *Ae. albopictus* e *An. subpictus* (Govindarajan *et al*., 2013a). Edriss *et al*. (2013) mostraram os extractos preparados a partir de duas plantas asclepiáceas, *Solenostemma argel* e *Calotropis procera*, como larvicidas naturais contra o *An. arabiensis*. Liu *et al*. (2013) determinaram que a atividade larvicida do óleo essencial derivado de raízes de *T. asiatica* contra as larvas de *Ae. albopictus*.

Nanopartículas de prata sintetizadas usando o extrato aquoso de folhas de *Pithecellobium dulce* mostraram toxicidade contra larvas de quarto instar de *Cx. quinquefasciatus* (Raman *et al.*, 2012). Arjunan *et al.* (2012) determinaram que as nanopartículas de prata sintetizadas utilizando o extrato aquoso de folhas de *Annona squamosa* foram avaliadas contra larvas de quarto instar de *Ae. aegypti*, *Cx. quinquefasciatus* e *An. stephensi.* Nanopartículas de prata sintetizadas usando o extrato de folhas de *Euphorbia hirta* contra larvas e pupas de *An. stephensi* (Priyadarshini *et al.*, 2012). Patil *et al.* (2012a) observaram que as nanopartículas de prata sintetizadas utilizando o látex da planta *Plumeria rubra* eram tóxicas contra larvas de segundo e quarto instar de *Ae. aegypti* e *An. stephensi*. As nanopartículas de prata produzidas com o látex *de Pergularia daemia* foram tóxicas para as larvas de *Ae. aegypti* e *An. stephensi* (Patil *et al.*, 2012b).

O extrato de folhas de *Acalypha alnifolia* com diferentes solventes hexano, clorofórmio, acetato de etilo, acetona e metanol foi testado quanto à atividade larvicida contra três mosquitos importantes, como o vetor da malária *An. stephensi*, o vetor da dengue *Ae. aegypti* e o vetor da filariose bancroftiana *Cx. quinquefasciatus* (Kovendan *et al.*, 2012b). O óleo essencial extraído de folhas frescas de *Hyptis suaveolens*, e os seus principais constituintes foram testados quanto à atividade larvicida e repelente contra o mosquito tigre asiático, *Ae. albopictus* (Conti *et al.*, 2012). Liu *et al.* (2012) observaram que o óleo essencial derivado de raízes de *Saussurea lappa* e os constituintes isolados contra as larvas do mosquito *Ae. albopictus*. O extrato aquoso de sementes *de Moringa oleifera* foi testado quanto à atividade larvicida, pupicida e repelente contra o *Cx. quinquefasciatus* (Ashfaq e Ashfaq, 2012).

Kimbaris *et al.* (2012) investigaram o efeito larvicida exibido pelos óleos essenciais de *Dianthus caryophyllus*, *Lepidium sativum*, *Pimpinella anisum* e *Illicium verum* contra larvas de mosquitos de terceiro e quarto instares de *Cx. pipiens*. Marimuthu *et al.* (2011) referiram que a eficácia das nanopartículas de prata sintetizadas com o extrato aquoso de folhas de *Mimosa pudica* contra larvas de quarto instar de *An. subpictus* e *Cx. quinquefasciatus*. Rajakumar e Rahuman, (2011) avaliaram a toxicidade de nanopartículas de prata sintetizadas utilizando o extrato aquoso de folhas de *Eclipta prostrata* contra larvas de quarto instar de *Cx. quinquefasciatus* e *An. subpictus*. As nanopartículas de prata fabricadas com o extrato de folhas de *Rhizophora mucronata* foram testadas em larvas de quarto instar de *Ae. aegypti* e *Cx. quinquefasciatus* (Gnanadesigan *et al.*, 2011).

Salunkhe *et al.* (2011) observaram que as actividades larvicidas de mosquitos das nanopartículas de prata micossintetizadas contra *Ae. aegypti* e *An. stephensi*, responsáveis por doenças de importância para a saúde pública. A eficácia máxima foi observada em metanol bruto, nanopartículas de prata aquosas e sintetizadas utilizando o extrato aquoso de folhas de *Nelumbo nucifera* foram tóxicas para larvas de quarto instar de *An. subpictus* e *Cx. quinquefasciatus* (Santhoshkumar *et al.*, 2011). As nanopartículas de ouro sintetizadas a partir do extrato aquoso da folha de *Hibiscus rosasinensis* apresentaram uma atividade potente contra as larvas de *Ae. albopictus* (Sareen *et al.*, 2011). Jayaseelan *et al.* (2011) investigaram que as nanopartículas de prata sintetizadas com o extrato aquoso de folhas de *Tinospora cordifolia* eram tóxicas contra larvas de quarto instar de *An. subpictus* e *Cx. quinquefasciatus*.

As actividades larvicida e repelente dos extractos de acetato de etilo e metanol de *Acacia concinna, Cuminum cyminum, Lantana camara, Nelumbo nucifera, Phyllanthus amarus, Piper nigrum* e *Trachyspermum ammi* contra *An. stephensi* e *Cx. quinquefasciatus* (Kamaraj *et al.*, 2011). Prathibha *et al.* (2011) observaram que o potencial larvicida do extrato de folhas de *Euodia ridleyi* foi avaliado contra o vetor da filariose *Cx. quinquefasciatus*.

Kovendan *et al.* (2011) relataram o extrato de folhas de *Jatropha curcas* em metanol contra *Cx. quinquefasciatus*. A toxicidade da atividade larvicida de mosquitos do óleo essencial de folhas e os seus principais constituintes químicos de *Mentha spicata* foram tóxicos contra *Cx. quinquefasciatus, Ae. aegypti* e *An. stephensi* (Govindarajan *et al.*, 2011a). Khanna *et al.* (2011) investigaram as propriedades larvicidas do extrato bruto de *Gymnema sylvestre* contra as larvas de *An. subpictus, Cx. quinquefasciatus*.

As propriedades larvicidas e repelentes dos óleos essenciais são provenientes de várias partes das nossas espécies vegetais *Cymbopogon citratus, Cinnamomum zeylanicum, Rosmarinus officinalis* e *Zingiber officinale* contra *Cx. tritaeniorhynchus* e *An. subpictus* (Govindarajan, 2011b). Raghavendra *et al.* (2011) examinaram a eficácia larvicida do extrato de folhas de *Eugenia jambolana* contra o vetor da dengue, *Ae. aegypti*. Patil *et al.* (2011) avaliaram a atividade larvicida de extractos de plantas medicinais *Plumbago zeylanica* e *Cestrum nocturnum* contra larvas de quarto instar de *Ae. aegypti*.

Aivazi e Vijayan, (2010) avaliaram a atividade larvicida do extrato de *Ruta graveolens* contra o vetor da malária *An. stephensi*. Mathivanan *et al.* (2010) investigaram a eficácia larvicida do extrato de folhas de *Ervatamia coronaria* contra *Cx. quinquefasciatus, Ae.aegypti* e *An. stephensi*. A eficácia larvicida do extrato bruto das folhas de *Ficus benghalensis* com três solventes diferentes, como metanol, benzeno e acetona, foi testada contra as larvas iniciais de segundo, terceiro e quarto instares de *Cx. quinquefasciatus, Ae. aegypti* e *An. stephensi* (Govindarajan, 2010c).

A atividade larvicida de óleos essenciais extraídos de *Achillea millefolium, Lavandula angustifolia, Helichrysum italicum, Foeniculum vulgare, Myrtus communis* e *Rosmarinus officinalis* foi realizada contra as larvas de *Ae. albopictus* (Conti *et al.*, 2010). Kumar *et al.* (2010) investigaram o potencial larvicida de extractos etanólicos de frutos secos de *Piper nigrum* contra larvas de quarto instar de *Ae. aegypti*. As actividades larvicida e repelente do extrato de folhas de *S. acuta* foram avaliadas contra *Cx. quinquefasciatus*, *Ae. aegypti* e *An. stephensi* (Govindarajan, 2010a). Rawani *et al*, (2010) determinaram que as actividades larvicidas de extractos brutos e solventes de folhas de *Solanum nigrum* foram avaliadas contra *Cx. quinquefasciatus*. Govindarajan (2010b) investigou a atividade larvicida do óleo essencial de folhas e dos seus constituintes químicos de *Clausena anisata* contra *Cx. quinquefasciatus*, *Ae. aegypti* e *An. stephensi.*

O extrato etanólico da folha de *Cassia obtusifolia* e a eficácia larvicida do extrato bruto da folha de *Ficus benghalensis* com três solventes diferentes, como metanol, benzeno e acetona, foram testados contra larvas de *Cx. quinquefasciatus*, *Ae. aegypti* e *An. stephensi* (Rajkumar e Jebanesan, 2009). Govindarajan, (2009) referiu que os extractos de metanol, benzeno e acetona das folhas de *Cassia fistula* foram estudados quanto às actividades larvicida, ovicida e repelente contra *Ae. aegypti*. Mathew *et al.* (2009) avaliaram que os extractos de clorofórmio das folhas de *Nyctanthes arbortristis* eram tóxicos contra *Ae. aegypti* e *An. stephensi*. O potencial larvicida do extrato de acetato de etilo das folhas de *Ocimum canum* e *O. sanctum* mostrou uma boa atividade larvicida contra as larvas de *An. subpictus* e *Cx. tritaeniorhynchus* (Bagavan *et al.*, 2009a). Kamaraj *et al.* (2009) investigaram que os extractos de éter de petróleo da folha e de metanol da flor de *Cassia auriculata* contra as larvas de *An. subpictus* e *Cx. tritaeniorhynchus.*

Samidurai *et al.* (2009) observaram que os extractos de folhas de *Pemphis acidula* foram avaliados quanto a actividades larvicidas, ovicidas e repelentes contra *Cx. quinquefasciatus* e *Ae. aegypti*. Elimam *et al.* (2009) determinaram que o extrato aquoso de folhas de *Calotropis procera* era tóxico contra a segunda, terceira e quarta larvas de *Anopheles arabiensis Cx. quinquefasciatus*. As actividades larvicida e adulticida da mistura etanólica e aquosa de extractos de plantas *Eucalyptus globulus*, *Cymbopogan citratus*, *Artemisia annua*, *Justicia gendarussa*, *Myristica fragrans*, *Annona squamosa* e *Centella asiatica* foram contra *An. stephensi* (Senthilkumar *et al.*, 2009). Karunamoorthi *et al.* (2008) relataram que os extractos de éter de petróleo das folhas de *Vitex negundo* foram avaliados quanto à atividade larvicida contra larvas de *Cx. tritaeniorhynchus*.

Os compostos bioactivos de plantas medicinais como *Ocimum canum*, *Ocimum sanctum* e *Rhinacanthus nasutus* foram extraídos com acetona, clorofórmio, acetato de etilo, hexano e metanol para avaliar a atividade larvicida contra *Ae.aegypti* e *Cx. quinquefasciatus* (Kamaraj *et al.*, 2008). Govindarajan *et al.* (2008a) mostraram que o extrato metanólico da folha de *Cassia fistula* foi testado quanto à atividade larvicida e ovicida contra *Cx. quinquefasciatus* e *An. stephensi*. Os extractos de acetona, clorofórmio, acetato de etilo, hexano e metanol das folhas de *Acalypha indica*, *Achyranthes aspera*, *Leucas aspera*, *Morinda tinctoria* e *Ocimum sanctum* foram estudados contra as larvas de quarto instar de *Ae. aegypti* e *Cx. quinquefasciatus* (Bagavan *et al.*, 2008). Nathan *et al.* (2008) avaliaram que as larvas de quarto instar de

*An. stephensi* são altamente sensíveis ao extrato de acetato de etilo das folhas de *Dysoxylum malabaricum*. O extrato de acetato de etilo das folhas de *Ocimum sanctum* produziu uma mortalidade significativa contra *Ae. aegypti* e *Cx. quinquefasciatus* (Anees, 2008).

Matasyoh *et al.* (2008) investigaram a toxicidade do extrato de acetato de etilo das folhas de *Aloe turkanensis* contra larvas de *Anopheles gambiae*. O extrato de folhas de *Acalypha indica* com diferentes solventes, *viz*., benzeno, clorofórmio, acetato de etilo e metanol, foi testado quanto à atividade larvicida, ovicida e atração de oviposição contra *An.stephensi* (Govindarajan *et al*., 2008a). Mullai *et al.* (2008) determinaram que o extrato de folhas de *Citrullus vulgaris* com diferentes solventes, *viz*., benzeno, éter de petróleo, acetato de etilo e metanol, foi testado quanto a actividades larvicida, ovicida, repelente e reguladora do crescimento de insectos contra *An. stephensi*. Mullai *et al.* (2008) referiram que o extrato de folhas de *Citrullus vulgaris* com diferentes solventes, *nomeadamente* benzeno, éter de petróleo, acetato de etilo e metanol, foi testado quanto a actividades larvicida, ovicida, repelente e reguladora do crescimento de insectos contra *An. stephensi*.

Os compostos bioactivos da baga de *Solanum villosum* utilizando água destilada e cinco solventes orgânicos diferentes e detectaram a maior mortalidade contra as larvas de terceiro instar de *Ae. aegypti* (Chowdhury *et al*., 2008). Rahuman *et al.* (2008a) referiram que os extractos de éter de petróleo de *Jatropha curcas*, *Pedilanthus tithymaloides*, *Phyllanthus amarus*, *Euphorbia hirta* e *Euphorbia tirucalli* eram contra *Ae. aegypti* e *Cx. quinquefasciatus*. A atividade larvicida de extractos brutos de hexano, acetato de etilo, éter de petróleo, acetona e metanol da folha de cinco espécies de plantas cucurbitáceas, *Citrullus colocynthis*, *Coccinia indica*, *Cucumis sativus*, *Momordica charantia* e *Trichosanthes anguina*, foi testada contra larvas de quarto instar de *Ae. aegypti* e *Cx. quinquefasciatus* (Rahuman *et al*, 2008b). A atividade larvicida e repelente do óleo essencial de *Zingiber officinalis* foi avaliada contra o vetor filarial *Cx. quinquefasciatus* (Pushpanathan *et al*., 2008).

Govindarajan *et al.* (2007) avaliaram a atividade larvicida dos metabolitos secundários extracelulares dos isolados de actinomicetos que eram tóxicos contra o vetor da dengue *Ae. aegypti*. Os extractos de éter de petróleo de *Citrullus colocynthis* e o extrato de metanol *de Momordica charantia* foram altamente eficazes contra as larvas de *Ae. aegypti* e contra *Cx. quinquefasciatus* (Kashiwagi *et al*., 2007). Mullai e Jebanesan, (2007) estudaram os extractos de folhas de acetato de etilo, éter de petróleo e metanol de *Citrullus colocynthis* e *Cucurbita maxima* contra larvas de *Cx. quinquefasciatus*. Kannathasan *et al.* (2007) referiram que os extractos metanólicos de folhas de *Vitex negundo*, *Vitex trifolia*, *Vitex peduncularis* e *Vitex altissima* foram utilizados para o ensaio larvicida contra as larvas de quarto instar de *Cx. quinquefasciatus*. Khanna e Kannabiran, (2007) investigaram três plantas diferentes e demonstraram o efeito letal mais elevado do extrato aquoso da raiz de *Hemidesmus indicus* nas larvas de *Cx. quinquefasciatus*.

Propriedades larvicidas do extrato bruto hexânico de *Momordica charantia* contra larvas de *An. stephensi, Cx. quinquefasciatus* e *Ae. aegypti* (Singh *et al*., 2006). Amer e Mehlhorn, (2006) demonstraram os efeitos larvicidas potentes dos óleos essenciais de 13 de 41 plantas testadas contra larvas de *Ae. aegypti, An. stephensi* e *Cx. quinquefasciatus*. Singhi *et al.* (2006a) registaram que a eficácia larvicida de *Calotropis procera* era tóxica contra *Ae. aegypti, An. stephensi* e *Cx. quinquefasciatus*. Dua *et al.* (2006) avaliaram o extrato aquoso das raízes de *Hibiscus abelmoschus* contra as larvas de *An. culicifacies, An. stephensi* e *Cx. quinquefasciatus*.

Govindarajan *et al.* (2005) investigaram os filtrados de cultura de cinco fungos diferentes do solo, *nomeadamente Aspergillus flavus, Aspergillus parasiticus, Penicillium falicum, Fusarium vasinfectum* e *Trichoderma viride*, e testaram a sua atividade larvicida contra larvas de terceiro instar do mosquito vetor *Cx. quinquefasciatus*. O extrato de éter de petróleo dos frutos de *Solanum xanthocarpum* foi observado como o mais tóxico contra *Cx. quinquefasciatus* (Mohan *et al*., 2005). Sharma *et al.* (2005) referiram que o extrato de acetona de *Nerium indicum* e *Thuja orientelis* foi estudado contra larvas de terceiro instar de *An. stephensi* e *Cx. quinquefasciatus*.

A atividade larvicida dos extractos de acetona de *Murraya koenigii, Coriandrum sativum, Ferula asafoetida* e *Toenum foenum graceum* foi testada utilizando diferentes concentrações de cada planta contra larvas *de Ae. aegypti* (Harve e Kamath, 2004). Singh *et al.* (2005) referiram que as propriedades larvicidas do extrato de folhas de *Calotropis procera* contra larvas de mosquito *An. stephensi, Cx. quinquefasciatus* e *Ae. aegypti*. Chansang *et al.* (2005) analisaram nove plantas diferentes e indicaram que o extrato aquoso dos frutos de *Piper retrofractum* apresentou o efeito larvicida mais elevado sobre as larvas de terceiro e quarto instares de *Ae. aegypti* e *Cx. quinquefasciatus*.

A eficácia larvicida dos extractos metanólicos de *Momordica charantia, Trichosanthes anguina, Luffa acutangula, Benincasa cerifera* e *Citrullus vulgaris* foi testada contra o grupo de terceira idade larvar tardia de *Cx. quinquefasciatus* (Prabakar e Jebanesan, 2004). Sivagnaname e Kalyanasundaram, (2004) investigaram os extractos metanólicos das folhas de *Atlantia monophylla* (Rutaceae) quanto à atividade mosquitocida contra as fases imaturas de três espécies de mosquitos, *Cx. quinquefasciatus, An. stephensi* e *Ae. aegypti* no laboratório Phukan e Kalita, (2005) tentaram extrair o composto bioativo com atividade anti-mosquito do pó da folha de *Litsea salicifolia* utilizando solventes polares (água) e vários solventes não polares (hexano, tolueno, clorofórmio, acetona e metanol), entre os quais o extrato aquoso, exibiu uma atividade larvicida mais eficaz contra as larvas de quarto instar de *Ae. aegypti*.

## 2.2 Atividade ovicida

As propriedades ovicidas e adulticidas do mosquito dos extractos de hexano, benzeno, clorofórmio, acetato de etilo e metanol da folha e da semente de *Albizia lebbeck* foram investigadas contra *Cx. quinquefasciatus*, *Ae. aegypti* e *An. stephensi* (Govindarajan e Rajeswary, 2015). Reegan *et al.* (2015) relataram que as actividades ovicida e de dissuasão da oviposição do extrato hexânico de folhas de *Limonia acidissima* contra *Ae. aegypti* e *Cx. quinquefasciatus*.

Tennyson *et al.* (2015) estudaram a eficácia ovicida do acetato de etilo e do extrato de metanol do extrato de folhas de *Ageratum houstonianum*, que foram tóxicos contra *An. stephensi, Ae. aegypti* e *Cx. quinquefasciatus.* A atividade ovicida e de dissuasão da oviposição de nanopartículas de prata sintetizadas utilizando o extrato aquoso de *Sargassum muticum* foi avaliada contra mosquitos vectores de *Ae. aegypti, An. stephensi* e *Cx. quinquefasciatus* (Madhiyazhagan *et al.*, 2015).

Benelli *et al.* (2015) investigaram as actividades ovicida, larvicida, pupicida e de dissuasão da oviposição da torta de neem *A. indica* contra os vectores dos mosquitos *Aedes*, *Anopheles* e *Culex*.O óleo essencial das flores de *Cananga odorata* foi investigado quanto a actividades ovicidas, dissuasoras da oviposição, insecticidas e repelentes contra *Ae. aegypti, An. dirus* e *Cx. quinquefasciatus* (Soonwera, 2015). Maheswaran e Ignacimuthu, (2015) relataram que as actividades ovicida, de oviposição-deterrente e larvicida de *A. indica* e *Pongamia glabra* foram testadas contra *An. stephensi* e *Cx. quinquefasciatus*.

Determinar as actividades ovicida e repelente do extrato de benzeno e metanol de *Polygala arvensis* contra *Ae. aegypti, An. stephensi* e *Cx. quinquefasciatus* (Deepa *et al.*, 2014). Govindarajan e Sivakumar, (2014) avaliaram as propriedades ovicidas, larvicidas e adulticidas dos extractos brutos de hexano, acetato de etilo, benzeno, clorofórmio e metanol da raiz de *Asparagus racemosus* contra *Cx. quinquefasciatus*, *Ae. aegypti* e *An. stephensi*. As actividades ovicida e de dissuasão da oviposição dos extractos de éter de petróleo e acetato de etilo das folhas de *Eugenia jambolana*, *Solidago canadensis*, *Euodia ridleyi* e *Spilanthes mauritiana* foram investigadas contra *An. stephensi*, *Ae.aegypti* e *Cx. quinquefasciatus* (Prathibha *et al.*, 2014).

Maheswaran e Ignacimuthu, (2014) determinaram que as actividades ovicida, larvicida, repelente de oviposição e adulticida do *Polygonum hydropiper* foram avaliadas contra o vetor da dengue *Ae. albopictus.* O potencial ovicida, larvicida e adulticida do mosquito dos extractos brutos de hexano, benzeno, clorofórmio, acetato de etilo e metanol de *Erythrina indica* foi avaliado contra *An.*

*stephensi, Ae. aegypti* e *Cx quinquefasciatus* (Govindarajan e Sivakumar, 2014a). Baranitharan e Dhanasekaran (2014) observaram que as actividades larvicida, ovicida e repelente do extrato de éter dietílico, hexano, benzeno e acetona de *Coleus aromaticus* foram testadas contra *Ae. aegypti.* Cheah *et al.* (2013) relataram que as actividades larvicida, de oviposição e ovicida do extrato bruto de *Artemisia annua* foram avaliadas contra *Ae. aegypti, An. sinensis* e *Cx. quinquefasciatus*.

O potencial ovicida dos extractos brutos de hexano, benzeno, clorofórmio, acetato de etilo e metanol de *Ageratina adenophora* foi avaliado contra o vetor da filariose *Cx. quinquefasciatus* (Rajeswary *et al.*, 2014). As actividades ovicida, repelente e adulticida dos extractos brutos de hexano, benzeno, acetato de etilo, acetona e metanol das folhas de *Acalypha alnifolia* foram avaliadas quanto à toxicidade contra *Ae. aegypti, An. stephensi* e *Cx. quinquefasciatus* (Kovendan *et al.*, 2013). O potencial ovicida dos extractos brutos de solvente clorofórmio, acetato de etilo e metanol do medicamento *Pithecellobium dulce* contra o mosquito vetor da filariose, *Cx. quinquefasciatus* (Govindarajan *et al.*, 2013b).

As actividades larvicida, ovicida e repelente dos extractos da esponja marinha *Cliona celata* foram investigadas contra *Cx. quinquefasciatus* e *Ae. aegypti* (Reegan *et al.*, 2013). Karthika Devi *et al.* (2013) observaram que a atividade larvicida, pupicida, ovicida e de dissuasão da oviposição do extrato de folhas em metanol de *Spathodea campanulata* contra *Ae. aegypti.* Krishnappa *et al.* (2013) determinaram que as actividades larvicida e ovicida da acetona, do benzeno, do acetato de etilo e do extrato de folhas em metanol de *Cissus quadrangularis* e *Combretum ovalifolium* contra *An. stephensi.* O potencial adulticida, repelente e ovicida dos extractos brutos de hexano, acetato de etilo, benzeno, solvente aquoso e metanol das plantas medicinais *Andrographis paniculata, Cassia occidentalis* e *Euphorbia hirta* foi investigado contra *An. stephensi* (Panneerselvam e Murugan, 2013).

As propriedades ovicidas dos extractos de folhas e sementes de *Delonix elata* contra os mosquitos vectores da malária *An.stephensi* e da dengue *Ae.aegypti* (Govindarajan *et al.*, 2012). Maheswaran e Ignacimuthu, (2012) revelaram que as actividades larvicida, ovicida e de dissuasão da oviposição dos extractos de *A. indica* e *Pongamia glabra* foram testadas contra *Ae. aegypti* e *Ae. albopictus.* Samidurai, (2012) avaliou o potencial larvicida e ovicida dos extractos brutos de metanol, benzeno e acetona da planta medicinal *Pemphis acidula* contra os mosquitos vectores de importância médica *Cx. tritaeniorhynchus* e *An. subpictus.* Gokulakrishnan *et al.* (2012) estudaram a eficácia larvicida e ovicida dos extractos de acetona, benzeno, clorofórmio, hexano e metanol de *Ariitolochia indica* contra o *An. stephensi.* Barik *et al.* (2012) investigaram o comportamento de oviposição de três espécies de mosquitos na presença de diferentes tipos de nanosílica e foi observada uma atividade de ovideterrência completa da nanosílica hidrofóbica contra *Ae. aegypti, An. stephensi* e *Cx. quinquefasciatus.*

As actividades ovicida e repelente do extrato de folhas em metanol de *Ervatamia coronaria* e *Caesalpinia pulcherrima* foram avaliadas contra *Cx. quinquefasciatus*, *Ae. aegypti* e *An. stephensi* (Govindarajan *et al.*, 2011). Karthik *et al.* (2011) investigaram as actividades larvicida, repelente e ovicida de extractos brutos de actinobactérias marinhas *Saccharomonospora, Streptomyces oseiscleroticus* e *Streptomyces gedanensis* contra *Cx. tritaeniorhynchus* e *Culex gelidus*. A dissuasão da oviposição e o potencial ovicida de cinco óleos essenciais diferentes, óleo de hortelã-pimenta (*Mentha piperita*), óleo de manjericão (*Ocimum basilicum*), óleo de alecrim (*Rosemarinus officinalis*), óleo de citronela (*Cymbopogon nardus*) e óleo de sementes de aipo (*Apium graveolens*), foram avaliados contra o vetor da dengue *Ae. aegypti* (Warikoo *et al.*, 2011).

Os extractos de acetato de etilo, acetona e metanol das folhas de *Andrographis lineata* (Acanthaceae) e *Andrographis paniculata* apresentaram actividades ovicidas e de dissuasão da oviposição contra *Cx. tritaeniorhynchus* (Elango *et al.*, 2010). A atividade anti-mosquito do extrato da amêndoa de *Sapindus emarginatus* exerceu atividade ovicida, larvicida e pupicida contra *An. stephensi* e *Cx. quinquefasciatus* (Koodalingam *et al.*, 2009). Elango *et al.* (2009) demonstraram que os extractos de plantas indígenas como *Aegle marmelos*, *Andrographis lineate*, *Andrographis paniculata*, *Cocculus hirsutus*, *Eclipta prostrata* e *Tagetes erecta* têm atividade ovicida, ovicida e repelente contra o *An. subpictus*.

As propriedades larvicida, pupicida, adulticida e ovicida do extrato etanólico de *Andrographis paniculata* foram avaliadas contra o vetor da malária *An. stephensi* (Kuppusamy e Murugan 2009). Samidurai *et al.* (2009) determinaram que os extractos de folhas de *Pemphis acidula* foram avaliados quanto a actividades larvicidas, ovicidas e repelentes contra *Cx. quinquefasciatus* e *Ae. aegypti*. Govindarajan (2009) investigou que os extractos de metanol, benzeno e acetona de *Cassia fistula* foram avaliados quanto às actividades larvicida, ovicida e repelente contra *Ae. aegypti*.

O extrato de folhas de *Acalypha indica* com diferentes solventes - benzeno, clorofórmio, acetato de etilo e metanol - foi testado quanto à sua atividade larvicida, ovicida e de atração de oviposição contra *An. stephensi* (Govindarajan *et al.*, 2008b). Os compostos flavonóides isolados de poncirina, rhoifolina, naringina e marmesina de *Poncirus trifoliate* apresentaram a atividade ovicida, de dissuasão da oviposição e repelente mais forte contra *Ae. aegypti* (Rajkumar e Jebanesan 2008). Mullai, *et al.* (2008) relataram que o extrato de folhas de *Citrullus vulgaris* com diferentes solventes, *viz.*, benzeno, éter de petróleo, acetato de etilo e metanol, foi testado quanto a actividades larvicidas, ovicidas, repelentes e reguladoras do crescimento de insectos contra o *An. stephensi*.

Luz *et al.* (2007) referiram que a atividade ovicida das espécies de fungos hifomicetas *Paecilomyces carneus*, *Paecilomyces marquandii*, *Isaria fumosorosea*, *Metarhizium anisopliae*, *Penicillium* sp., *Paecilomyces lilacinus*, *Beauveria bassiana* e *Evlachovaea kintrischica* contra *Ae. aegypti*. Govindarajan *et al.* (2006) avaliaram os metabolitos secundários de *Streptomyces* spp. e examinaram a atração de oviposição do vetor da filariose *Cx. quinquefasciatus*. A toxicidade dos extractos de diclorometano, éter de petróleo e metanol de sementes e folhas de *Vitex negundo* para as larvas de segundo e quarto instar mostrou efeitos dissuasores da oviposição de *Plutella xylostella* contra *Ae.aegypti* (Yuan *et al.*, 2006). Mullai e Jebanesan (2006) referiram que a atividade ovicida completa dos extractos de etanol, benzeno, éter de petróleo e acetato de etilo de *Citrullus pubescens* era tóxica contra *Cx. quinquefasciatus*. Tawatsin *et al.* (2006) observaram que os óleos essenciais de *Curcuma longa*, *Zingiber officinale*, *V. trifolia*, *Melaleuca cajuputi*, *Manglietia garrettii* e *Houttuynia cordata* tinham uma atividade relativamente elevada de inibição da oviposição contra *Ae.aegypti*. Pushpanathan *et al.* (2006) revelaram as actividades larvicida, ovicida e repelente do óleo essencial de *Cymbopogan citratus* contra *Cx. quinquefasciatus.*

O óleo essencial de *Cinnamomum zeylanicum*, *Zingiber officinale* e *Rosmarinus officinalis* apresentou actividades dissuasoras da oviposição, ovicidas e repelentes contra *An. stephensi*, *Ae. aegypti* e *Cx. quinquefasciatus* (Prajapati *et al.*, 2005). A toxicidade da atividade ovicida de mosquitos do óleo essencial de *Ocimum basilicum* foi avaliada contra *Cx. quinquefasciatus*, *Ae. aegypti* e *An.stephensi* (Prajapati *et al.*, 2005). Prajapati *et al.* (2005) revelaram as actividades de dissuasão da oviposição, ovicida e repelente dos óleos essenciais de *Cinnamomum zeylanicum*, *Zingiber officinale* e *Rosemarinus officinalis* contra *An. stephensi*, *Ae. aegypti* e *Cx. quinquefasciatus*.

Rajkumar e Jebanesan (2004) estudaram a atividade ovicida do extrato de folhas de *Moschosma polystachyum* contra *Cx. quinquefasciatus*. Os extractos metanólicos da folha de *Pelargonium citrosa* foram testados quanto à sua atividade biológica, larvicida, pupicida, adulticida, antioviposicional, repelência e dissuasão da picada contra *An. stephensi* (Jeyabalan *et al.*, 2003). Mehra e Hiradhar, (2002) avaliaram que o extrato bruto de acetona de *Cuscuta hyalina* era um dissuasor eficaz da oviposição contra *Cx. quinquefasciatus*. Su e Mulla (1998) investigaram a atividade ovicida do produto de Neem, azadiractina, contra os mosquitos *Culex tarsalis* e *Cx. quinquefasciatus*. A atividade ovicida do extrato de sementes de *Atriplex canescens* foi avaliada contra *Cx. quinquefasciatus* (Ouda *et al.* 1998).

## 2.3 Atividade adulticida

Mukandiwa *et al.* (2016) relataram que a repelência e as actividades adulticidas dos extractos de folhas de *Clausena anisata* foram avaliadas contra o mosquito da febre amarela *Ae. aegypti*. As nanopartículas de ouro sintetizadas a partir do extrato de flores de *Couroupita guianensis* foram investigadas contra as larvas, pupas e adultos do vetor da malária *An. stephensi* (Subramaniam *et al.*, 2016). Govindarajan e Rajeswary (2015) examinaram a atividade adulticida dos extractos de hexano, benzeno, clorofórmio, acetato de etilo e metanol da folha e da semente de *Albizia lebbeck* para determinar a sua toxicidade contra *Cx. quinquefasciatus*, *Ae. aegypti* e *An. Stephensi.* Suresh *et al.* (2015) avaliaram a atividade adulticida de nanopartículas de prata sintetizadas utilizando *Phyllanthus niruri* foram tóxicas contra *Ae. aegypti.* A atividade adulticida de nanopartículas de prata sintetizadas a partir de *Mimusops elengi* foi altamente eficaz contra *An. stephensi* e *Ae. albopictus* (Subramaniam *et al.*, 2015). Roni *et al.* (2015) relataram que nanopartículas de prata fabricadas usando *Hypnea musciformis* foram avaliadas contra fêmeas adultas de *Ae. aegypti.*

A eficácia máxima foi observada nas nanopartículas de prata sintetizadas utilizando o extrato de folhas de *Feronia elephantum* contra adultos de *An. stephensi*, *Ae. aegypti* e *Cx. quinquefasciatus* (Veerakumar e Govindarajan, 2014). A atividade adulticida de nanopartículas de prata fabricadas com extrato de folhas de *Heliotropium indicum* foi avaliada contra adultos de *An. stephensi*, *Ae. aegypti* e *Cx. quinquefasciatus* (Veerakumar *et al.*, 2014b). Soni e Prakash (2014b) determinaram que as nanopartículas de prata sintetizadas usando o extrato de folhas de nim foram avaliadas contra adultos de *Cx. quinquefasciatus.* Mavundza *et al.* (2014) investigaram que a atividade adulticida de *Clausena anisata* era tóxica contra *Anopheles arabiensis.*

Ramkumar*et al.* (2014) determinaram que a atividade adulticida e a toxicidade do fumo dos extractos de acetona, acetato de etilo, benzeno, clorofórmio e metanol das folhas de *Cipadessa baccifera* contra *Cx. quinquefasciatus*, *Ae. aegypti* e *An. stephensi.*

Kovendan *et al.* (2013) estudaram a atividade adulticida do extrato de metanol do extrato de folhas de *Acalypha alinifolia* contra três espécies de mosquitos, *Ae. aegypti*, *An. stephensi* e *Cx. quinquefasciatus.* Panneerselvam e Murugan, (2013) determinaram que a atividade adulticida, repelente e ovicida dos extractos brutos de hexano, acetato de etilo, benzeno, solvente aquoso e metanol das plantas medicinais *Andrographis paniculata*, *Cassia occidentalis* e extrato de folhas de *Euphorbia hirta* contra o vetor da malária *An. stephensi.* Panneerselvam *et al.* (2012) avaliaram as actividades larvicida, pupicida, repelente e adulticida do extrato bruto de metanol de *Artemisia nilagirica* para determinar a sua toxicidade contra dois mosquitos vectores importantes, *nomeadamente o An. stephensi* e *o Ae. aegypti.*

Murugan *et al.* (2012) estudaram os efeitos do extrato etanólico de casca de laranja de *Citrus sinensis* na atividade larvicida, pupicida, repelente e adulticida contra *An. stephensi*, *Ae. aegypti* e *Cx. quinquefasciatus.* A atividade adulticida dos extractos de metanol da planta indígena *Andrographis paniculata* contra os adultos de *Cx.*

*quinquefasciatus* e *Ae. aegypti* (Govindarajan e Sivakumar, 2012). As actividades adulticida e repelente dos extractos brutos de hexano, clorofórmio, benzeno, acetona e metanol da folha de *Cassia tora* foram testadas quanto à sua toxicidade contra três mosquitos vectores importantes, *nomeadamente Cx. quinquefasciatus, Ae. aegypti* e *An. stephensi* (Amerasan *et al.*, 2012). Lalrotluanga *et al.* (2012) mostraram que as actividades larvicida, adulticida e repelente do extrato de acetona da casca da raiz de *Hiptage benghalensis* foram testadas contra as larvas e os adultos de *Anopheles barbirostris, Cx. quinquefasciatus* e *Ae. Albopictus.*

A atividade adulticida e a inibição da emergência de adultos dos extractos de hexano, clorofórmio, acetato de etilo, acetona e metanol das folhas de *Aegle marmelos, Andrographis lineate, Andrographis paniculata, Cocculus hirsutus, Eclipta prostrata* e *Tagetes erecta* foram testadas contra o vetor da malária *An.subpictus* (Elango *et al.*, 2011). O óleo essencial de *Lantana camara* foi testado contra a atividade adulticida dos mosquitos *Ae. aegypti, Cx. quinquefasciatus, Anopheles culicifacies, Anopheles fluviatilis* e *An. stephensi* (Dua *et al.*, 2010). Kamaraj *et al*, (2010) avaliaram a atividade adulticida, repelente e larvicida de extractos brutos de hexano, acetato de etilo e metanol de oito plantas, *viz, Aristolochia indica, Cassia angustifolia, Diospyros melanoxylon, Dolichos biflorus, Gymnema sylvestre, Justicia procumbens, Mimosa pudica* e *Zingiber zerumbet,* foram testados contra larvas adultas e de quarto instar de *Cx. gelidus* e *Cx. quinquefasciatus.*

A eficácia adulticida de *Chrysosporium tropicum* foi realizada contra uma população mista de mosquitos adultos *Cx. quinquefasciatus, An. stephensi, Ae. aegypti* (Verma e Prakash, 2010). Dua *et al.* (2010) observaram que as actividades adulticidas do óleo essencial das folhas de *Lantana camara* eram tóxicas contra *Ae. aegypti, Cx. quinquefasciatus, An. culicifacies, An. fluvialitis* e *An. stephensi.* O efeito adulticida e larvicida dos extractos de folhas de hexano, clorofórmio, acetato de etilo, acetona e metanol de *Annona squamosa, Centella asiatica, Gloriosa superba, Mukia maderaspatensis, Pergularia daemia* e *Phyllanthus emblica* foram expostos contra *An. subpictus* e *Cx. tritaeniorhynchus* (Bagavan *et al.*, 2009). As actividades larvicida e adulticida da mistura etanólica e aquosa (50:50) de extractos de plantas *Eucalyptus globulus, Cymbopogan citratus, Artemisia annua, Justicia gendarussa, Myristica fragrans, Annona squamosa* e *Centella asiatica* foram investigadas contra *An. stephensi* (Senthilkumar *et al.*, 2009).

Kamalakannan *et al.* (2008) provaram que a atividade adulticida do fungo entomopatogénico *Metarhizium anisopliae* foi testada contra o vetor da malária *An. stephensi*. A atividade adulticida do óleo essencial isolado de *Mentha longifolia* foi analisada em termos de toxicidade fumigante contra o mosquito doméstico *Cx. pipiens* (Oz *et al.*, 2007). Nathan *et al.* (2005) investigaram a atividade biológica, larvicida, pupicida, adulticida e antioviposicional dos limonóides puros da semente de nim contra o *An. stephensi.* Foi estudada a atividade adulticida de extractos de metanol de três plantas da Malásia, nomeadamente *Acorus calamus*, *Litsea elliptica* e *Piper aduncum*, contra adultos de *Ae. aegypti* (Hidayatulfathi *et al.*, 2004). Os extractos de metanol da folha de *Pelargonium citrosa* foram testados quanto à sua atividade biológica, adulticida, antioviposicional, repelência e dissuasão da picada contra o *An. stephensi* (Jeyabalan *et al.*, 2003).

Zaridah *et al.* (2001) relataram que o extrato aquoso das folhas secas de *Andrographis paniculata* mostrou a atividade mais forte contra vermes adultos de *Brugia malayi.* Murugan e Jeyabalan, (1999) investigaram que *Leucas aspera*, *Ocimum santum*, *Azadirachta indica*, *Allium sativum* e *Curcuma longa* tinham uma forte atividade larvicida, antiemergência, repelência de adultos e anti-reprodutiva contra *An. stephensi.*

## 2.4 Efeitos não visados nos organismos aquáticos

As Ag NP biossintetizadas foram consideradas mais seguras para os organismos não visados *Diplonychu indicus*, *Anisops bouvieri* e *Gambusia affinis*, e maior toxicidade contra *An. subpictus*, *Ae. albopictus* e *Cx. tritaeniorhynchus* (Govindarajan e Benelli, 2016a). Govindarajan *et al.* (2016b) investigaram que o óleo essencial *de Z. nimmonii* era mais seguro para dois organismos aquáticos não visados, *D. indicus* e *G. affinis*, e contra larvas de *An. stephensi*, *Ae. aegypti* e *Cx. quinquefasciatus.*

A eficiência de predação de um *Carassius auratus* foi aumentada por nanopartículas de prata biossintetizadas usando extrato de bolo de neem de *A. indica,* e contra larvas e pupas de *Ae. aegypti* (Chandramohan *et al.*, 2016). As nanopartículas de prata sintetizadas usando o extrato de folha de *B. tinctoria* mostraram uma toxicidade reduzida contra os inimigos naturais do mosquito *Mesocyclops thermocyclopoides* e *Toxorhynchites splendens* (Mahesh Kumar *et al.*, 2016). NPs de Ag biossintetizadas usando *C. spinarum* foram consideradas mais seguras para organismos não-alvo *D. indicus*, *A. bouvieri* e *G. affinis*, e toxicidade contra *A. subpictus*, *A. albopictus* e *C. tritaeniorhynchus* (Govindarajan *et al.*, 2016a). Subramaniam *et al.* (2015) observaram que as nanopartículas de prata *sintetizadas por M. elengi* não tiveram impacto negativo nas taxas de predação do peixe-mosquito *G. affinis* contra *An. stephensi* e *Ae. albopictus*. Murugan *et al.* (2015d) mostraram evidências de que a predação de *P. reticulata* contra larvas de *Cx. quinquefasciatus* não é afetada por doses sub-letais de Ag NP sintetizadas por *T. asiatica*.

As nanopartículas de prata biossintetizadas utilizando o isolado 2, 7.bis [2-[dietilamino]-etoxi] fluorence das folhas de *Melia azedarach* não apresentaram toxicidade aguda contra os copépodes *Mesocyclops pehpeiensis* (Ramanibai e Velayutham, 2015). Chobu *et al.* (2015) relataram que o *G. affinis* é mais eficiente como predador de larvas de terceiro instar do *An. gambiae* do que o peixe dourado Cyprinidae *Carassius auratus*. Um único tratamento com 1 ppm de nanopartículas de prata sintetizadas por *Aristolochia indica* aumentou a predação de insectos aquáticos

*D. indicus* contra larvas de *An. stephensi* (Murugan *et al.*, 2015f). A eficiência de predação do peixe dourado (*C. auratus*) foi maior se as larvas de *Ae. aegypti* foram expostas a 1 ppm de Ag NP fabricada *cilíndrica de Bruguiera* (Murugan *et al.*, 2015g).

A exposição a doses sub-letais de Ag NPs fabricadas com *Datura metel* aumentou a predação de ninfas de libélula (*Anax immaculifrons*) contra larvas de *An. stephensi* (Murugan *et al.*, 2015i). Haldar *et al.* (2013) não detectaram toxicidade de NPs de Ag produzidas com frutos verdes secos de *Drypetes roxburghii* contra *P. reticulata*, após 48 h de exposição a $LC_{50}$ de larvas de IV instar de *An. stephensi* e *Cx. quinquefasciatus*.

Rawani *et al.* (2013) mostraram que as Ag-NP sintetizadas com extratos de bagas de *S. nigrum* não eram tóxicas contra dois predadores de mosquitos, *Toxorhynchites* larvae e *Diplonychus annulatum*, e larvas de *Chironomus circumdatus*, expostas a concentrações letais de nanopartículas secas calculadas sobre larvas de *An. stephensi* e *Cx. quinquefasciatus*. Subarani *et al.* (2013) não relataram efeitos de toxicidade de NP Ag *sintetizadas por V. rosea* contra *P. reticulata*, após 72 h de exposição a dosagens tóxicas contra *An. stephensi* e *Cx. quinquefasciatus*. As NP Ag sintetizadas por *P. rubra* e *P. Daemia* não apresentaram qualquer efeito tóxico evidente contra peixes *Poecilia reticulata* após 48 h de exposição aos valores $LC_{50}$ e $LC_{90}$ calculados em larvas de quarto instar de *Ae. aegypti* e *An. stephensi* (Patil *et al.*, 2012a). *G. affinis* foi relatado como um predador mais eficiente de instares jovens de mosquitos do que outros organismos aquáticos, como Belostomatidae e ninfas de odonatos (Kweka *et al.*, 2011).

### 2.5 Descrição da planta

#### 2.5.1 *Merremia emerginata* (Burm.f) (Família: Convolvulaceae)

*A Merremia emarginata* é uma erva perene, muito ramificada (trepadeira). Encontra-se amplamente distribuída por toda a Índia, especialmente em locais húmidos na planície do Alto Ganges, Gujarat, Bihar, Bengala Ocidental, Ghats Ocidentais, subindo até 900m nas colinas, Goa, Karnataka na Índia, Ceilão e África Tropical (Ghosh, 1991). *A M. emarginata* é também conhecida como *Ipomoea reniformis*. É conhecida por ter muitas propriedades medicinais importantes. No sistema de medicina indígena, *I. reniformis* foi considerada útil para a tosse, dor de cabeça, nevralgia, reumatismo, diurético, inflamação, problemas de nariz e febre devido ao aumento do fígado e também em doenças renais.

#### 2.5.2 *Naregamia alata* (Peso & Arn) (Família: Meliaceae)

*A Naregamia alata* pertence à família Meliaceae, é um arbusto com raízes pungentes e aromáticas. A planta é ácida, doce, refrescante, aromática, alexetérica, vulnerária, emética, colagoga, expetorante, depurativa e antipirética. É útil no tratamento de feridas, úlceras, estados viciados de pitta e vata, halitose, tosse, asma, bronquite, esplenomegalia, sarna, prurido, disenteria, dispepsia, catarro, anemia e febres da malária. É utilizado como antioxidante (Sonu *et al.,* 2012).

### 2.5.3 *Hedyotis puberula* (George Don) (Família: Rubiaceae)

*A Hedyotis puberula* é uma erva anual ou bienal, vulgarmente conhecida como "Imbural", naturalizada nas regiões costeiras de Tamilnadu, Orissa e Bengala Ocidental, na Índia. Na medicina popular, esta planta é muito utilizada no tratamento de várias doenças. A decocção da planta é muito utilizada como expetorante e febrífuga. Também é utilizada no tratamento do cancro, asma, tuberculose e constipação. As folhas e as raízes são consideradas como expectorantes e utilizadas na bronquite e no consumo. Medicinalmente, a decocção das folhas é utilizada como uma lavagem para picadas venenosas (Kirtikar e Basu, 1975). A casca da raiz contém alizarina, ácido rubiclorico e ácido ruberitrico como derivados de antraquinona (Khare, 2007).

### 2.5.4 *Aglaia elaeagnoidea* (JUSS) (Família: Meliaceae)

*A Aglaia elaeagnoidea* é uma árvore medicinal endémica da Índia peninsular, vulgarmente designada por "Chokkala". Distribui-se no solo vermelho dos Ghats Ocidentais de Tamil Nadu, na Índia. As árvores crescem até 10 m de altura, as folhas são alternas a subopostas, elípticas ou oblongelípticas, com 6-12 cm de comprimento e 2,5-5,5 cm de largura. As flores são amarelas arredondadas. A utilização medicinal desta planta inclui atividade anti-tumoral, anti-inflamatória, anestésica, analgésica, antioxidante e antibacteriana (Jia *et al.* 2007). A parte aérea da casca é castanha acinzentada e as folhas são utilizadas pelo povo rural para curar várias doenças como doenças de pele, febre, disenteria, arrefecimento, adstringente, dores abdominais e hemorragias (King *et al.* 1982). Na medicina tradicional chinesa, os extractos de *Aglaia* também são utilizados para o tratamento de doenças inflamatórias (Kann, 1979).

### 2.5.5 *Ventilago madrasapatna* (Joseph Gaertner) (família: Rhamnaceae)

*O Ventilago madrasapatna* é uma liana lenhosa que pertence à família Rhamnaceae. É vulgarmente conhecida como trepadeira vermelha. Esta planta é uma trepadeira lenhosa. Tradicionalmente, a casca da raiz de *V. madraspatana* é utilizada como carminativo, estomacal, condições viciadas de kapha, dispepsia, flatulência cólica, erisipela, lepra, sarna e prurido. A casca do caule em pó misturada com óleo de gingela é aplicada externamente para tratar doenças de pele e comichão (Chopra *et al.*, 1956). Foi relatado que possui actividades antioxidantes, anti-inflamatórias, hepatoprotectoras e antibacterianas.

# CAPÍTULO - 3

# MATERIAIS E MÉTODOS

## 3.1 Recolha e identificação de plantas

As plantas *Merremia emarginata*, *Naregamia alata*, *Hedyotis puberula*, *Aglaia elaeagnoidea* e *Ventilago madrasapatna* foram colhidas em Nilgiris, Ghats ocidentais, Estado de Tamil Nadu, Índia. A identidade foi confirmada no Departamento de Botânica da Universidade de Annamalai, Annamalai Nagar, Tamil Nadu. Os espécimes foram numerados e guardados no nosso laboratório de investigação para referência posterior (placa 1). O quadro 1 apresenta a lista das espécies de plantas, o nome vernáculo e a parte das plantas utilizada.

## 3.2 Preparação dos extractos aquosos de folhas de plantas

As folhas foram secas à sombra e moídas até se tornarem pó fino num moinho elétrico. O extrato aquoso foi preparado misturando 50 g de pó de folhas secas com 500 mL de água (água destilada fervida e arrefecida) com agitação constante num agitador magnético. A suspensão de pó de folhas secas em água foi deixada durante 3 h e filtrada através de papel de filtro Whatman n.º 1 e o filtrado aquoso foi armazenado num frasco hermético de cor âmbar a uma temperatura de 10°C até ser testado.

## 3.3 Síntese de nanopartículas de prata

Dez gramas de folhas bem lavadas e finamente cortadas foram adicionadas a um Erlenmeyer de 300 ml juntamente com 100 ml de água bidestilada esterilizada, a mistura foi fervida durante 5 minutos antes de ser finalmente decantada. O extrato coloidal foi filtrado com papel de filtro Whatman n.º 1, armazenado a -15 °C e testado no prazo de uma semana. O filtrado foi tratado com uma solução aquosa 1mM de $AgNO_3$ (21,2 mg de $AgNO_3$ em pó em 125 mL de água Milli-Q) num Erlenmeyer e incubado à temperatura ambiente. Oitenta e oito mililitros de uma solução aquosa de nitrato de prata 1 mM foram reduzidos utilizando 12 mL de extrato de folhas de plantas à temperatura ambiente durante 10 minutos, resultando numa solução castanha-amarela que indica a formação de NPs de Ag.

*Merremia emerginata*

*Naregania alata*

*Hedyotis puberula*

*Aglaia elaeagnoidea*

*Ventilago madrasapatna*

**Placa 1. Plantas utilizadas no estudo.**

**Tabela 1. Plantas utilizadas no presente estudo.**

| S. Não. | Espécies vegetais | Nome comum | Nome vernáculo | Partes de plantas utilizadas | Zona de recolha |
|---|---|---|---|---|---|
| 1 | *Merremia emarginata* | Folhas de rim Morning Glory | Elikkadhu-keerai | Folha | Nilgiris |
| 2 | *Naregamia alata* | Ipecacuanha de Goa | Nelanaringu | Folha | Nilgiris |
| 3 | *Hedyotis puberula* | Imbural | Chaaya ver | Folha | Nilgiris |
| 4 | *Aglaia elaeagnoidea* | Priyangu | Chokkala | Folha | Nilgiris |
| 5 | *Ventilago madrasapatna* | Trepadeira vermelha | Surulbattaikkoti | Folha | Nilgiris |

## 3.4 Caracterização das nanopartículas de prata

### 3.4.1 Espectroscopia UV-vis (UV-vis)

A absorção UV-Visível envolve a espetroscopia de fotões na região UV-Visível. Isto significa que se trata de luz na gama visível e próxima do ultravioleta (UV). A absorção nas gamas visíveis afecta diretamente a cor dos produtos químicos envolvidos. Nesta região do espetro eletromagnético, as moléculas sofrem transições electrónicas. Esta técnica é complementar da espetroscopia de fluorescência. Os espectros UV-visível destas alíquotas foram monitorizados em função do tempo de reação num espetrofotómetro Shimadzu 160v na gama de 300-800 nm, com uma resolução de 1 nm.

### 3.4.2 Espectroscopia de infravermelhos com transformada de Fourier (FTIR)

Os grupos de superfície das nanopartículas foram confirmados qualitativamente utilizando a espetroscopia FTIR. A alíquota deste filtrado contendo nanopartículas de prata foi utilizada para a análise de infravermelhos com transformada de Fourier (FTIR). Os espectros FTIR (espetrómetro Thermo Scientific Nicolet 380 FT-IR) das amostras foram medidos utilizando um instrumento Perkin Elmer spectrum one no modo de reflectância difusa com uma resolução de 4 $cm^{-1}$ em pastilhas de KBr.

### 3.4.3 Microscópio eletrónico de varrimento com espetroscopia de raios X por dispersão de energia (SEM - EDX)

A microscopia eletrónica de varrimento (SEM) é uma técnica em que um feixe de electrões energeticamente bem definidos e altamente focados é varrido através de um material (amostra). O microscópio utiliza uma fonte de hexaboreto de lantânio (L $B_{a\ 6}$ ) e é bombeado utilizando bombas turbo e de iões para manter o vácuo mais elevado possível. Para estudos de microscopia eletrónica, 25 µL de amostra foram revestidos por pulverização catódica numa ponta de cobre e as imagens das nanopartículas foram estudadas por microscopia eletrónica de varrimento (SEM; JEOL, modelo JFC-1600, (Hitachi S3000 H SEM). A espetroscopia de raios X por dispersão de energia (EDX) é uma técnica analítica utilizada para a análise química ou a caraterização química de uma amostra. Como um tipo de espetroscopia, baseia-se na investigação de uma amostra através da interação entre a radiação electromagnética e a matéria, analisando os raios X emitidos por uma amostra através de um espetrómetro de energia dispersiva.

### 3.4.4 Microscópio eletrónico de transmissão (TEM)

A microscopia eletrónica de transmissão (TEM) é uma técnica de imagem através da qual um feixe de electrões é transmitido através de um espécime, sendo depois a imagem formatada, as medições TEM (JEOL, modelo 1200EX, (TEM Technite 10 Philips) foram operadas a uma tensão de aceleração de 120 kV e posteriormente com um pó XDL 3000.

### 3.4.5 Análise de difração de raios X (XRD)

A solução de nanopartículas de prata assim obtida foi purificada por centrifugação repetida a 5000 rpm durante 20 min, seguida de redispersão do pellet de nanopartículas de prata em 10 mL de água desionizada. Após a liofilização das partículas de prata purificadas, a estrutura e a composição foram analisadas por XRD. A mistura seca de nanopartículas de prata foi recolhida para a determinação do tamanho das nanopartículas de Ag. O difratómetro de raios X funcionou com uma tensão de 40 kv e uma corrente de 30 mA com radiação Cu kα numa configuração de 0-20. O tamanho do domínio cristalino foi calculado a partir do pico de XRD. A alíquota deste filtrado contendo nanopartículas de prata foi utilizada para a análise de difração de raios X (XRD).

### 3.4.6 Microscopia de força atómica (AFM)

A análise do tamanho, da morfologia, do padrão de aglomeração e da natureza dispersa das NPs Ag foi efectuada utilizando a microscopia de força atómica (Agilent Technologies AFM- 5500).

### 3.5 Colonização de mosquitos em laboratório

Para os diferentes bioensaios, é necessária uma enorme quantidade de colónias de mosquitos de diferentes fases. Foram criadas estirpes de mosquitos isentas de agentes patogénicos no laboratório de controlo de vectores do Departamento de Zoologia da Universidade de Annamalai. Aquando da alimentação dos adultos, estes mosquitos tinham 3-4 dias de idade após a emergência (mantidos à base de passas e água) e passaram fome durante 12 horas antes da alimentação. De cada vez, 500 mosquitos por gaiola foram alimentados com sangue utilizando uma unidade de alimentação equipada com Parafilm como membrana durante 4 h. *A* alimentação *do Ae. aegypti* foi efectuada das 12h00 às 16h00 e a *do An. stephensi* e do *Cx. quinquefasciatus* foi efectuada das 18h00 às 22h00.00 p.m. Um alimentador de membrana com a extremidade inferior equipada com Parafilm foi colocado com 2,0 ml da amostra de sangue (obtida num matadouro através da recolha num frasco heparinizado e armazenada a 4 °C) e mantida sobre uma gaiola de mosquitos com rede. O sangue foi agitado continuamente utilizando um dispositivo de agitação automatizado e foi mantida uma temperatura constante de 37 °C utilizando um sistema de circulação de água. Após a alimentação, as fêmeas totalmente ingurgitadas foram separadas e mantidas à base de passas de uva. Os mosquitos foram mantidos a 28±2 °C, 70-85 % de humidade relativa, com um fotoperíodo de 12 horas de luz e 12 horas de escuridão.

### 3.6 Bioensaio

#### 3.6.1 Atividade larvicida

A atividade larvicida do extrato bruto aquoso e das NPs de Ag de *M. emarginata*, *N. alata*, *H. puberula*, *A. elaeagnoidea* e *V. madrasapatna* foi avaliada de acordo com o protocolo da OMS (2005). O extrato aquoso e as NPs de Ag foram testados em várias concentrações que variam de 70 a 600 µg/mL e 4 a 60 µg/ mL, respetivamente. Vinte números de larvas de instar III tardio foram introduzidos num copo de vidro de 500 ml contendo 250 ml de água sem cloro, mais as concentrações desejadas de extrato de folhas ou NPs Ag. Para cada concentração, foram efectuadas cinco réplicas. A mortalidade das larvas foi registada 24 horas após a exposição, durante as quais não lhes foi dado qualquer alimento. Cada teste incluiu um conjunto de grupos de controlo (nitrato de prata e água destilada) com cinco réplicas para cada concentração individual.

#### 3.6.2 Atividade ovicida

Para o ovicida, foi utilizado o método ligeiramente modificado de Su e Mulla (1998). Os ovos foram recolhidos no laboratório de controlo de vectores, Departamento de Zoologia, Universidade de Annamalai. Os diferentes extractos aquosos de folhas e a nanopartícula de prata foram utilizados para obter várias concentrações que variam entre 50 e 600 μg/mL e 10 e 180 μg/mL, respetivamente. Os ovos destas espécies de mosquitos (100 n.º de ovos com 0-6, 6-12 e 12-18 horas de idade) foram expostos a cada concentração de extractos aquosos de folhas e NPs de Ag. Após o tratamento, os ovos de cada concentração foram transferidos individualmente para copos de água destilada para avaliação da eclosão após a contagem dos ovos ao microscópio. As taxas de eclosão foram avaliadas 48 horas após o tratamento através da seguinte fórmula.

$$\% \text{ de eclodibilidade dos ovos} = \frac{\text{Número de larvas eclodidas}}{\text{Número total de ovos}} \times 100$$

### 3.6.3 Atividade adulticida

O bioensaio adulticida foi efectuado segundo o método ligeiramente modificado da OMS (1981). Com base nos testes de gama ampla e estreita, o extrato bruto aquoso foi testado em diferentes concentrações e as NPs Ag foram testadas em diferentes concentrações. O extrato bruto aquoso e as NPs de Ag foram aplicados em papéis de filtro Whatman n.º 1 (tamanho 12×15 cm). Os papéis de controlo foram tratados com nitrato de prata e água destilada. Foram recolhidas 20 fêmeas de mosquitos e transferidas cuidadosamente para um tubo de plástico. Deixou-se que os mosquitos se aclimatassem no tubo de retenção durante 1 hora e depois expuseram-se ao papel de teste durante 1 hora. No final do período de exposição, os mosquitos foram transferidos de novo para o tubo de retenção e mantidos durante um período de recuperação de 24 horas. Foi colocado um chumaço de algodão embebido em solução de glucose a 10 % no ecrã de rede. Cada teste foi repetido cinco vezes, tendo sido criado simultaneamente um número igual de controlos com água da torneira (nitrato de prata e água destilada). O procedimento acima descrito foi efectuado em triplicado para cada concentração de extrato de plantas. Os dados foram submetidos a uma análise probit (Finney, 1971) para estimar o $LD_{50}$ , o $LD_{90}$, o limite de confiança de 95% do limite de confiança inferior (LCL) e o limite de confiança superior (UCL) e os valores do qui-quadrado.

### 3.6.4 Biotoxicidade em organismos aquáticos não visados

O efeito de organismos não-alvo foi avaliado seguindo o método de Sivagnaname e Kalyanasundaram (2004). O efeito do extrato aquoso e da Ag NP da planta potencial foi testado contra os organismos não-alvo *A. bouvieri*, *D. indicus* e *G. affinis*. As espécies foram recolhidas no campo e mantidas separadamente em tanques de cimento (85 cm de diâmetro e 30 cm de profundidade) contendo água a 27±3 ° C e humidade relativa de 85 %.

Os extractos aquosos e as Ag NP de *M. emarginata, N. alata, H. puberula, A. elaeagnoidea* e *V. madrasapatna* foram avaliados a uma concentração 50 vezes superior à concentração letal ($LC_{50}$ ) para larvas de mosquito. Para cada concentração, serão realizadas dez réplicas, juntamente com quatro réplicas de controlos não tratados. Os organismos não visados foram observados quanto à mortalidade e a outras anomalias, tais como lentidão e redução da atividade de natação após 48 horas de exposição. Os organismos não-alvo expostos também foram observados continuamente durante 10 dias para compreender o efeito pós-tratamento deste extrato na sobrevivência e na atividade de natação.

### 3.7 Análise estatística

Os dados relativos à mortalidade média das larvas e dos adultos foram submetidos a uma análise probit para calcular o $LC_{50}$ , $LC_{90}$ , $LD_{50}$ , $LD_{90}$ , e outras estatísticas com um limite de confiança de 95 % do limite de confiança superior e do limite de confiança inferior, tendo os valores do qui-quadrado sido calculados utilizando o pacote estatístico. Nas experiências que avaliam a biotoxicidade em organismos não visados, o índice de adequação (SI) foi calculado para cada espécie não visada utilizando a seguinte fórmula (Deo *et al.,* 1988).

$$SI = \frac{LC_{50} \text{ de organismos não visados}}{LC_{50} \text{ das espécies de vectores-alvo}}$$

Todos os dados foram analisados com recurso ao programa Statistical Package of Social Sciences (SPSS) versão 16.0. Foi utilizado um nível de probabilidade de P<0,05 para a significância das diferenças entre os valores.

# CAPÍTULO - 4

# RESULTADOS

## 4.1 Caracterização das nanopartículas de prata

### 4.1.1 Espectroscopia UV-visível

Depois de adicionar o extrato de folhas de plantas (*M. emarginata*, *N. alata*, *H. puberula*, *A. elaeagnoidea* e *V. madrasapatna*) à solução de nitrato de prata, ocorreu a formação de NPs de Ag e estas exibiram uma mudança de cor, provavelmente devido à ressonância plasmónica de superfície (SPR). A intensidade da cor foi diretamente proporcional à formação de NPs Ag. A mudança de cor foi rápida, quando as duas soluções foram misturadas, a cor tornou-se castanha em 10 minutos e, às 6 horas, a solução tornou-se castanha escura. Esta mudança de cor foi associada à redução de $Ag^+$ a $Ag^0$ por várias biomoléculas presentes no extrato de folhas. As bandas de ressonância plasmónica de superfície foram influenciadas pelo tamanho, forma, morfologia, composição e ambiente dielétrico das NPs de Ag preparadas. As NPs de Ag foram caracterizadas por espetroscopia UV-visível e observou-se um pico de absorção intenso e amplo. Este pico SPR foi sensível ao tamanho e à forma das nanopartículas, à quantidade de extrato, à concentração de nitrato de prata e ao tipo de biomoléculas presentes no extrato de folhas.

#### 4.1.1.1 *Merremia emerginata*

A cor da mistura da solução *M. emerginata* -$AgNO_3$ foi registada por observação visual. O extrato da folha da planta sem a solução de Ag $NO_3$ não apresentou qualquer alteração de cor. A síntese de NPs de Ag foi confirmada dentro de 3 h após o extrato de folhas de *M. emerginata* ter sido adicionado à solução de $AgNO_3$ . A cor do extrato mudou de amarelado para castanho-escuro (Fig. 1a), o que pode ser devido à excitação da ressonância plasmónica de superfície nas NPs de Ag sintetizadas por *M. emerginata*. A formação de NPs de Ag foi confirmada por um pico de absorção a 440 nm (Fig. 1b).

(a)

( b )

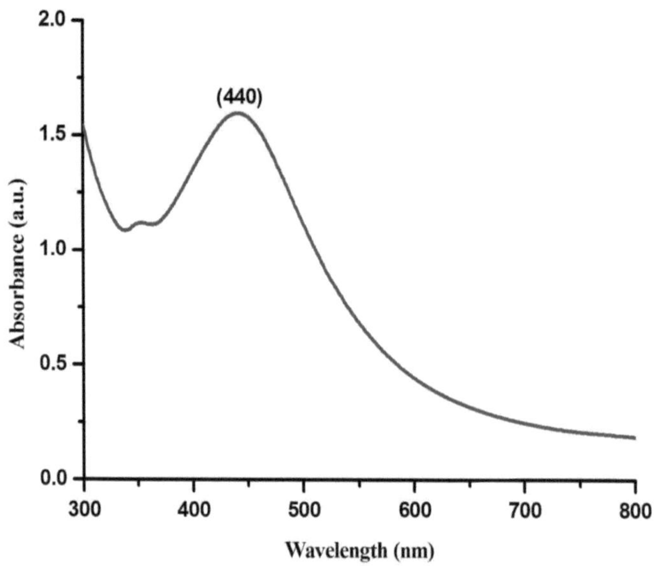


**Fig. 1. (a)** Intensidade da cor do extrato aquoso de *Merremia emarginata* antes e depois da redução do nitrato de prata (1 mM). A mudança de cor indica a redução de $Ag^{+}$ a nanosilver elementar (Ag NPs). **(b)** Espectro UV-visível de nanopartículas de prata após 180 minutos da reação.

#### 4.1.1.2 *Naregamia alata*

A cor da mistura da solução *N. alata* -$AgNO_3$ foi registada por observação visual. O extrato de folha da planta sem a solução Ag $NO_3$ não apresentou qualquer alteração de cor. A síntese de NPs de Ag foi confirmada no espaço de 3 h após o extrato de folhas de *N. alata* ter sido adicionado à solução de $AgNO_3$ . A cor do extrato mudou de castanho-claro para castanho-escuro (Fig. 2a), o que pode dever-se à excitação da ressonância plasmónica de superfície nas NPs de Ag sintetizadas por *N. alata*. A formação de NPs de Ag foi confirmada por um pico de absorção a 473 nm (Fig. 2b).

#### 4.1.1.3 *Hedyotis puberula*

A cor da mistura da solução *H. puberula* -$AgNO_3$ foi registada por observação visual. O extrato de folha da planta sem a solução de Ag $NO_3$ não apresentou qualquer alteração de cor. A síntese de NPs de Ag foi confirmada no espaço de 3 h após o extrato de folhas de *H. puberula* ter sido adicionado à solução de $AgNO_3$ . A cor do extrato mudou de castanho claro para castanho escuro (Fig. 3a), o que pode ser devido à excitação da ressonância plasmónica de superfície nas NPs de Ag sintetizadas por *H. puberula*. A formação de NPs de Ag foi confirmada por um pico de absorção a 445 nm (Fig. 3b).

#### 4.1.1.4 *Aglaia elaeagnoidea*

A mudança de cor na mistura da solução de *A. elaeagnoidea* -$AgNO_3$ foi registada por observação visual. O extrato da folha da planta sem a solução Ag $NO_3$ não apresentou qualquer alteração de cor. A síntese de NPs de Ag foi confirmada dentro de 3 h após o extrato de folha de *A. elaeagnoidea* ter sido adicionado à solução de $AgNO_3$ . A cor do extrato mudou de castanho claro para castanho escuro (Fig. 4a), o que pode ser devido à excitação da ressonância plasmónica de superfície nas NPs de Ag sintetizadas por *A. elaeagnoidea*. A formação de NPs de Ag foi confirmada por um pico de absorção a 440,5 nm (Fig. 4b).

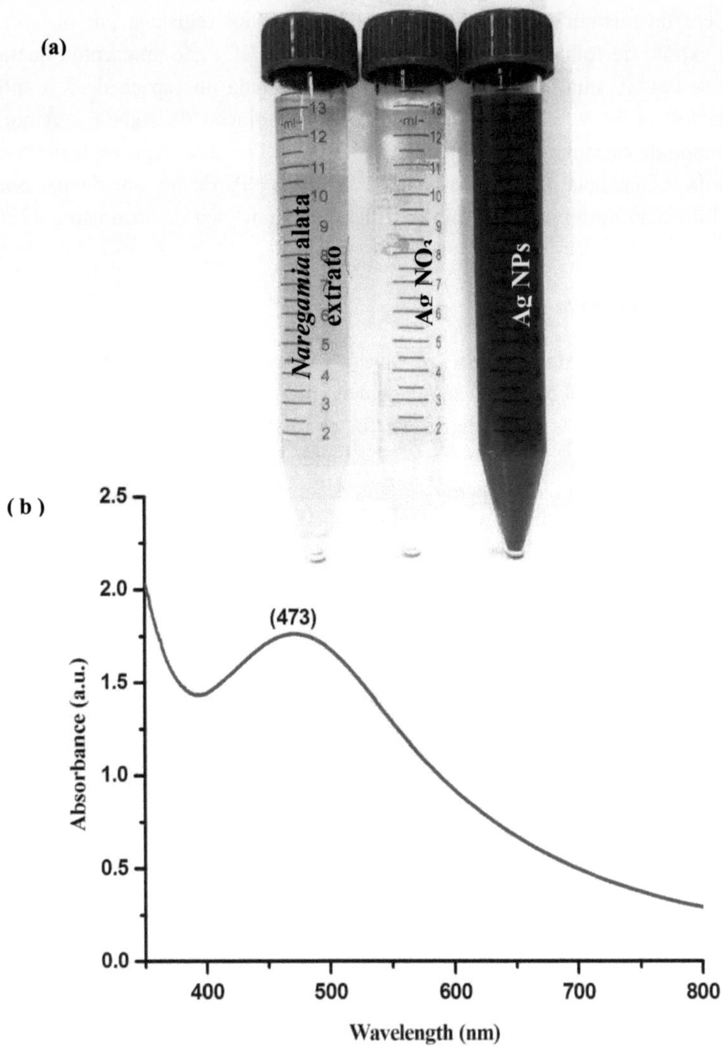


**Fig. 2. (a)** Intensidade da cor do extrato aquoso *de Naregamia alata* antes e depois da redução do nitrato de prata (1mM). A mudança de cor indica a redução de $Ag^{+}$ a nanosilver elementar. **(b)** Espectro UV-visível das nanopartículas de prata após 180 minutos da reação.

(a)

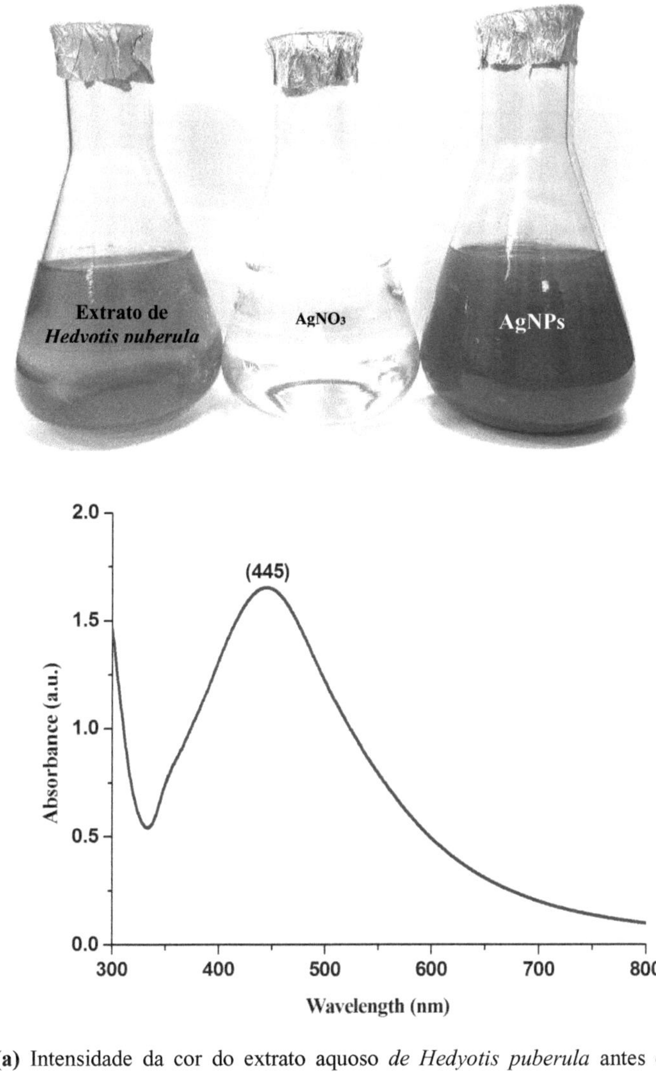


**Fig. 3. (a)** Intensidade da cor do extrato aquoso *de Hedyotis puberula* antes e depois da redução do nitrato de prata (1mM). A mudança de cor indica a redução de $Ag^{+}$ a nanosilver elementar. **(b)** Espectro UV-visível das nanopartículas de prata após 180 minutos da reação.

(a)

(b)

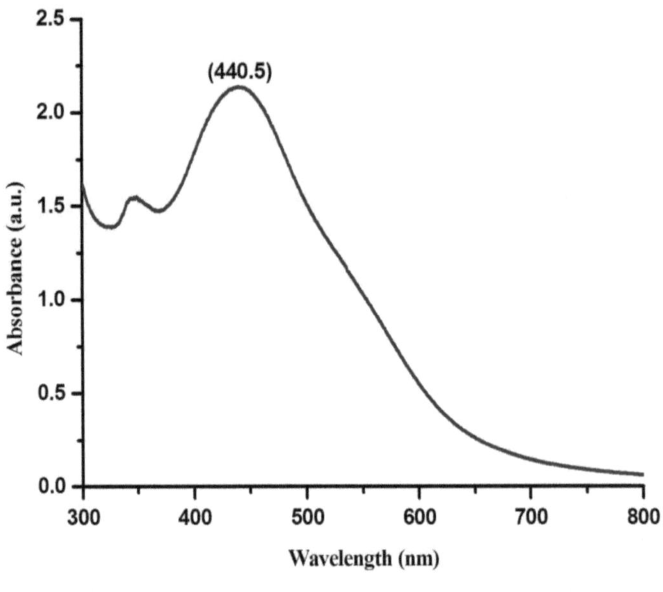


**Fig. 4. (a)** Intensidade da cor do extrato aquoso de *Aglaia elaeagnoidea* antes e depois da redução do nitrato de prata (1mM). A mudança de cor indica a redução de $Ag^{+}$ a nanosilver elementar (Ag NPs). **(b)** Espectro UV-visível de nanopartículas de prata após 180 min da reação.

#### 4.1.1.5 *Ventilago* madrasapatna

A cor da mistura da solução de *V.* madrasapatna-$AgNO_3$ foi registada por observação visual. O extrato da folha da planta sem a solução Ag $NO_3$ não apresentou qualquer alteração de cor. A síntese de NPs de Ag foi confirmada no espaço de 3 h após o extrato de folhas de *V. madrasapatna* ter sido adicionado à solução de $AgNO_3$ . A cor do extrato mudou de castanho claro para castanho escuro (Fig. 5a), o que pode ser devido à excitação da ressonância plasmónica de superfície nas NPs de Ag sintetizadas *por V. madrasapatna.* A formação de NPs de Ag foi confirmada por um pico de absorção a 411 nm (Fig. 5b).

### 4.1.2 Espectroscopia de infravermelhos com transformada de Fourier (FTIR)

Foram efectuadas medições FTIR das amostras liofilizadas para identificar as possíveis interações entre a prata e as moléculas bioactivas, que podem ser responsáveis pela síntese e estabilização (material de cobertura) das nanopartículas de prata. O resultado deste estudo espetroscópico FTIR confirmou que o extrato da planta tem a capacidade de desempenhar funções duplas de redução e estabilização de nanopartículas de prata.

#### 4.1.2.1 *Merremia emerginata*

O espetro FTIR das NPs de Ag biossintetizadas utilizando o extrato da planta *M. emarginata* é apresentado na Figura 6. Nas três réplicas, foram sempre detectadas bandas proeminentes de absorvância a 616,66, 823,79, 872,67, 1021,62, 1108,68, 1383,31, 2917,72 e 3286,37 $cm^{-1}$ . Os picos observados denotam o estiramento C-N (aminas aromáticas), o estiramento C-C (aromáticos), a curvatura N-H (1° aminas), o estiramento C-O (grupo carboxílico) e o estiramento O-H, ligação H (álcoois, fenol), respetivamente. Estas bandas denotam bandas vibracionais de estiramento responsáveis por compostos como os flavonóides e os terpenóides e podem ser consideradas responsáveis pela fixação e estabilização eficazes das NPs de Ag obtidas. Em geral, a rápida redução dos iões de prata pode estar associada à presença de fitoquímicos solúveis em água, tais como flavonas, quinonas e ácidos orgânicos presentes no extrato de folhas de *M. emarginata.*

(a)

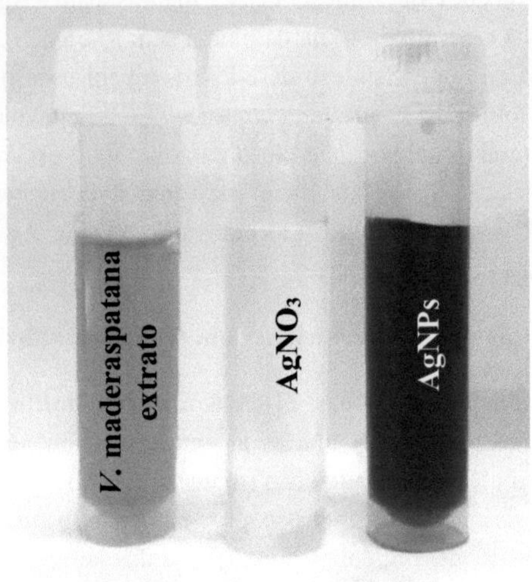


(b

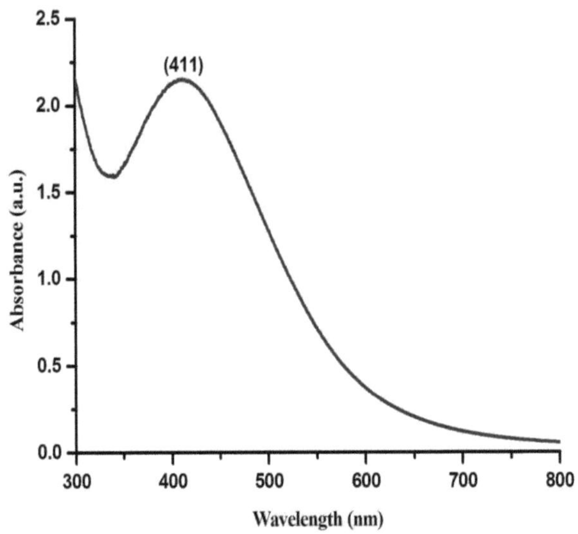


**Fig. 5. (a)** Intensidade da cor do extrato aquoso de *Ventilago maderaspatana* antes e depois da redução do nitrato de prata (1mM). A mudança de cor indica a redução de $Ag^+$ a nanosilver elementar (Ag NPs). **(b)** Espectro UV-visível de nanopartículas de prata após 180 min da reação.

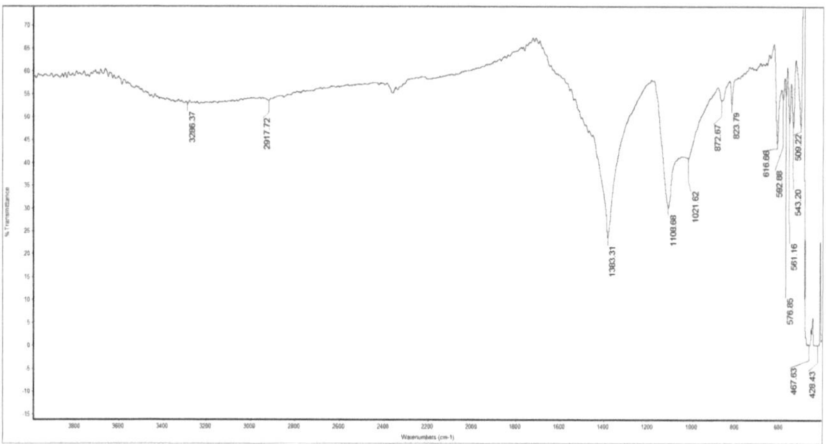


**Fig. 6.** Espectro FTIR de nanopartículas de prata biofabricadas utilizando o extrato aquoso de folhas de *Merremia emarginata*.

### 4.1.2.2 *Naregamia alata*

O espetro FTIR das AgNPs biossintetizadas utilizando o extrato de folhas de *N. alata* é apresentado na Fig. 7. A fim de identificar as biomoléculas responsáveis pela redução e estabilização eficiente das nanopartículas metálicas, foi destacado que a banda a 3148 $cm^{-1}$ pode corresponder a O-H, bem como a álcoois e fenóis ligados a H. O pico a 2201 $cm^{-1}$ pode estar relacionado com a presença de ácidos carboxílicos. Os picos em 1554 $cm^{-1}$ indicam provavelmente o aparecimento da amida I e da amida II, devido a vibrações de estiramento de carbonilo e -NH nas ligações amida das proteínas, respetivamente. A banda a 1467 e 1383 $cm^{-1}$ pode corresponder ao estiramento C-C da amina aromática. A banda a 1111 e 1013 $cm^{-1}$ indica provavelmente a presença de estiramento C-O de álcoois, ácidos carboxílicos, ésteres e éteres. O pico próximo de 663 $cm^{-1}$ pode ser atribuído a vibrações de flexão CH fora do plano de sistemas de etileno substituídos -CH=CH. A redução imediata dos iões de prata na presente investigação pode estar relacionada com a presença de fitoquímicos solúveis em água, tais como flavonas, quinonas e ácidos orgânicos presentes nas folhas de *N. alata*.

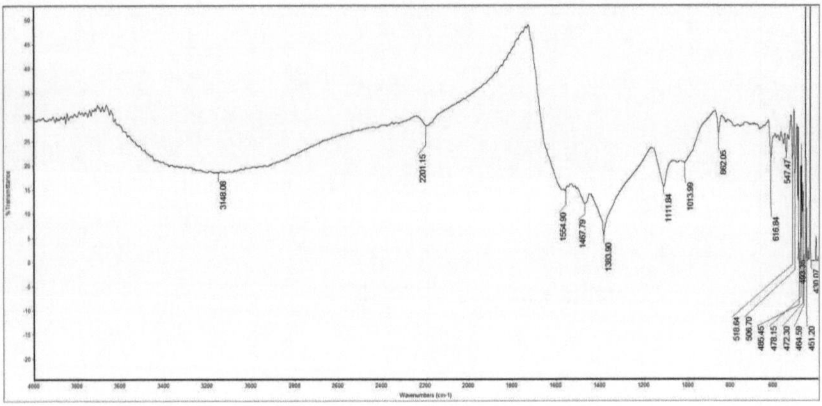


**Fig. 7.** Espectro FTIR das nanopartículas de prata fabricadas com o extrato aquoso de folhas de *Naregamia alata*.

### 4.1.2.3 *Hedyotis puberula*

Foi efectuada uma análise FTIR para identificar os grupos funcionais das AgNPs sintetizadas. O espetro de FTIR indicou os picos claros com valores diferentes (3417,98, 2922,58, 2853,13, 2358,43, 1746,75, 1730,54, 1574,44, 1538,98, 1470,68, 1384,41, 1114,35, 869,29, 791,31, 661,15 e 617,59 cm- 1) (Fig. 8). Acima dos valores de pico, correspondiam a grupos funcionais como o grupo amida (estiramento N-H 3417,98 cm- 1), um grupo alifático (cíclico $CH_2$ - 2922,58 cm- 1), um grupo metilo (curva $CH_2$ -$CH_3$ estiramento 1384.41 cm- 1), grupo amina alifático (estiramento C-N 1114,35 cm- 1), grupo halogenetos de alquilo (estiramento C-Cl 869,29 e 717,07 cm- 1) e halogenetos de alquilo (estiramento C-Br 661,15 cm- 1e 617,59 cm- 1). Os grupos funcionais como o álcool, as aminas, as amidas, os alcanos, os metilos, os alifáticos e os halogenetos foram indicados como possíveis agentes estabilizadores, de cobertura e redutores das AgNPs.

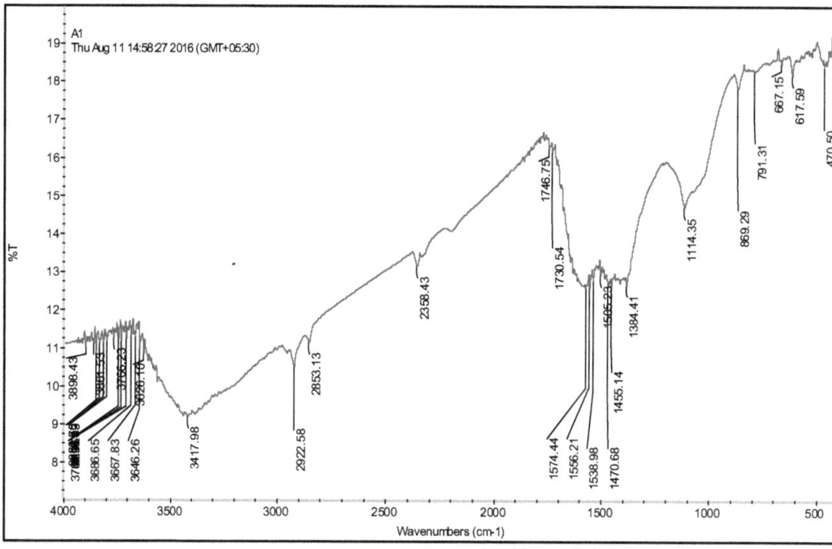


**Fig. 8.** Espectro FTIR de nanopartículas de prata biofabricadas utilizando o extrato aquoso de folhas de *Hedyotis puberula*.

### 4.1.2.4 *Aglaia elaeagnoidea*

O espetro FTIR das AgNPs sintetizadas a partir do extrato de folhas de *A. elaeagnoidea* é apresentado na Fig. 9. A ligeira mudança na posição do pico de 3382, 2922, 2359, 1556, 1470, 1415, 1065, 864, 777, 668 e 616 $cm^{-1}$ , respetivamente, indica que os diferentes fitoquímicos presentes no extrato de folha de *A. elaeagnoidea* estão envolvidos na redução e na cobertura das AgNPs. O pico a 3380 $cm^{-1}$ é devido às vibrações de estiramento N-H das ligações peptídicas. Os picos a 1556, 1065, 777 e 616 $cm^{-1}$ podem ser atribuídos à flexão das amidas I, II, III e N-H das ligações peptídicas das proteínas, respetivamente. Os picos a 668 e 1415 $cm^{-1}$ podem ser devidos à presença de estiramento C-S ($CH_2$ -S) de tiol ou tioéter e picos de absorção de ligações -C-O-C, respetivamente. Os picos a 1556 e 11470 $cm^{-1}$ podem estar ligados à vibração de estiramento de carbonilo e ao grupo metilo germinal, respetivamente. Os dados FTIR sugerem que as proteínas estão envolvidas na cobertura e estabilização das AgNPs sintetizadas.

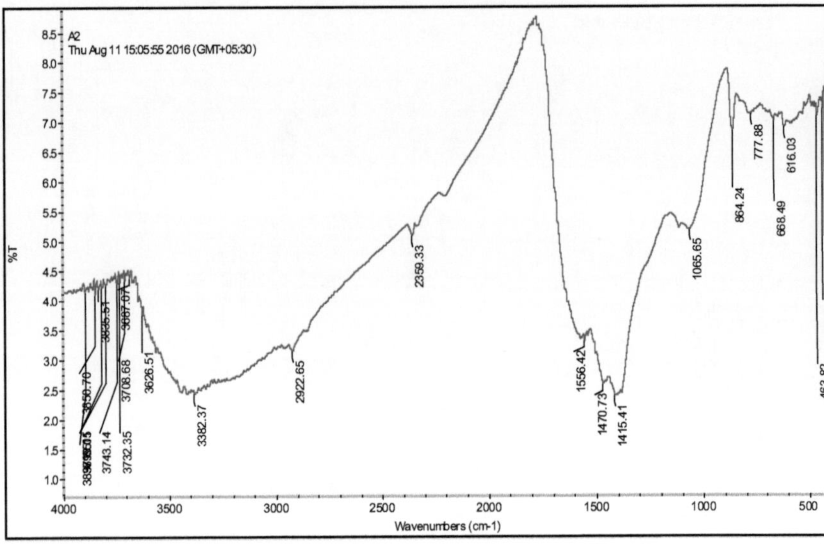


**Fig. 9.** Espectro FTIR de nanopartículas de prata biofabricadas utilizando o extrato aquoso de folhas de *Aglaia elaeagnoidea.*

### 4.1.2.5 *Ventilago madrasapatna*

O espetro FTIR do extrato sem células mostrou cinco picos distintos na gama de 3626, 3381, 1567, 1384 e 1077 $cm^{-1}$ (Fig. 10). A banda a 3626, 3381 $cm^{-1}$ foi referida como as fortes vibrações de estiramento do grupo funcional OH-. O pico a 1567 $cm^{-1}$ deveu-se às vibrações de estiramento simétrico do grupo funcional COO, e 1384 $cm^{-1}$ foi atribuído aos grupos funcionais amida presentes no sobrenadante sem células. A banda a 1077 $cm^{-1}$ foi atribuída às vibrações de estiramento C-O-. Para comparar o espetro de IV do sobrenadante livre de células e das AgNPs sintetizadas, foram observadas as principais deslocações nos grupos funcionais hidroxilo e carboxilo da proteína, que podem ser responsáveis pela síntese de AgNPs.

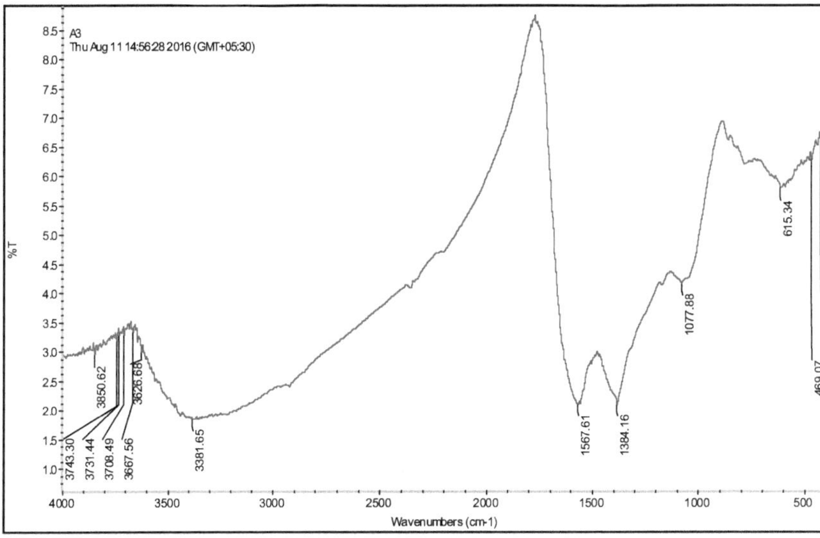


**Fig. 10.** Espectro FTIR de nanopartículas de prata biofabricadas utilizando o extrato aquoso de folhas de *Ventilago maderaspatana*.

### 4.1.3 Microscopia eletrónica de varrimento (SEM) com espetroscopia de raios X por dispersão de energia (EDX)

A morfologia das nanopartículas de prata sintetizadas foi caracterizada por microscopia eletrónica de varrimento. As micrografias electrónicas de varrimento permitiram visualizar o tamanho e a forma das nanopartículas de prata. As nanopartículas de prata fabricadas a partir de plantas eram predominantemente esféricas, cúbicas, triangulares e de forma uniforme. Os resultados da microscopia eletrónica de varrimento (SEM) indicam que o pó de prata é constituído por um conglomerado nanométrico que contém 89% de prata, 8% de carbono e 3% de oxigénio. A ligação do EDX ao SEM era conhecida por fornecer informações sobre a análise química dos campos que estão a ser investigados ou sobre a composição em locais específicos. O perfil EDX mostra um forte sinal de prata juntamente com picos fracos de oxigénio e carbono, que podem ter origem nas biomoléculas ligadas à superfície das nanopartículas de prata.

#### 4.1.3.1 *Merremia emerginata*

As micrografias SEM das NPs de Ag sintetizadas de *M. emerginata* ampliadas a 50.000X são mostradas na Fig. 11a. As estruturas esféricas ou cúbicas são claras. O EDX comprova a pureza química das NPs de Ag sintetizadas (Fig. 11b).

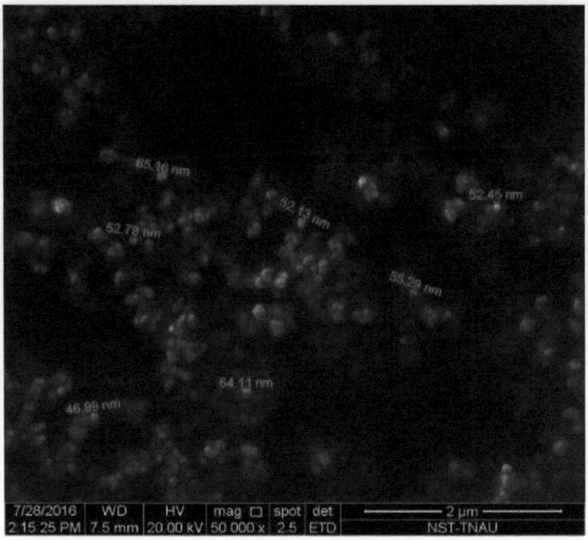


**Fig. 11a.** Microscopia eletrónica de varrimento (SEM) de nanopartículas de prata *fabricadas a partir de Merremia emarginata.*

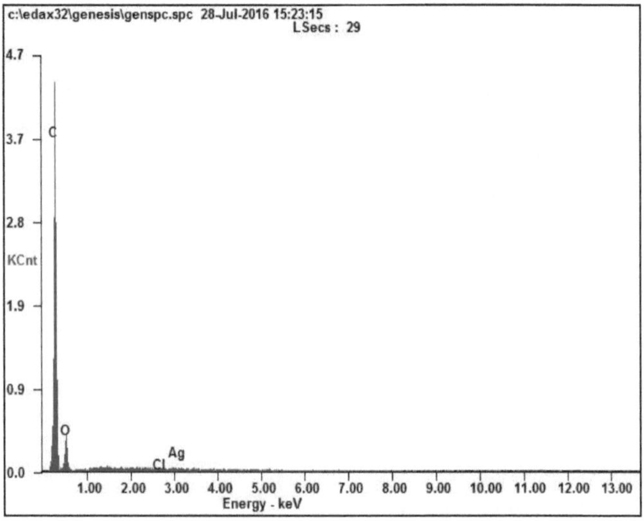


**Fig. 11b.** Espectro de raios X por dispersão de energia (EDX) das nanopartículas de prata sintetizadas *a partir de Merremia emarginata,* mostrando a presença de diferentes fito-elementos como agentes de cobertura.

#### 4.1.3.2 *Naregamia alata*

As micrografias SEM das NPs de Ag sintetizadas de *N. alata* ampliadas a 60.000X são mostradas na Fig. 12a. As estruturas triangular, pentagonal e hexagonal são claras. O EDX comprova a pureza química das NPs de Ag sintetizadas (Fig. 12b).

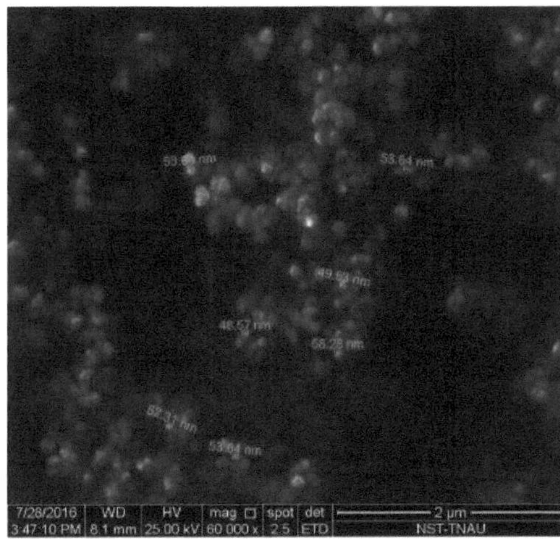

**Fig. 12a.** Microscopia eletrónica de varrimento (SEM) de nanopartículas de prata *fabricadas a partir de Naregamia alata.*

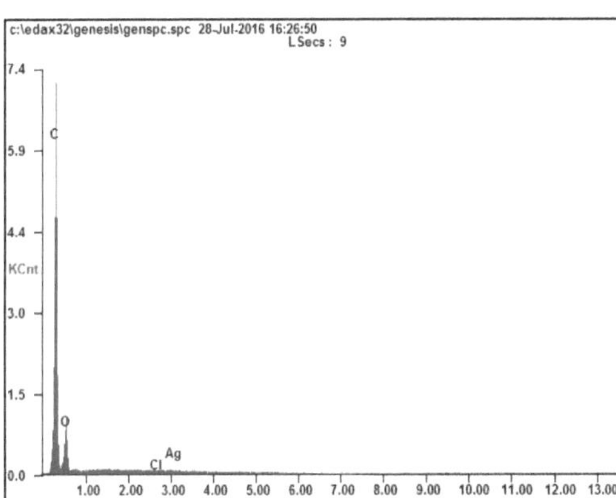


**Fig. 12b.** Espectro de raios X por dispersão de energia (EDX) das nanopartículas de prata sintetizadas *a partir de Naregamia alata*, mostrando a presença de diferentes fito-elementos como agentes de cobertura.

### 4.1.3.3 *Hedyotis puberula*

As micrografias SEM das NPs de Ag sintetizadas de *H. puberula* ampliadas a 60.000X são mostradas na Fig. 13a. As estruturas esférica, triangular, pentagonal e hexagonal são claras. O EDX comprova a pureza química das NPs de Ag sintetizadas (Fig. 13b).

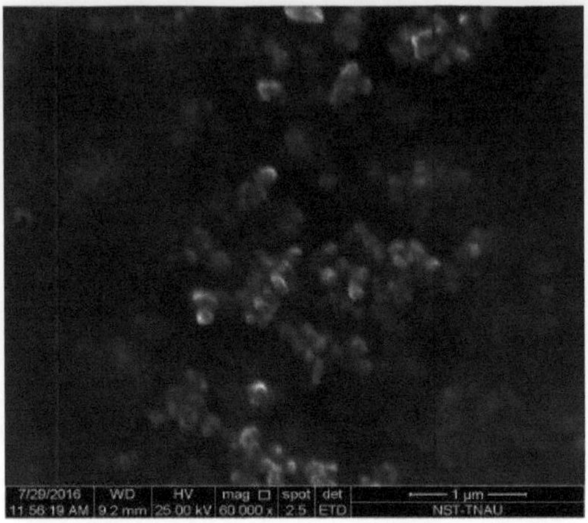


**Fig. 13a.** Microscopia eletrónica de varrimento (SEM) de nanopartículas de prata fabricadas *com Hedyotis puberula.*

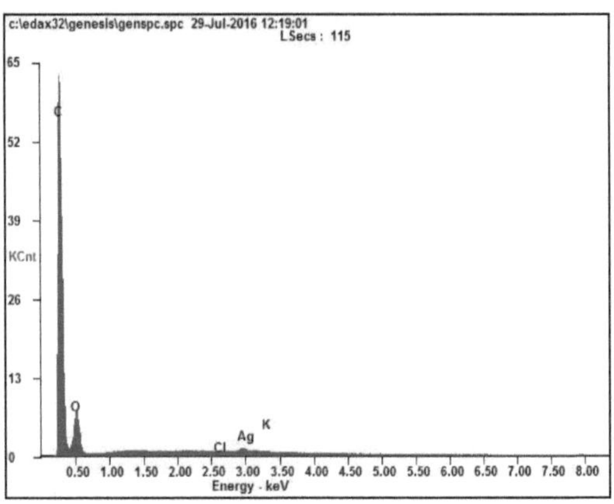


**Fig. 13b.** Espectro de raios X por dispersão de energia (EDX) de nanopartículas de prata sintetizadas *a partir de Hedyotis puberula,* mostrando a presença de diferentes fito-elementos como agentes de cobertura.

### 4.1.3.4 *Aglaia elaeagnoidea*

As micrografias SEM das NPs de Ag sintetizadas de *A. elaeagnoidea* ampliadas a 60.000X são mostradas na Fig. 14a. As estruturas triangular, pentagonal e hexagonal são claras. O EDX comprova a pureza química das NPs de Ag sintetizadas (Fig. 14b).

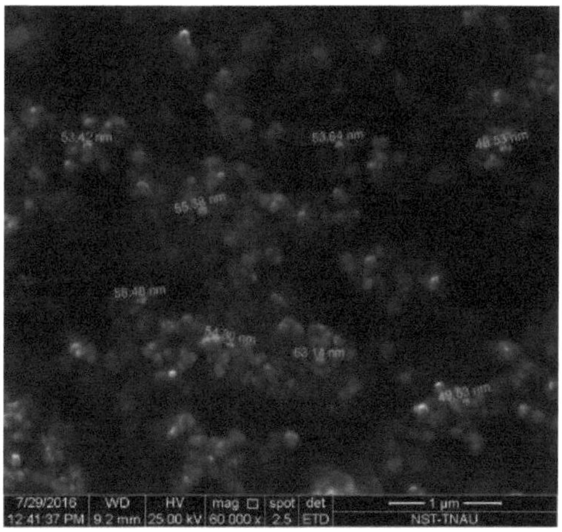


**Fig. 14a.** Microscopia eletrónica de varrimento (SEM) de nanopartículas de prata *fabricadas com Aglaia elaeagnoidea.*

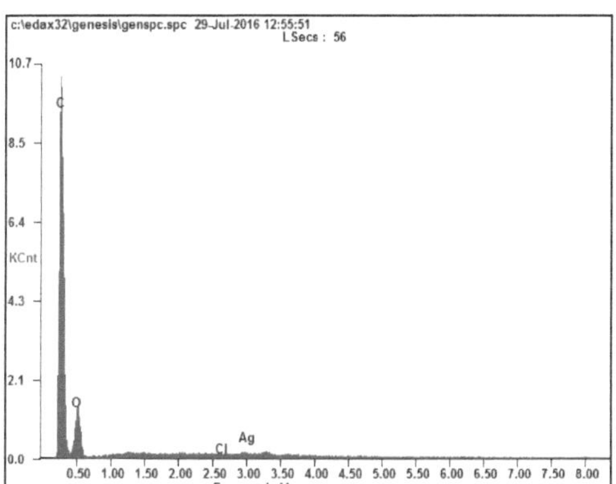


**Fig. 14b.** Espectro de raios X por dispersão de energia (EDX) das nanopartículas de prata sintetizadas a partir *de Aglaia elaeagnoidea,* mostrando a presença de diferentes fito-elementos como agentes de cobertura.

#### 4.1.3.5 *Ventilago madrasapatna*

As micrografias SEM das NPs de Ag sintetizadas de *V. madrasapatna* ampliadas a 50.000X são mostradas na Fig. 15a. As estruturas esféricas ou cúbicas são claras. O EDX comprova a pureza química das NPs de Ag sintetizadas (Fig. 15b).

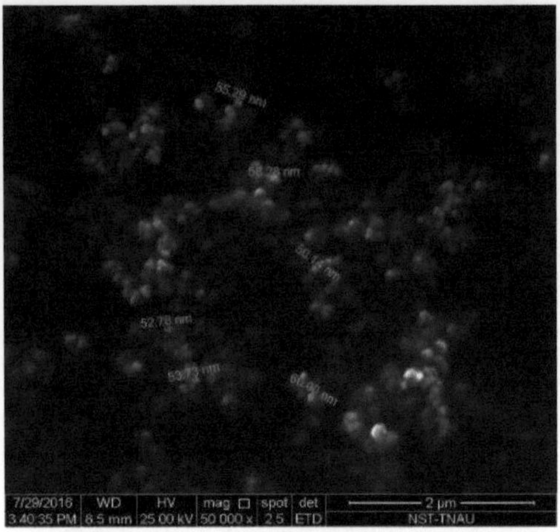

**Fig. 15a.** Microscopia eletrónica de varrimento (SEM) de nanopartículas de prata *fabricadas com Ventilago maderaspatana.*

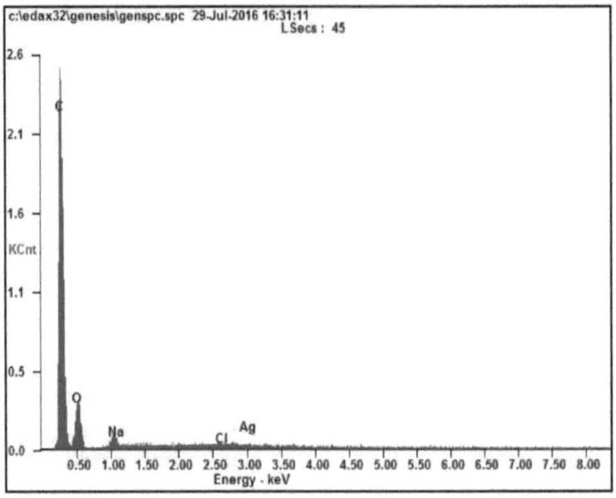


**Fig. 15b.** Espectro de raios X por dispersão de energia (EDX) de nanopartículas de prata sintetizadas *a partir de Ventilago maderaspatana,* mostrando a presença de diferentes fito-elementos como agentes de cobertura.

### 4.1.4 Microscopia eletrónica de transmissão (TEM)

A microscopia eletrónica de transmissão tem sido considerada uma excelente ferramenta para caraterizar o tamanho das nanopartículas. O tamanho, a forma e a morfologia das nanopartículas de prata foram estudados através de imagens de microscopia eletrónica de transmissão. A grelha utilizada no TEM foi preparada colocando uma gota da solução diluída biorreduzida numa grelha de cobre revestida de carbono e secando-a posteriormente sob uma lâmpada. Este protocolo de ensaio descreve os procedimentos para a preparação da amostra e a determinação do tamanho médio das nanopartículas utilizando o TEM. Embora o tamanho projetado da partícula seja o principal determinante do diâmetro medido da partícula, outros parâmetros podem ter impacto nestas medições e influenciar o tamanho medido. Por conseguinte, são fornecidas orientações para efetuar medições de tamanho bem sucedidas na gama de tamanhos nanométricos, bem como uma discussão das normas relevantes.

#### 4.1.4.1 *Merremia emerginata*

A micrografia TEM indicou as NPs de Ag *sintetizadas por M. emerginata* com escalas de 50 nm e a maioria das NPs de Ag tinha uma estrutura esférica e poucas NPs de Ag estavam aglomeradas. Os tamanhos das partículas variam de 25 a 30 nm e o tamanho médio das NPs de Ag era de 28 nm (Fig. 16).

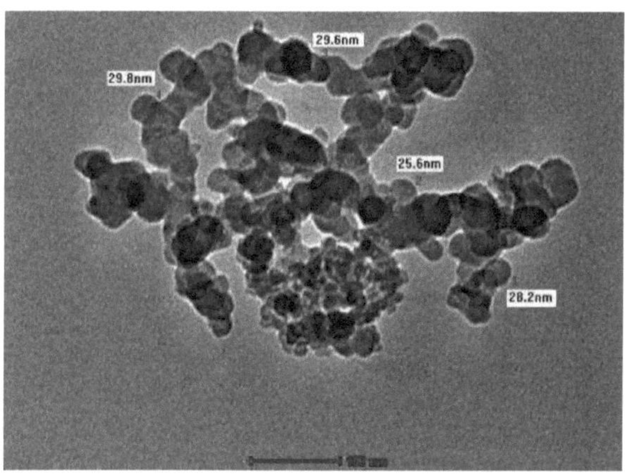


**Fig. 16.** Microscopia eletrónica de transmissão (TEM) de nanopartículas de prata biofabricadas utilizando o extrato aquoso de folhas de *Merremia emarginata*.

#### 4.1.4.2 *Naregamia alata*

A micrografia TEM indicou as NPs de Ag *sintetizadas por N. alata* com escalas de 100 nm e a maioria das NPs de Ag tinha uma estrutura esférica e poucas NPs de Ag estavam aglomeradas. Os tamanhos das partículas variam de 25 a 50 nm e o tamanho médio das NPs de Ag era de 35 nm (Fig. 17).

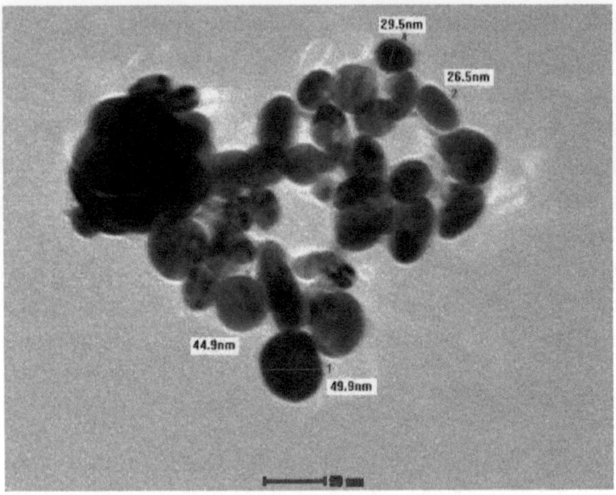


**Fig. 17.** Microscopia eletrónica de transmissão (TEM) de nanopartículas de prata fabricadas utilizando o extrato aquoso de folhas de *Naregamia alata*.

### 4.1.4.3 *Hedyotis puberula*

A micrografia TEM indicou as NPs de Ag *sintetizadas por H. puberula* com escalas de 100 nm e a maioria das NPs de Ag tinha uma estrutura esférica e poucas NPs de Ag estavam aglomeradas. Os tamanhos das partículas variam de 15 a 22 nm e o tamanho médio das NPs Ag era de 20 nm (Fig. 18).

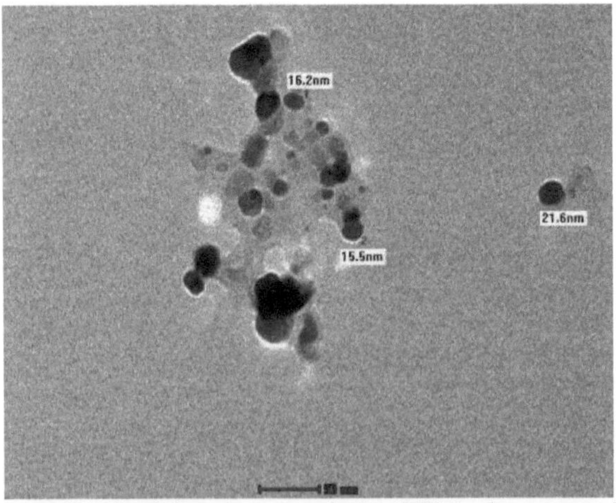


**Fig. 18.** Microscopia eletrónica de transmissão (TEM) de nanopartículas de prata biofabricadas utilizando o extrato aquoso de folhas de *Hedyotis puberula*.

#### 4.1.4.4 *Aglaia elaeagnoidea*

A micrografia TEM indicou as NPs de Ag *sintetizadas por A. elaeagnoidea* com escalas de 100 nm e a maioria das NPs de Ag tinha uma estrutura esférica e poucas NPs de Ag estavam aglomeradas. Os tamanhos das partículas variam de 8 a 34 nm e o tamanho médio das NPs Ag foi de 20 nm (Fig. 19).

#### 4.1.4.5 *Ventilago madrasapatna*

A micrografia TEM indicou as NPs de Ag *sintetizadas por V. madrasapatna* com escalas de 100 nm e a maioria das NPs de Ag tinha uma estrutura esférica e poucas NPs de Ag estavam aglomeradas. Os tamanhos das partículas variam de 15 a 22 nm e o tamanho médio das NPs Ag era de 18 nm (Fig. 20).

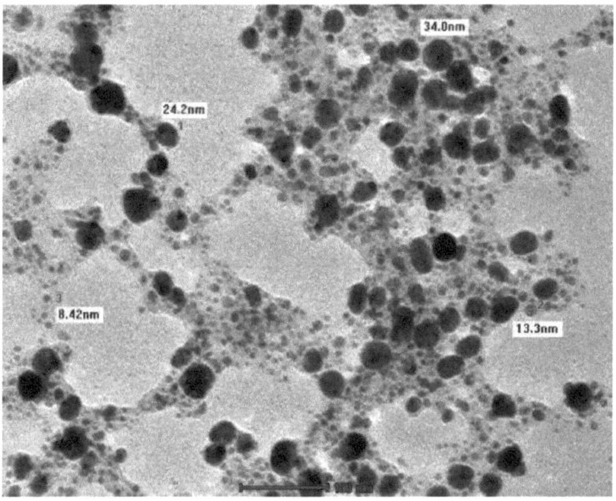


**Fig. 19.** Microscopia eletrónica de transmissão (TEM) de nanopartículas de prata biofabricadas utilizando o extrato aquoso de folhas de *Aglaia elaeagnoidea*.

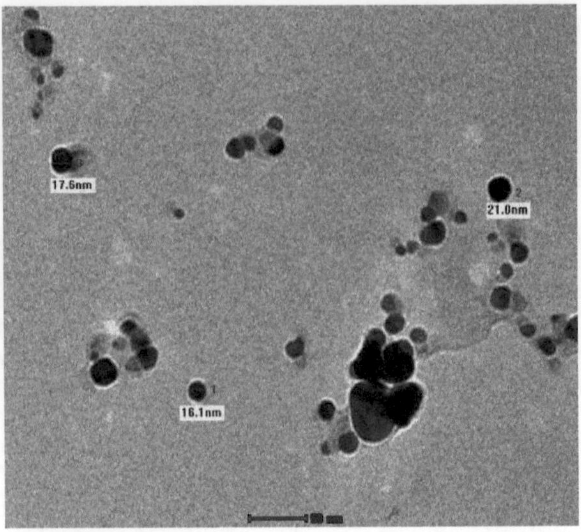


**Fig. 20.** Microscopia eletrónica de transmissão (TEM) de nanopartículas de prata biofabricadas utilizando o extrato aquoso de folhas de *Ventilago maderaspatana*.

### 4.1.5 Análise de difração de raios X (XRD)

As nanopartículas de prata biossintetizadas a partir de cinco plantas (*M. emarginata*, *N. alata*, *H. puberula*, *A. elaeagnoidea* e *V. madrasapatna*) foram confirmadas pelos picos caraterísticos observados no espetro de XRD. O XRD é realizado para estudar a natureza cristalina das NPs de Ag sintetizadas. O difratômetro estava operando a 40 kV e 30 mA, com um tamanho de passo de 0,02° (2θ). A varredura foi feita na região de 10°a 80° para 2θ. O padrão XRD mostrou um número de reflexões de Bragg que podem ser indexadas com base na estrutura cúbica de face centrada da prata metálica.

#### 4.1.5.1 *Merremia emerginata*

A natureza cristalina das nanopartículas de prata sintetizadas com *M.erremia emerginata* foi estudada por análise XRD. O padrão de XRD confirmou a natureza cristalina das NPs de Ag sintetizadas. Foram observados quatro picos de difração a 38,07, 44,27, 64,41 e 77,34, que representam as reflexões (111), (200), (220) e (311) e a estrutura cúbica de face centrada da prata metálica, respetivamente (Fig. 21).

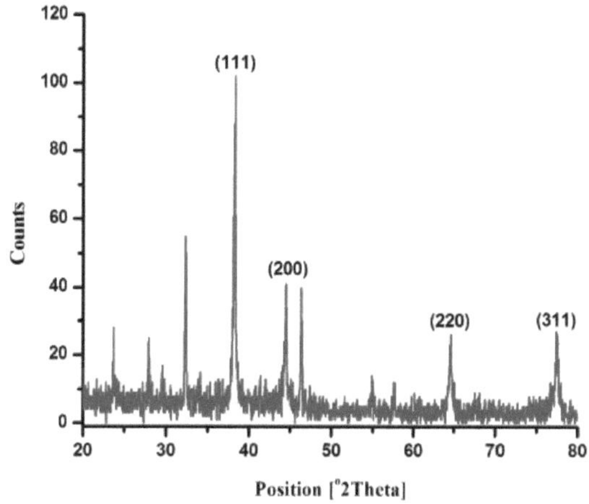


**Fig. 21.** Padrão XRD das nanopartículas de prata biofabricadas utilizando o extrato aquoso de folhas de *Merremia emarginata*.

### 4.1.5.2 *Naregamia alata*

A natureza cristalina das nanopartículas de prata sintetizadas por ***N. alata*** foi estudada por análise XRD. O padrão de XRD confirmou a natureza cristalina das NPs de Ag sintetizadas. Foram observados quatro picos de difração a 38,02, 44,20, 64,38 e 77,34 que representam as reflexões (111), (200), (220) e (311) e a estrutura cúbica de face centrada da prata metálica, respetivamente (Fig.22).

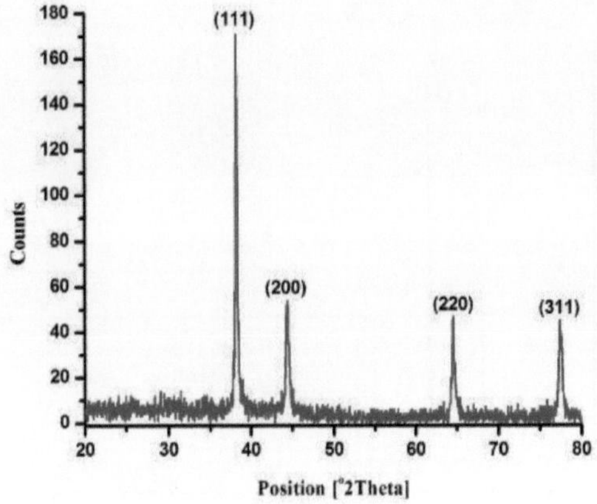


**Fig.22.** Padrão XRD das nanopartículas de prata fabricadas utilizando o extrato aquoso de *Naregamia alata*.

### 4.1.5.3 *Hedyotis puberula*

A natureza cristalina das nanopartículas de prata sintetizadas por *H. puberula* foi estudada por análise XRD. O padrão de XRD confirmou a natureza cristalina das NPs de Ag sintetizadas. Foram observados quatro picos de difração a 38,00, 44,19, 64,34 e 77,28 que representam as reflexões (111), (200), (220) e (311) e a estrutura cúbica de face centrada da prata metálica, respetivamente (Fig. 23).

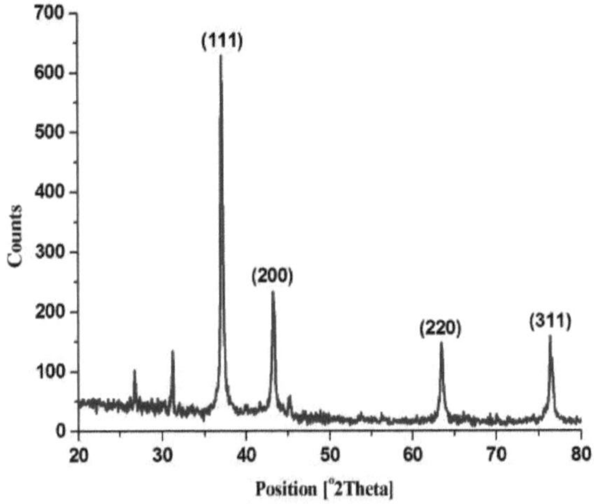


**Fig. 23.** Padrão XRD das nanopartículas de prata biofabricadas utilizando o extrato aquoso de folhas de *Hedyotis puberula*.

### 4.1.5.4 *Aglaia elaeagnoidea*

A natureza cristalina das nanopartículas de prata sintetizadas por *A. elaeagnoidea* foi estudada por análise XRD. O padrão de XRD confirmou a natureza cristalina das NPs de Ag sintetizadas. Foram observados quatro picos de difração a 38,13, 44,32, 64,12 e 77,38, que representam as reflexões (111), (200), (220) e (311) e a estrutura cúbica de face centrada da prata metálica, respetivamente (Fig. 24).

### 4.1.5.5 *Ventilago madrasapatna*

A natureza cristalina das nanopartículas de prata sintetizadas por *V. madrasapatna* foi estudada por análise XRD. O padrão de XRD confirmou a natureza cristalina das NPs de Ag sintetizadas. Foram observados quatro picos de difração a 38,20, 44,50, 64,43 e 77,40, que representam as reflexões (111), (200), (220) e (311) e a estrutura cúbica de face centrada da prata metálica, respetivamente (Fig. 25).

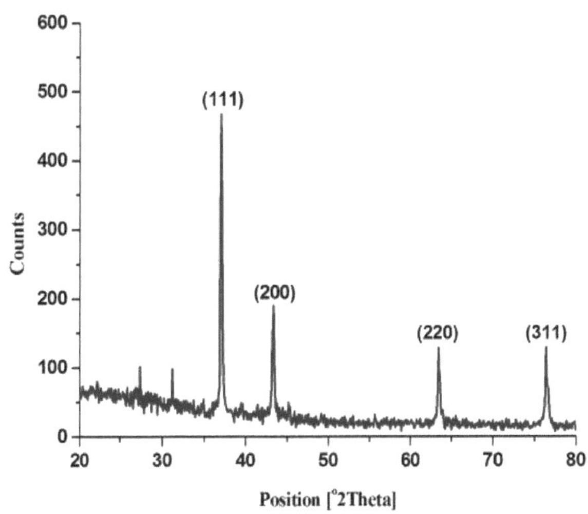


**Fig. 24.** Padrão XRD das nanopartículas de prata biofabricadas utilizando o extrato aquoso de folhas de *Aglaia elaeagnoidea*.

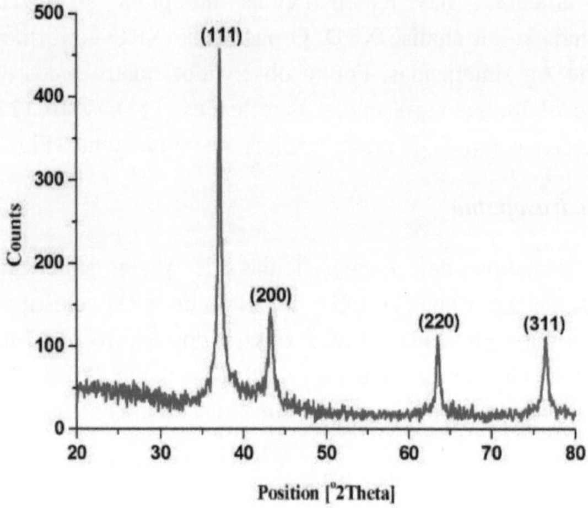


**Fig. 25.** Padrão XRD das nanopartículas de prata biofabricadas utilizando o extrato aquoso de folhas de *Ventilago maderaspatana.*

### 4.1.6 Microscopia de força atómica

A AFM é uma ferramenta fundamental para analisar o tamanho, a forma e o padrão de aglomeração e oferece visualizações tridimensionais das nanopartículas, ao contrário dos microscópios electrónicos. Tem uma vantagem sobre a combinação de alta resolução, as amostras não têm de ser condutoras e não requerem condições de vácuo de alta pressão.

#### 4.1.6.1 *Merremia emerginata*

Os estudos de resolução de 2,5 µm de NPs de Ag sintetizadas biologicamente com AFM revelam que as partículas são polidispersas, de forma esférica, com um tamanho que varia entre 30 e 44 nm e não se observa qualquer aglomeração entre as partículas (Fig. 26a). Os dados brutos obtidos a partir deste microscópio AFM são tratados com um software de processamento de imagem especialmente concebido (NOVA-TX) para explorar melhor a imagem 3D das nanopartículas (Fig. 26b). O tamanho médio das partículas obtido a partir da distribuição do diâmetro correspondente foi de cerca de 38 nm (Fig. 26c e d).

#### 4.1.6.2 *Naregamia alata*

Os estudos de resolução de 2,5 µm das AgNPs sintetizadas a verde com AFM revelam que as partículas são polidispersas, de forma esférica, com uma gama de tamanhos de 0 a 5,5 nm e não se observa aglomeração entre as partículas (Fig. 27a).

Os dados brutos obtidos a partir do microscópio AFM foram tratados com um software de processamento de imagem especialmente concebido (NOVA-TX) para explorar ainda mais a imagem 3D das nanopartículas (Fig. 27b). O tamanho médio das partículas obtido a partir da distribuição do diâmetro correspondente foi de cerca de 5 nm (Fig. 27c e d).

### 4.1.6.3 *Hedyotis puberula*

Conforme descrito na Fig. 28a, as AgNPs biossintetizadas são esféricas, polidispersas e dimensionadas entre 3.59 e 7.18 nm, conforme mostrado por meio de estudos de resolução de 2.5 μm com AFM. Tratámos os dados em bruto produzidos pelo microscópio AFM com um software de processamento de imagem especialmente concebido (NOVA-TX) para investigar melhor a imagem 3D das AgNPs (Fig. 28b). A distribuição de diâmetro correspondente revelou um tamanho médio de partícula de aproximadamente 6,46 nm (Fig. 28c e d).

**(a)**

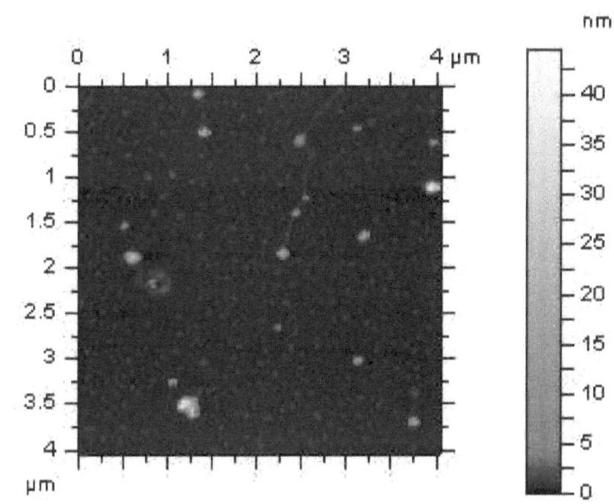

**(b)**

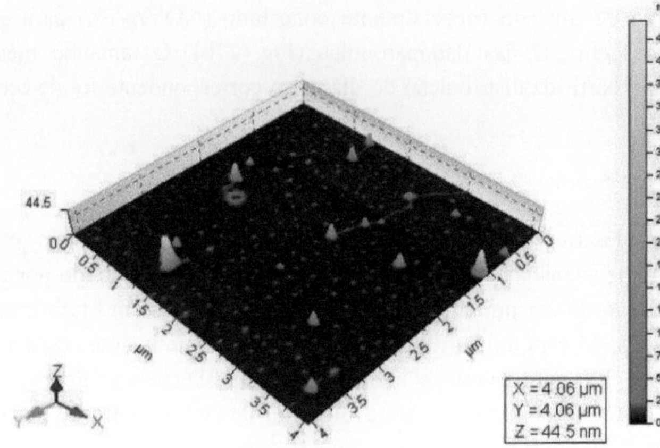
44.5
0.0
X = 4.06 µm
Y = 4.06 µm
Z = 44.5 nm
nm
µm

**(c)**

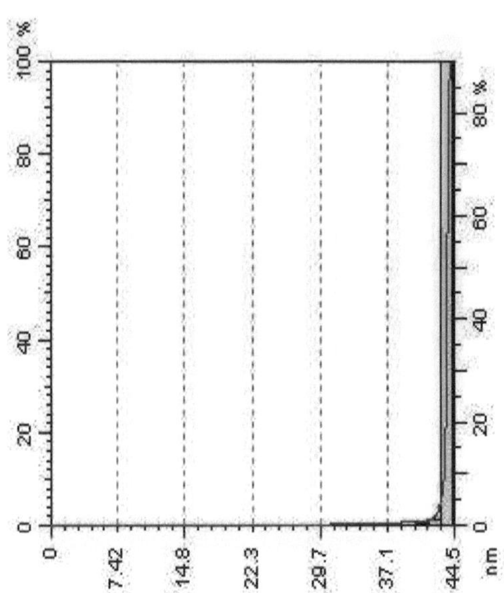
100 %
80
60
40
20
0
0
7.42
14.8
22.3
29.7
37.1
44.5
nm
80 %

**(d)**

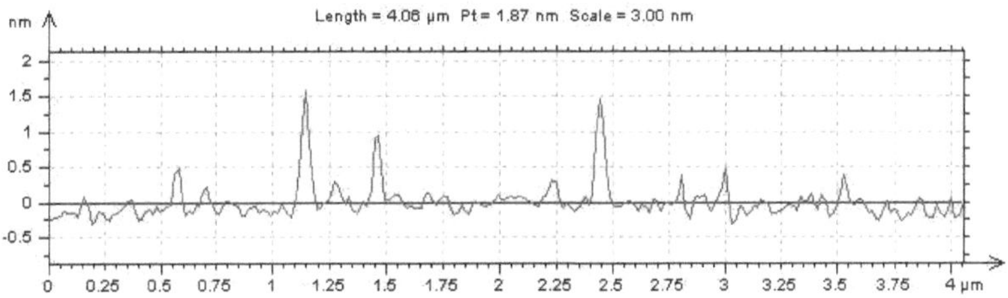


**Fig. 26.** Micrografia AFM de nanopartículas de prata biofabricadas utilizando o extrato de *Merremia emarginata* **(a)** estudos de resolução de 2,5 µm de tamanho de 0 a 40 nm, partículas polidispersas de forma esférica, **(b)** imagem 3D de nanopartículas de Ag analisadas pelo software NOVA-TX, **(c)** histograma que mostra a distribuição do tamanho das partículas, **(d)** gráfico de linhas que mostra a distribuição do tamanho das nanopartículas de Ag sintetizadas a verde.

(a)

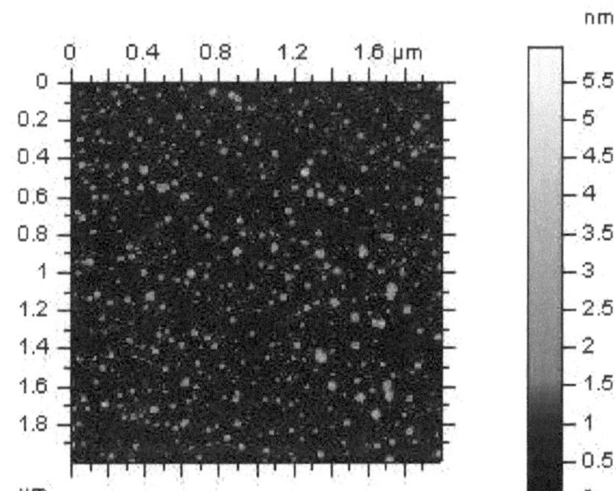

(b)

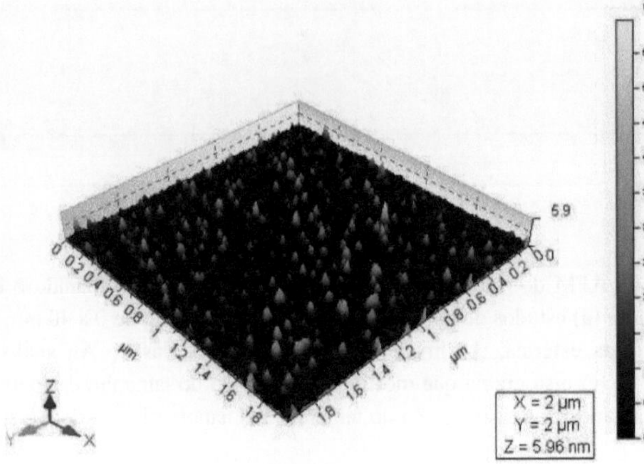

nm
5.9
0.0
µm
µm
Z
X
Y
X = 2 µm
Y = 2 µm
Z = 5.96 nm


(c)

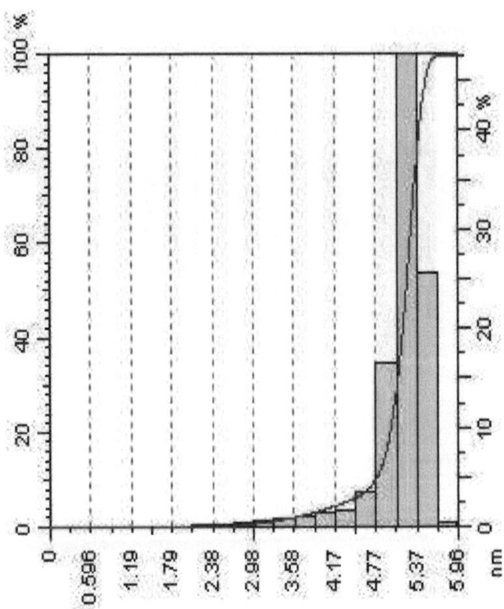

100 %
80
60
40
20
0
40 %
30
20
10
0
0
0.596
1.19
1.79
2.38
2.98
3.58
4.17
4.77
5.37
5.96
nm

(d)

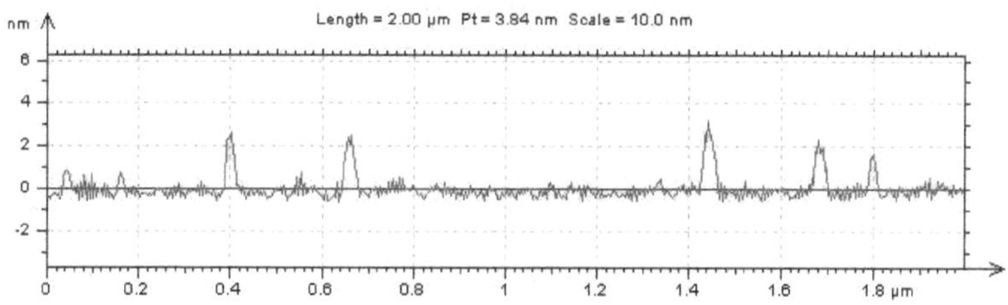


**Fig. 27.** Micrografia AFM de nanopartículas de prata sintetizadas biofabricadas utilizando o extrato de *Naregamia alata* **(a)** estudos de resolução de 2,5 µm de tamanho de 0 a 5,5 nm, partículas polidispersas de forma esférica, **(b)** imagem 3D de AgNPs analisada pelo software NOVA-TX, **(c)** histograma que mostra a distribuição do tamanho das partículas, (d) gráfico de linhas que mostra a distribuição do tamanho das nanopartículas de prata sintetizadas a verde.

(a)

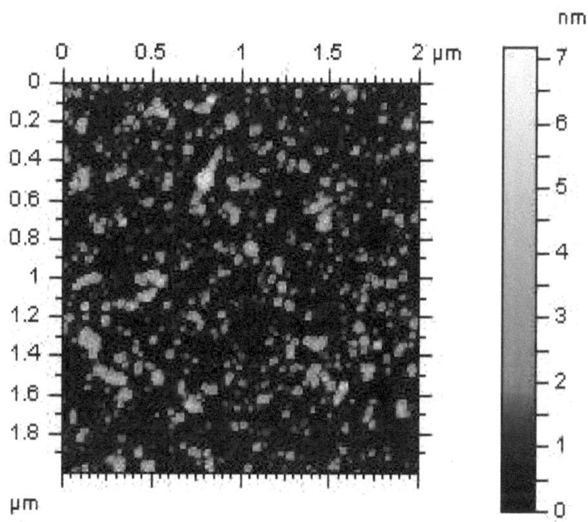

**(b)**

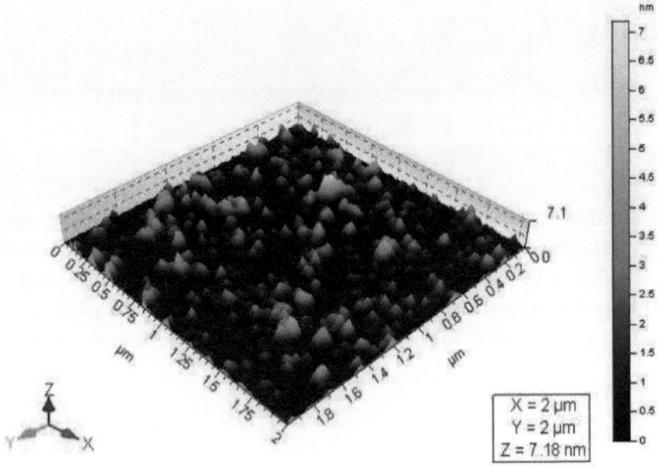


**(c)**

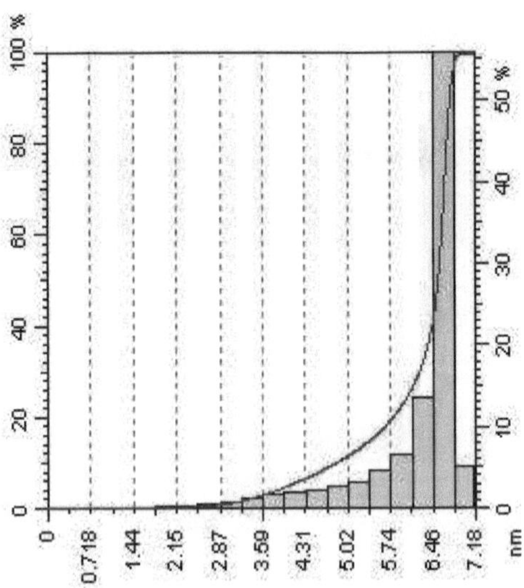

(d)

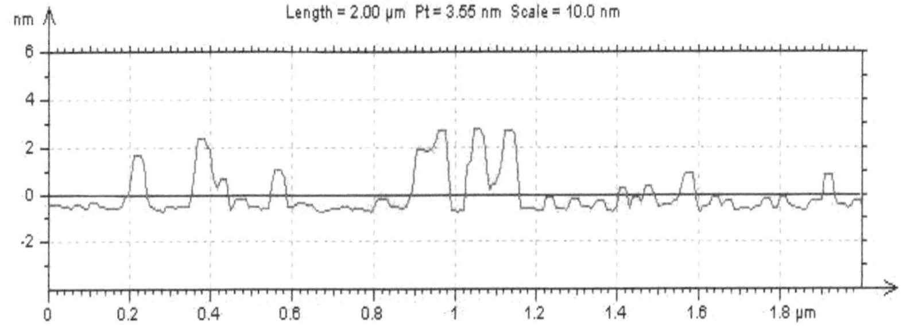


**Fig. 28.** Micrografia AFM de nanopartículas de prata biofabricadas utilizando o extrato de *Hedyotis puberula* **(a)** estudos de resolução de 2,5 µm com tamanho de 0 a 7 nm, partículas de forma esférica e polidispersas, **(b)** imagem 3D de nanopartículas de Ag analisada pelo software NOVA-TX, **(c)** histograma que mostra a distribuição do tamanho das partículas, **(d)** gráfico de linhas que mostra a distribuição do tamanho das nanopartículas de Ag sintetizadas a verde.

#### 4.1.6.4 *Aglaia elaeagnoidea*

Os estudos de resolução de 2,5 µm de AgNPs fabricadas biologicamente com AFM revelam que as partículas são polidispersas, de forma esférica, com uma gama de tamanhos de 1 a 4 nm e não se observa qualquer aglomeração entre as partículas (Fig. 29a). Os dados brutos obtidos a partir da AFM foram tratados com um software de processamento de imagem especialmente concebido (NOVA-TX) para explorar ainda mais a imagem 3D das AgNPs (Fig. 29b). O tamanho médio das partículas obtido a partir da distribuição do diâmetro correspondente foi de cerca de 4,91 nm (Fig. 29c e d).

#### 4.1.6.5 *Ventilago madrasapatna*

Estudos de resolução de 2,5 µm de AgNPs sintetizadas biologicamente com AFM revelam que as partículas são polidispersas, de forma esférica, com o tamanho principal variando de 1 a 6 nm e não há aglomeração observada entre as partículas (Fig. 30a). Os dados brutos obtidos a partir deste microscópio AFM são tratados com um software de processamento de imagem especialmente concebido (NOVA-TX) para explorar melhor a imagem 3D das nanopartículas (Fig. 30b). O tamanho médio das partículas obtido a partir da distribuição do diâmetro correspondente foi de 4,6-5 nm (Fig. 30c e d).

(a)

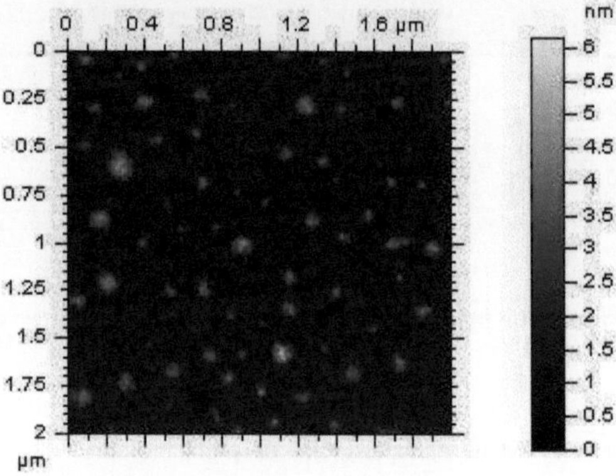
0
0.4
0.8
1.2
1.6 µm
0.25
0.5
0.75
1
1.25
1.5
1.75
2
µm
nm
6
5.5
5
4.5
4
3.5
3
2.5
2
1.5
1
0.5
0

(b)

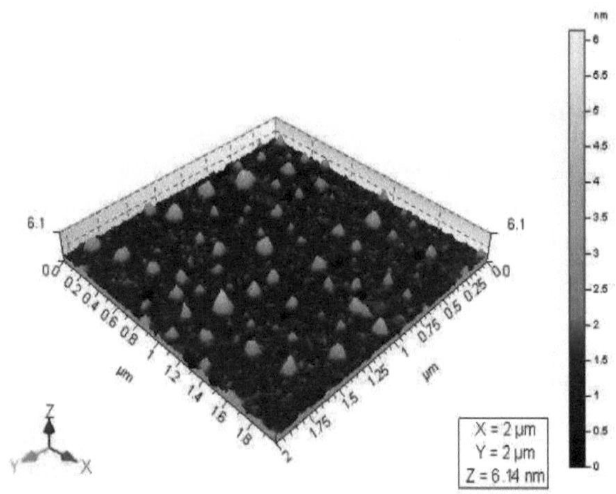
6.1
6.1
µm
µm
Z
Y
X
X = 2 µm
Y = 2 µm
Z = 6.14 nm

(c)

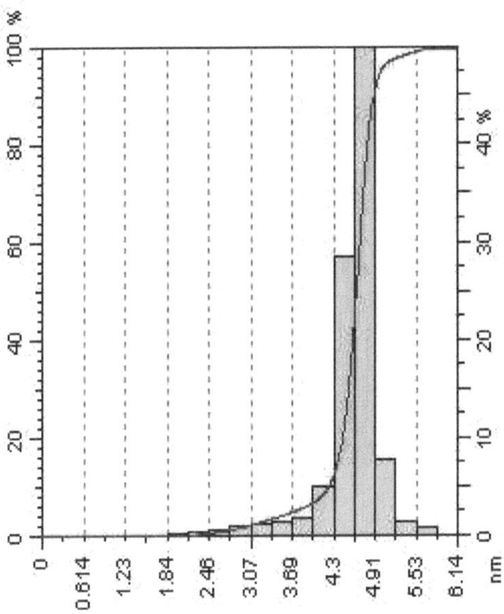


(d)

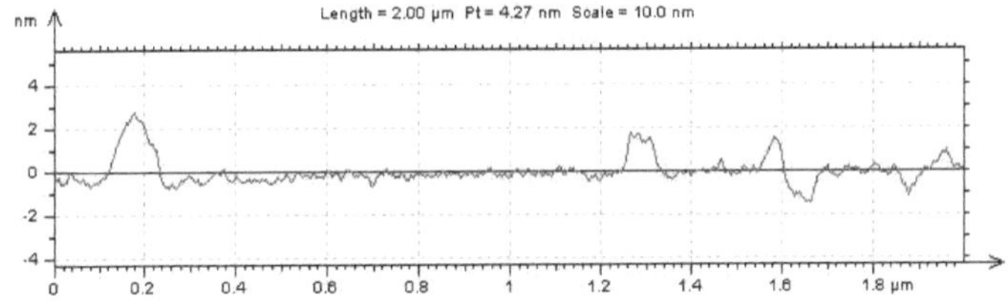


**Fig. 29.** Micrografia AFM de nanopartículas de prata biofabricadas utilizando o extrato de *Aglaia elaeagnoidea* **(a)** estudos de resolução de 2,5 µm de tamanho de 0 a 6 nm, partículas de forma esférica e polidispersas, **(b)** imagem 3D de nanopartículas de Ag analisada pelo software NOVA-TX, **(c)** histograma que mostra a distribuição do tamanho das partículas, **(d)** gráfico de linhas que mostra a distribuição do tamanho das nanopartículas de Ag sintetizadas a verde

**(a)**

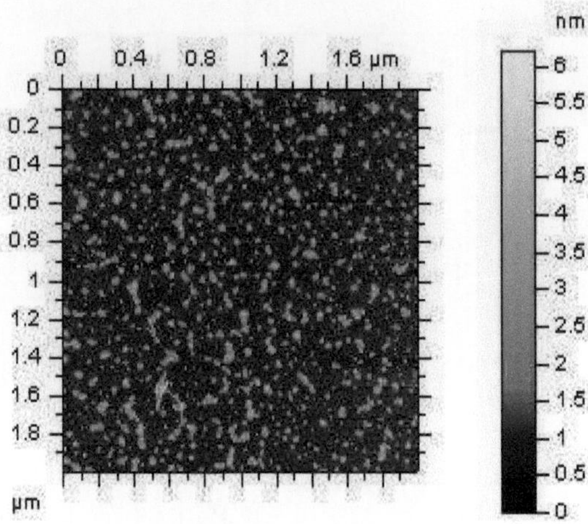
nm
0 0.4 0.8 1.2 1.6 µm
0 0.2 0.4 0.6 0.8 1 1.2 1.4 1.6 1.8
µm
6 5.5 5 4.5 4 3.5 3 2.5 2 1.5 1 0.5 0

**(b)**

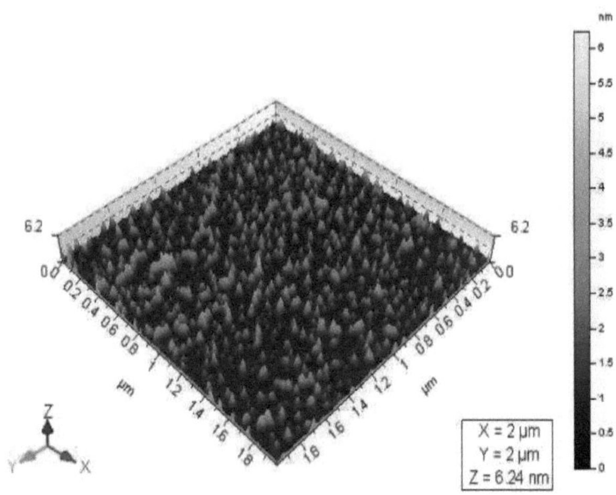
nm
6.2
6.2
µm
µm
Z
Y
X
X = 2 µm
Y = 2 µm
Z = 6.24 nm

(c)

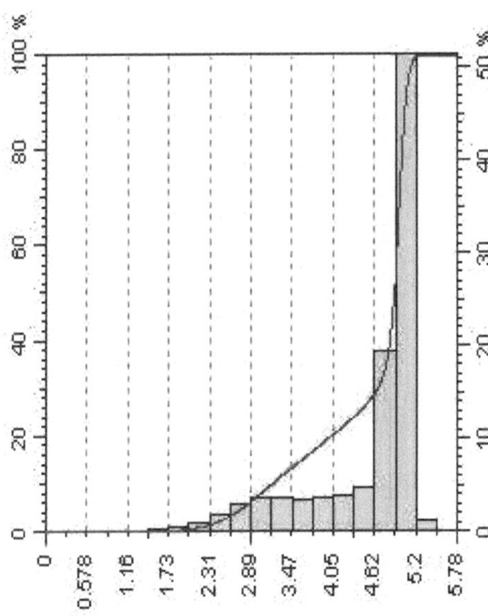

(d)

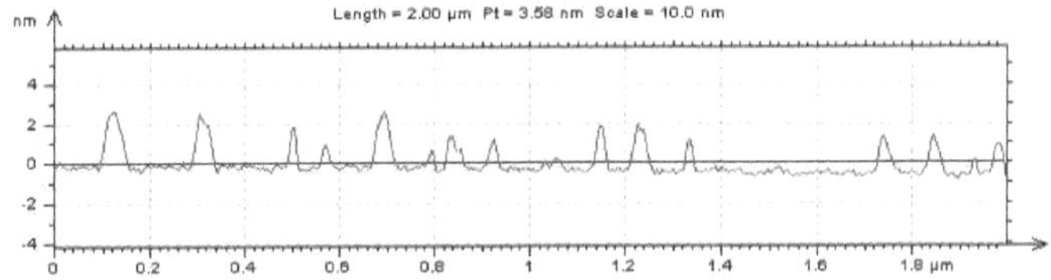

**Fig. 30.** Micrografia AFM de nanopartículas de prata biofabricadas utilizando o extrato de *Ventilago maderaspatana* (**a**) estudos de resolução de 2,5 μm com tamanho de 0 a 6 nm, partículas polidispersas de forma esférica, (**b**) imagem 3D de nanopartículas de Ag analisadas pelo software NOVA-TX, (**c**) histograma que mostra a distribuição do tamanho das partículas, (**d**) gráfico de linhas que mostra a distribuição do tamanho das nanopartículas de Ag sintetizadas a verde.

## 4.2 Atividade larvicida contra mosquitos vectores

Em condições laboratoriais, o potencial larvicida do extrato aquoso de folhas de cinco plantas (*M. emarginata*, *N. alata*, *H. puberula*, *A. elaeagnoidea* e *V. madrasapatna*) e das nanopartículas de prata sintetizadas (Ag NPs) foi testado contra as larvas de três importantes vectores de mosquitos *An. stephensi*, *Ae. aegypti* e *Cx. quinquefasciatus* e os resultados são apresentados nos quadros 2 a 11.

### 4.2.1 *Merremia emerginata*

A resposta larvicida do extrato *aquoso* das folhas de *M. emarginata* e das nanopartículas de prata sintetizadas contra três larvas de mosquito é apresentada nas tabelas 2 e 3.

#### 4.2.1.1 Atividade larvicida do extrato de folhas de *M. emarginata* contra mosquitos vectores

A atividade larvicida do extrato aquoso de folhas de *M. emarginata* contra *An. stephensi*, *Ae. aegypti* e *Cx. quinquefasciatus* é apresentada na tabela 2. Os resultados revelaram que o extrato aquoso teve uma atividade larvicida significativa com os valores $LC_{50}$ e $LC_{90}$ de 146,91, 157,87, 169,24 e 286,29, 301,63, 315,81 µg/mL, respetivamente.

#### 4.2.1.2 Atividade larvicida das nanopartículas de prata sintetizadas contra os mosquitos vectores

A atividade larvicida das NPs de Ag sintetizadas contra *An. stephensi*, *Ae. aegypti* e *Cx. quinquefasciatus* é apresentada na tabela 3. Os resultados revelaram que as nanopartículas de prata tiveram a atividade larvicida mais significativa com os valores $LC_{50}$ e $LC_{90}$ de 8,36, 9,20, 10,02 e 16,33, 17,86, 18,62 µg/mL, respetivamente.

### 4.2.2 *Naregamia alata*

A resposta larvicida do extrato aquoso da folha de *N. alata* e das nanopartículas de prata sintetizadas contra três larvas de mosquito é apresentada nas tabelas 4 e 5.

**Tabela 2. Atividade larvicida do extrato aquoso de folhas de *Merremia emarginata* contra *Anopheles stephensi, Aedes aegypti* e *Culex quinquefasciatus*.**

| Espécies de mosquitos | Concentração (µg/ml) | Mortalidade (%)± DP[a] | $LC_{50}$ (µg/ml) (LCL-UCL) | Equação de regressão | $\chi^2$ *(d.f.)* |
|---|---|---|---|---|---|
| *An. Stephensi* | 70<br>140<br>210<br>280<br>350 | 27.6±0.8<br>45.8±1.2<br>68.3±0.4<br>86.5±0.6<br>100.0±0.0 | 146.91<br>(130.70-<br>161.33) | $y= 9{,}99+0{,}265x$ | 5.278<br>(4)<br>n.s. |
| *Ae. aegypti* | 70<br>140<br>210<br>280<br>350 | 24.2±0.4<br>42.8±0.6<br>65.3±1.2<br>83.6±0.8<br>98.4±0.6 | 157.87<br>(141.89-<br>172.36) | $y= 6{,}1+0{,}27x$ | 3.084<br>(4)<br>n.s. |
| *Cx.quinquefasciatus* | 70<br>140<br>210<br>280<br>350 | 21.8±1.2<br>38.5±0.8<br>62.2±0.6<br>80.4±0.4<br>97.1±0.8 | 169.24<br>(153.59-<br>183.72) | $y= 2{,}25+0{,}275x$ | 2.710<br>(4)<br>n.s. |

[a] Os valores são a média ± DP de cinco réplicas. Não foi observada mortalidade no controlo. DP = desvio-padrão.

$LC_{50}$ = concentração letal que mata 50% dos organismos expostos.

$LC_{90}$ = concentração letal que mata 90% dos organismos expostos.

UCL= Limite superior de confiança a 95%.

LCL= Limite de confiança inferior de 95%.

$\chi^2$ = qui-quadrado, *d.f.* = graus de liberdade, n.s. = não significativo (α=0,05).

**Tabela 3. Atividade larvicida das nanopartículas de prata sintetizadas utilizando o extrato de folhas de *Merremia emarginata* contra *Anopheles stephensi, Aedes aegypti* e *Culex quinquefasciatus.***

| Espécies de mosquitos | Concentração (µg/ml) | Mortalidade (%)± DP[a] | $LC_{50}$ (µg/ml) (LCL-UCL) | Equação de regressão | $\chi^2$ *(d.f.)* |
|---|---|---|---|---|---|
| *An. Stephensi* | 4<br>8<br>12<br>16<br>20 | 26.8±0.6<br>49.4±0.4<br>65.2±1.2<br>87.6±0.8<br>100.0±0 | 8.36<br>(7.43-<br>9.18) | y=10,42+4,*615x* | 6.217<br>(4)<br>n.s. |
| *Ae. aegypti* | 4<br>8<br>12<br>16<br>20 | 23.5±1.2<br>44.7±0.8<br>61.4±0.4<br>82.3±1.2<br>97.2±0.6 | 9.20<br>(8.26-<br>10.06) | *y*= 6,32+4,*625x* | 2.915<br>(4)<br>n.s. |
| *Cx.quinquefasciatus* | 4<br>8<br>12<br>16<br>20 | 19.4±0.8<br>40.8±1.2<br>57.5±0.4<br>78.3±0.6<br>96.2±1.2 | 10.02<br>(9.11-<br>10.86) | *y*= 1,11+4,*778x* | 3.130<br>(4)<br>n.s. |

[a] Os valores são a média ± DP de cinco réplicas. Não foi observada mortalidade no controlo. DP = desvio-padrão.

$LC_{50}$ = concentração letal que mata 50% dos organismos expostos.

$LC_{90}$ = concentração letal que mata 90% dos organismos expostos.

UCL= Limite superior de confiança a 95%.

LCL= Limite de confiança inferior de 95%.

$\chi^2$ = qui-quadrado, *d.f.* = graus de liberdade, n.s. = não significativo (α=0,05).

**Tabela 4. Atividade larvicida do extrato aquoso de folhas de *Naregamia alata* contra *Anopheles stephensi, Aedes aegypti* e *Culex quinquefasciatus*.**

| **Espécies de mosquitos** | **Concentração (µg/ml)** | **Mortalidade (%)± DP[a]** | **$LC_{50}$ (µg/ml) (LCL-UCL)** | **Equação de regressão** | **$\chi^2$ *(d.f.)*** |
|---|---|---|---|---|---|
| *An. Stephensi* | 80 | 26.9±0.6 | 165.15 | *y=10,58+0,233x* | 3.056 |
| | 160 | 47.5±0.8 | (146.72- | | (4) |
| | 240 | 69.7±1.2 | 181.50) | | n.s. |
| | 320 | 88.3±0.4 | | | |
| | 400 | 99.5±0.8 | | | |
| *Ae. aegypti* | 80 | 23.4±1.2 | 179.17 | *y=6,35+0,237x* | 2.349 |
| | 160 | 44.6±0.8 | (160.93- | | (4) |
| | 240 | 65.3±0.6 | 195.66) | | n.s. |
| | 320 | 84.5±0.4 | | | |
| | 400 | 98.2±0.6 | | | |
| *Cx.quinquefasciatus* | 80 | 20.6±0.4 | 196.48 | *y=2,77+0,235x* | 2.602 |
| | 160 | 41.2±1.2 | (178.01- | | (4) |
| | 240 | 59.8±0.8 | 213.56) | | n.s. |
| | 320 | 78.3±0.6 | | | |
| | 400 | 96.10±0.4 | | | |

[a] Os valores são a média ± DP de cinco réplicas. Não foi observada mortalidade no controlo. DP = desvio-padrão.

$LC_{50}$ = concentração letal que mata 50% dos organismos expostos.

$LC_{90}$ = concentração letal que mata 90% dos organismos expostos.

UCL= Limite superior de confiança a 95%.

LCL= Limite de confiança inferior de 95%.

$\chi^2$ = qui-quadrado, *d.f.* = graus de liberdade, n.s. = não significativo (α=0,05).

**Tabela 5. Atividade larvicida das nanopartículas de prata sintetizadas utilizando o extrato de folhas de *Naregamia alata* contra *Anopheles stephensi, Aedes aegypti* e *Culex quinquefasciatus.***

| Espécies de mosquitos | Concentração (µg/ml) | Mortalidade (%)± DP[a] | $LC_{50}$ (µg/ml) (LCL-UCL) | Equação de regressão | $\chi^2$ (*d.f.*) |
|---|---|---|---|---|---|
| *An. Stephensi* | 6<br>12<br>18<br>24<br>30 | 28.5±1.2<br>46.3±0.6<br>67.8±0.8<br>88.5±0.4<br>100.0±0.0 | 12.40<br>(11.02-<br>13.63) | *y=10,66+3,087x* | 5.387<br>(4)<br>n.s. |
| *Ae. aegypti* | 6<br>12<br>18<br>24<br>30 | 24.1±0.4<br>42.8±0.8<br>63.4±0.6<br>85.6±1.2<br>98.2±0.4 | 13.57<br>(12.22-<br>14.79) | *y=5,52+3,183x* | 2.929<br>(4)<br>n.s. |
| *Cx.quinquefasciatus* | 6<br>12<br>18<br>24<br>30 | 21.3±0.6<br>38.6±0.4<br>60.2±1.2<br>81.4±0.8<br>96.5±0.6 | 14.84<br>(13.51-<br>16.08) | *y=1,64+3,22x* | 2.571<br>(4)<br>n.s. |

[a] Os valores são a média ± DP de cinco réplicas. Não foi observada mortalidade no controlo. DP = desvio-padrão.

$LC_{50}$ = concentração letal que mata 50% dos organismos expostos.

$LC_{90}$ = concentração letal que mata 90% dos organismos expostos.

UCL= Limite superior de confiança a 95%.

LCL= Limite de confiança inferior de 95%.

$\chi^2$ = qui-quadrado, *d.f.* = graus de liberdade, n.s. = não significativo (α=0,05).

### 4.2.2.1 Atividade larvicida do extrato de folhas de *N. alata* contra mosquitos vectores

A atividade larvicida do extrato aquoso de folhas de *N. alata* contra *An. stephensi*, *Ae. aegypti* e *Cx. quinquefasciatus* é apresentada na tabela 4. Os resultados revelaram que o extrato aquoso teve uma atividade larvicida significativa com os valores $LC_{50}$ e $LC_{90}$ de 165,15, 179,17, 196,48 e 321,56, 342,21, 371,50 µg/mL, respetivamente.

#### 4.2.2.2 Atividade larvicida das nanopartículas de prata sintetizadas contra os mosquitos vectores

A atividade larvicida das NPs de Ag sintetizadas contra *An. stephensi*, *Ae. aegypti* e *Cx. quinquefasciatus* é apresentada na tabela 5. Os resultados revelaram que as nanopartículas de prata tiveram a atividade larvicida mais significativa com os valores $LC_{50}$ e $LC_{90}$ de 12,40, 13,57, 14,84 e 24,20, 25,71, 27,49 µg/mL, respetivamente.

### 4.2.3 *Hedyotis puberula*

A resposta larvicida do extrato aquoso da folha de *H. puberula* e das nanopartículas de prata sintetizadas contra três larvas de mosquito é apresentada nas tabelas 6 e 7.

#### 4.2.3.1 Atividade larvicida do extrato de folhas de *H. puberula* contra mosquitos vectores

A atividade larvicida do extrato aquoso de folhas de *H. puberula* contra *An. stephensi*, *Ae. aegypti* e *Cx. quinquefasciatus* é apresentada na tabela 6. Os resultados revelaram que o extrato aquoso teve uma atividade larvicida significativa com os valores $LC_{50}$ e $LC_{90}$ de 182,67, 199,14, 217,67 e 369,97, 385,34, 404,10 µg/mL, respetivamente.

**Tabela 6. Atividade larvicida do extrato aquoso de folhas de *Hedyotis puberula* contra *Anopheles stephensi, Aedes aegypti* e *Culex quinquefasciatus*.**

| **Espécies de mosquitos** | **Concentração (µg/ml)** | **Mortalidade (%)± DP[a]** | **$LC_{50}$ (µg/ml) (LCL-UCL)** | **Equação de regressão** | $\chi^2$ *(d.f.)* |
|---|---|---|---|---|---|
| *An. Stephensi* | 90 | 29.6±0.4 | 182.67 | *y=12*,81+0,*199x* | 2.225 |
| | 180 | 47.2±1.2 | (160.41- | | (4) |
| | 270 | 68.5±0.6 | 202.13) | | n.s. |
| | 360 | 89.3±0.8 | | | |
| | 450 | 98.1±1.2 | | | |
| *Ae. aegypti* | 90 | 24.8±1.2 | 199.14 | y=7,36+0,*208x* | 1.190 |
| | 180 | 43.5±0.6 | (178.18- | | (4) |
| | 270 | 66.4±0.8 | 217.99) | | n.s. |
| | 360 | 85.9±0.4 | | | |
| | 450 | 97.3±1.2 | | | |
| *Cx. quinquefasciatus* | 90 | 20.6±0.6 | 217.67 | *y=1*,85+0,*216x* | 1.140 |
| | 180 | 39.2±0.8 | (197.73- | | (4) |
| | 270 | 62.4±1.2 | 236.15) | | n.s. |
| | 360 | 81.9±0.4 | | | |
| | 450 | 96.3±0.8 | | | |

[a] Os valores são a média ± DP de cinco réplicas. Não foi observada mortalidade no controlo. DP = desvio-padrão.

$LC_{50}$ = concentração letal que mata 50% dos organismos expostos.

$LC_{90}$ = concentração letal que mata 90% dos organismos expostos.

UCL= Limite superior de confiança a 95%.

LCL= Limite de confiança inferior de 95%.

$\chi^2$ = qui-quadrado, *d.f.* = graus de liberdade, n.s. = não significativo (α=0,05).

**Tabela 7. Atividade larvicida das nanopartículas de prata sintetizadas utilizando o extrato de folhas de *Hedyotis puberula* contra *Anopheles stephensi, Aedes aegypti* e *Culex quinquefasciatus.***

| Espécies de mosquitos | Concentração (µg/ml) | Mortalidade (%)± DP[a] | $LC_{50}$ (µg/ml) (LCL-UCL) | Equação de regressão | $\chi^2$ *(d.f.)* |
|---|---|---|---|---|---|
| *An. Stephensi* | 8<br>16<br>24<br>32<br>40 | 26.2±0.8<br>49.5±1.2<br>67.3±0.6<br>88.4±0.4<br>100.0±0.0 | 16.58<br>(14.75-<br>18.19) | *y=10*,33+2,*331x* | 4.962<br>(4)<br>n.s. |
| *Ae. aegypti* | 8<br>16<br>24<br>32<br>40 | 22.8±0.8<br>45.2±0.6<br>63.5±1.2<br>84.3±0.4<br>99.1±0.6 | 18.05<br>(16.27-<br>19.67) | *y=5*,47+2,*396x* | 4.372<br>(4)<br>n.s. |
| *Cx. quinquefasciatus* | 8<br>16<br>24<br>32<br>40 | 19.5±0.6<br>41.9±0.4<br>59.3±1.2<br>80.6±0.8<br>97.2±0.4 | 19.52<br>(17.75-<br>21.15) | *y=1*,47+2,*426x* | 3.170<br>(4)<br>n.s. |

[a] Os valores são a média ± DP de cinco réplicas. Não foi observada mortalidade no controlo. DP = desvio-padrão.

$LC_{50}$ = concentração letal que mata 50% dos organismos expostos.

$LC_{90}$ = concentração letal que mata 90% dos organismos expostos.

UCL= Limite superior de confiança a 95%.

LCL= Limite de confiança inferior de 95%.

$\chi^2$ = qui-quadrado, *d.f.* = graus de liberdade, n.s. = não significativo ($\alpha$=0,05).

### 4.2.3.2 Atividade larvicida das nanopartículas de prata sintetizadas contra os mosquitos vectores

A atividade larvicida das NPs de Ag sintetizadas contra *An. stephensi*, *Ae. aegypti* e *Cx. quinquefasciatus* é apresentada na tabela 7. Os resultados revelaram que as nanopartículas de prata tiveram a atividade larvicida mais significativa com os valores $LC_{50}$ e $LC_{90}$ de 16,58, 18,05, 19,52 e 32,11, 34,04, 36,07 µg/mL, respetivamente.

### 4.2.4 *Aglaia elaeagnoidea*

A resposta larvicida do extrato aquoso da folha de *A. elaeagnoidea* e das nanopartículas de prata sintetizadas contra três larvas de mosquito é apresentada nas tabelas 8 e 9.

#### 4.2.4.1 Atividade larvicida do extrato de folhas de *A. elaeagnoidea* contra mosquitos vectores

A atividade larvicida do extrato aquoso de folhas de *A. elaeagnoidea* contra *An. stephensi*, *Ae. aegypti* e *Cx. quinquefasciatus* é apresentada na tabela 8. Os resultados revelaram que o extrato aquoso teve uma atividade larvicida significativa com os valores $LC_{50}$ e $LC_{90}$ de 207,06, 229,79, 246,43 e 408,46, 442,71, 462,09 µg/mL, respetivamente.

#### 4.2.4.2 Atividade larvicida das nanopartículas de prata sintetizadas contra os mosquitos vectores

A atividade larvicida das NPs de Ag sintetizadas contra *An. stephensi*, *Ae. aegypti* e *Cx. quinquefasciatus* é apresentada na tabela 9. Os resultados revelaram que as nanopartículas de prata tiveram a atividade larvicida mais significativa com os valores $LC_{50}$ e $LC_{90}$ de 20,66, 22,80, 24,91 e 39,94, 43,23, 45,96 µg/mL, respetivamente.

**Tabela 8. Atividade larvicida do extrato aquoso de folhas de *Aglaia elaeagnoidea* contra *Anopheles stephensi, Aedes aegypti* e *Culex quinquefasciatus*.**

| Espécies de mosquitos | Concentração (µg/ml) | Mortalidade (%)± DP[a] | $LC_{50}$ (µg/ml) (LCL-UCL) | Equação de regressão | $\chi^2$ *(d.f.)* |
|---|---|---|---|---|---|
| *An. Stephensi* | 100 | 27.9±1.2 | 207.06 | *y=11,17+0,183x* | 5.776 |
| | 200 | 48.6±0.8 | (183.43- | | (4) |
| | 300 | 66.4±0.6 | 227.94) | | n.s. |
| | 400 | 87.3±0.4 | | | |
| | 500 | 100.0±0.0 | | | |
| *Ae. aegypti* | 100 | 23.2±0.8 | 229.79 | *y=6,04+0,186x* | 4.038 |
| | 200 | 44.7±0.6 | (206.42- | | (4) |
| | 300 | 62.5±0.4 | 250.99) | | n.s. |
| | 400 | 81.3±1.2 | | | |
| | 500 | 98.1±0.6 | | | |
| *Cx. quinquefasciatus* | 100 | 20.7±0.4 | 246.43 | *y=2,21+0,19x* | 5.490 |
| | 200 | 41.5±0.6 | (223.72- | | (4) |
| | 300 | 58.3±0.8 | 267.52) | | n.s. |
| | 400 | 77.2±1.2 | | | |
| | 500 | 97.6±0.8 | | | |

[a] Os valores são a média ± DP de cinco réplicas. Não foi observada mortalidade no controlo.
DP = desvio-padrão.
$LC_{50}$ = concentração letal que mata 50% dos organismos expostos.
$LC_{90}$ = concentração letal que mata 90% dos organismos expostos.
UCL= Limite superior de confiança a 95%.
LCL= Limite de confiança inferior de 95%.
$\chi^2$ = qui-quadrado, *d.f.* = graus de liberdade, n.s. = não significativo (α=0,05).

**Tabela 9. Atividade larvicida das nanopartículas de prata sintetizadas utilizando o extrato de folhas de *Aglaia elaeagnoidea* contra *Anopheles stephensi, Aedes aegypti* e *Culex quinquefasciatus.***

| Espécies de mosquitos | Concentração (μg/ml) | Mortalidade (%)± DP[a] | $LC_{50}$ (μg/ml) (LCL-UCL) | Equação de regressão | $\chi^2$ *(d.f.)* |
|---|---|---|---|---|---|
| *An. Stephensi* | 10<br>20<br>30<br>40<br>50 | 26.9±0.6<br>47.3±0.4<br>69.7±1.2<br>88.2±0.8<br>100.0±0.0 | 20.66<br>(18.39-<br>22.68) | *y=10.29+1.87x* | 4.184<br>(4)<br>n.s. |
| *Ae. aegypti* | 10<br>20<br>30<br>40<br>50 | 23.6±0.8<br>42.2±0.4<br>64.7±1.2<br>83.5±0.4<br>98.3±0.6 | 22.80<br>(20.55-<br>24.86) | *y=5,25+1,907x* | 2.978<br>(4)<br>n.s. |
| *Cx.quinquefasciatus* | 10<br>20<br>30<br>40<br>50 | 19.7±1.2<br>38.2±0.8<br>60.5±0.6<br>79.3±0.4<br>96.1±1.2 | 24.91<br>(22.70-<br>26.97) | *y=0,59+1,939x* | 1.795<br>(4)<br>n.s. |

[a] Os valores são a média ± DP de cinco réplicas. Não foi observada mortalidade no controlo. DP = desvio-padrão.

$LC_{50}$ = concentração letal que mata 50% dos organismos expostos.

$LC_{90}$ = concentração letal que mata 90% dos organismos expostos.

UCL= Limite superior de confiança a 95%.

LCL= Limite de confiança inferior de 95%.

$\chi^2$ = qui-quadrado, *d.f.* = graus de liberdade, n.s. = não significativo (α=0,05).

### 4.2.5 *Ventilago madrasapatna*

A resposta larvicida do extrato aquoso da folha de *V. madrasapatna* e das nanopartículas de prata sintetizadas contra três larvas de mosquito é apresentada nas tabelas 10 e 11.

#### 4.2.5.1 Atividade larvicida do extrato de folhas de *V. madrasapatna* contra mosquitos vectores

A atividade larvicida do extrato aquoso de folhas de *V. madrasapatna* contra *An. stephensi*, *Ae. aegypti* e *Cx. quinquefasciatus* é apresentada na tabela 10. Os resultados revelaram que o extrato aquoso teve uma atividade larvicida significativa com os valores $LC_{50}$ e $LC_{90}$ de 245,46, 267,27, 289,86 e 481,55, 507,89, 538,91 μg/mL, respetivamente.

#### 4.2.5.2 Atividade larvicida das nanopartículas de prata sintetizadas contra mosquitos vectores

A atividade larvicida das NPs de Ag sintetizadas contra *An. stephensi*, *Ae. aegypti* e *Cx. quinquefasciatus* é apresentada na tabela 11. Os resultados revelaram que as nanopartículas de prata tiveram a atividade larvicida mais significativa com os valores $LC_{50}$ e $LC_{90}$ de 24,89, 26,92, 29,24 e 48,03, 51,26, 54,89 µg/mL, respetivamente.

### 4.3 Atividade ovicida contra mosquitos vectores

Em condições laboratoriais, o resultado da atividade ovicida do extrato aquoso das folhas de cinco plantas (*M. emarginata*, *N. alata*, *H. puberula*, *A. elaeagnoidea* e *V. madrasapatna*) e das nanopartículas de prata sintetizadas contra os ovos de três mosquitos vectores importantes, *nomeadamente An. stephensi*, *Ae. aegypti* e *Cx. quinquefasciatus*, é apresentado nos quadros 12 a 21.

**Tabela 10. Atividade larvicida do extrato aquoso de folhas de *Ventilago madrasapatna* contra *Anopheles stephensi, Aedes aegypti* e *Culex quinquefasciatus.***

| Espécies de mosquitos | Concentração (µg/ml) | Mortalidade (%)± DP[a] | $LC_{50}$ (µg/ml) (LCL-UCL) | Equação de regressão | $\chi^2$ *(d.f.)* |
|---|---|---|---|---|---|
| *An. stephensi* | 120<br>240<br>360<br>480<br>600 | 28.2±1.2<br>47.5±0.8<br>69.3±0.6<br>88.1±1.2<br>100.0±0.0 | 245.46<br>(217.53-<br>270.17) | *y=11*,36+0,*154x* | 4.634<br>(4)<br>n.s. |
| *Ae. aegypti* | 120<br>240<br>360<br>480<br>600 | 24.8±0.8<br>43.6±1.2<br>64.2±0.4<br>85.4±0.6<br>99.1±0.8 | 267.27<br>(240.31-<br>291.71) | *y=6,3*+0,*159x* | 4.238<br>(4)<br>n.s. |
| *Cx. quinquefasciatus* | 120<br>240<br>360<br>480<br>600 | 21.6±0.6<br>39.2±0.8<br>61.3±1.2<br>80.7±0.4<br>97.5±1.2 | 289.86<br>(263.25-<br>314.51) | *y=2,07*+0,*161x* | 3.131(4)<br>n.s. |

[a] Os valores são a média ± DP de cinco réplicas. Não foi observada mortalidade no controlo. DP = desvio-padrão.

$LC_{50}$ = concentração letal que mata 50% dos organismos expostos.

$LC_{90}$ = concentração letal que mata 90% dos organismos expostos.

UCL= Limite superior de confiança a 95%.

LCL= Limite de confiança inferior de 95%.

$\chi^2$ = qui-quadrado, *d.f.* = graus de liberdade, n.s. = não significativo (α=0,05).

**Tabela 11. Atividade larvicida das nanopartículas de prata sintetizadas utilizando o extrato de folhas de *Ventilago madrasapatna* contra *Anopheles stephensi, Aedes aegypti* e *Culex quinquefasciatus.***

| Espécies de mosquitos | Concentração (μg/ml) | Mortalidade (%)± DP[a] | $LC_{50}$ (μg/ml) (LCL-UCL) | Equação de regressão | $\chi^2$ (*d.f.*) |
|---|---|---|---|---|---|
| *An. stephensi* | 12<br>24<br>36<br>48<br>60 | 26.7±0.4<br>48.2±0.8<br>67.5±1.2<br>88.9±0.6<br>100.0±0.0 | 24.89<br>(22.17-<br>27.31) | *y=10*,07+1,*561x* | 4.849<br>(4)<br>n.s. |
| *Ae. aegypti* | 12<br>24<br>36<br>48<br>60 | 23.9±1.2<br>44.5±0.8<br>63.2±0.6<br>85.7±0.4<br>98.3±1.2 | 26.92<br>(24.20-<br>29.38) | *y=6*,12+1,*583x* | 3.084<br>(4)<br>n.s. |
| *Cx.quinquefasciatus* | 12<br>24<br>36<br>48<br>60 | 20.5±0.6<br>41.3±1.2<br>59.7±0.4<br>80.4±0.8<br>96.2±1.2 | 29.24<br>(26.52-<br>31.76) | *y=2*,47+1,*588x* | 2.042<br>(4)<br>n.s. |

[a] Os valores são a média ± DP de cinco réplicas. Não foi observada mortalidade no controlo. DP = desvio-padrão.

$LC_{50}$ = concentração letal que mata 50% dos organismos expostos.

$LC_{90}$ = concentração letal que mata 90% dos organismos expostos.

UCL= Limite superior de confiança a 95%.

LCL= Limite de confiança inferior de 95%.

$\chi^2$ = qui-quadrado, *d.f.* = graus de liberdade, n.s. = não significativo (α=0,05).

### 4.3.1 *Merremia emerginata*

A percentagem de eclosão de ovos de *An. stephensi*, *Ae. aegypti* e *Cx. quinquefasciatus* com o extrato aquoso de folhas e NPs de Ag sintetizadas de *M. emarginataé* apresentada nas tabelas 12 e 13. A taxa de eclodibilidade foi mais elevada em concentrações mais baixas e, quando a concentração aumentou, a taxa de eclodibilidade diminuiu. Estes resultados revelaram claramente que a toxicidade do extrato aquoso de folhas e das NPs de Ag dependia da sua concentração, o que determinará a eclodibilidade dos ovos. O tratamento de ovos com 0 a 6 horas de idade foi mais eficaz, incluindo taxas de mortalidade mais elevadas em comparação com ovos com 6 a 12 horas de idade e tratados durante 12 a 18 horas.

#### 4.3.1.1 Atividade ovicida do extrato aquoso de *M. emarginata* contra mosquitos vectores

A toxicidade do extrato aquoso de folhas de *M. emarginata* dependeu da sua concentração e da idade dos ovos tratados. Os ovos com idades entre 0 e 6, 6 e 12, e 12 e 18 horas sofreram uma atividade ovicida incompleta mesmo a 160, 200 e 240µg/mL contra *An. stephensi*, respetivamente. Os ovos de *An. stephensi* foram ligeiramente mais susceptíveis ao extrato aquoso de folhas do que os de *Ae. aegypti* e *Cx. quinquefasciatus*. Os ovos de controlo apresentaram uma eclodibilidade de 100% em todos os grupos etários.

#### 4.3.1.2 Atividade ovicida das nanopartículas de prata sintetizadas contra mosquitos vectores

A toxicidade das NPs de Ag sintetizadas dependeu da sua concentração e da idade dos ovos tratados. Os ovos com idades compreendidas entre 0 e 6, 6 e 12 e 12 e 18 horas sofreram uma atividade ovicida incompleta mesmo a 32, 40 e 48µg/mL contra *o An. stephensi*, respetivamente. Os ovos de *An. stephensi* foram ligeiramente mais susceptíveis às NPs Ag sintetizadas do que os de *Ae. aegypti* e *Cx. quinquefasciatus*. Os ovos de controlo apresentaram uma eclodibilidade de 100% em todos os grupos etários.

**Tabela 12. Atividade ovicida do extrato aquoso de folhas de *Merremia emarginata* contra *Anopheles stephensi, Aedes aegypti* e *Culex quinquefasciatus.***

| **Espécies de mosquitos** | **Idade da jangada de ovos/ ovos (h)** | **Eclodibilidade dos ovos (%)** | | | | | | |
|---|---|---|---|---|---|---|---|---|
| | | **Controlo** | **50 (µg/mL)** | **100 (µg/mL)** | **150 (µg/mL)** | **200 (µg/mL)** | **250 (µg/mL)** | **300 (µg/mL)** |
| *An. stephensi* | 0-6 | 100±0.0 | 28.6±1.5 | 16.3±1.8 | NH | NH | NH | NH |
| | 6-12 | 100±0.0 | 37.3±1.2 | 21.2±1.5 | NH | NH | NH | NH |
| | 12-18 | 100±0.0 | 45.4±1.8 | 36.4±1.6 | 17.6±1.2 | NH | NH | NH |
| *Ae. aegypti* | 0-6 | 100±0.0 | 47.7±1.2 | 39.2±1.5 | 20.4±1.3 | NH | NH | NH |
| | 6-12 | 100±0.0 | 56.3±1.4 | 44.6±1.7 | 24.2±1.5 | NH | NH | NH |
| | 12-18 | 100±0.0 | 67.3±1.3 | 53.8±1.5 | 33.6±1.2 | 19.5±1.6 | NH | NH |
| *Cx.quinquefasciatus* | 0-6 | 100±0.0 | 68.7±1.5 | 44.6±1.4 | 27.3±1.6 | 16.5±1.7 | NH | NH |
| | 6-12 | 100±0.0 | 74.2±1.2 | 58.3±1.6 | 36.5±1.4 | 22.3±1.5 | NH | NH |
| | 12-18 | 100±0.0 | 85.2±1.5 | 74.6±1.8 | 52.8±1.3 | 35.4±1.7 | 19.6±1.4 | NH |

[a] Os valores são a média ± DP de cinco réplicas

NH = não eclodibilidade

**Tabela 13. Atividade ovicida das nanopartículas de prata sintetizadas utilizando o extrato de folhas de *Merremia emarginata* contra *Anopheles stephensi, Aedes aegypti* e *Culex quinquefasciatus.***

| Espécies de mosquitos | Idade da jangada de ovos/ ovos (h) | Eclodibilidade dos ovos (%) | | | | | | |
|---|---|---|---|---|---|---|---|---|
| | | Controlo | 10 µg/mL | 20 µg/mL | 30 µg/mL | 40 µg/mL | 50 µg/mL | 60 µg/mL |
| *An. Stephensi* | 0-6 | 100±0.0 | 27.6±1.6 | 16.4±1.2 | NH | NH | NH | NH |
| | 6-12 | 100±0.0 | 39.2±1.8 | 20.7±1.3 | NH | NH | NH | NH |
| | 12-18 | 100±0.0 | 47.2±1.3 | 28.3±1.5 | 16.4±1.9 | NH | NH | NH |
| *Ae. aegypti* | 0-6 | 100±0.0 | 39.9±1.2 | 28.5±1.4 | 19.7±1.8 | NH | NH | NH |
| | 6-12 | 100±0.0 | 52.6±1.6 | 37.3±0.6 | 26.8±1.3 | NH | NH | NH |
| | 12-18 | 100±0.0 | 68.7±1.5 | 51.3±1.7 | 36.2±0.4 | 17.4±1.6 | NH | NH |
| *Cx.quinquefasciatus* | 0-6 | 100±0.0 | 69.4±1.4 | 44.2±1.2 | 27.7±1.6 | 16.6±1.2 | NH | NH |
| | 6-12 | 100±0.0 | 78.4±0.7 | 59.2±1.6 | 38.4±1.2 | 20.2±1.8 | NH | NH |
| | 12-18 | 100±0.0 | 84.7±1.3 | 72.3±0.7 | 52.2±1.8 | 32.6±1.4 | 19.4±1.6 | NH |

[a] Os valores são a média ± DP de cinco réplicas

NH = não eclodibilidade

### 4.3.2 *Naregamia alata*

A percentagem de eclosão de ovos de *An. stephensi*, *Ae. aegypti* e *Cx. quinquefasciatus* com o extrato aquoso de folhas e NPs de Ag sintetizadas de *N. alataé* apresentada nas tabelas 14 e 15. A taxa de eclodibilidade foi mais elevada em concentrações mais baixas e, quando a concentração aumentou, a taxa de eclodibilidade diminuiu. Estes resultados revelaram claramente que a toxicidade do extrato aquoso de folhas e das NPs Ag dependia da sua concentração, o que determinará a eclodibilidade dos ovos. O tratamento de ovos com 0 a 6 h de idade foi mais eficaz, incluindo taxas de mortalidade mais elevadas em comparação com ovos com 6 a 12 h de idade e tratados durante 12 a 18 h.

#### 4.3.2.1 Atividade ovicida do extrato *aquoso de N. alataa* contra os mosquitos vectores

A toxicidade do extrato *aquoso* de folhas de *N. alataa* dependeu da sua concentração e da idade dos ovos tratados. Os ovos com idades entre 0 e 6, 6 e 12, e 12 e 18 h sofreram uma atividade ovicida incompleta mesmo a 200, 250 e 300 µg/mL contra *o An. stephensi*, respetivamente. Os ovos de *An. stephensi* foram ligeiramente mais susceptíveis ao extrato aquoso de folhas do que os de *Ae. aegypti* e *Cx. quinquefasciatus*. Os ovos de controlo apresentaram uma eclodibilidade de 100% em todos os grupos etários.

#### 4.3.2.2 Atividade ovicida das nanopartículas de prata sintetizadas contra mosquitos vectores

A toxicidade das NPs de Ag sintetizadas dependeu da sua concentração e da idade dos ovos tratados. Os ovos com idades compreendidas entre 0 e 6, 6 e 12 e 12 e 18 h sofreram uma atividade ovicida incompleta mesmo a 40, 50 e 60 µg/mL contra *o An. stephensi*, respetivamente. Os ovos de *An. stephensi* foram ligeiramente mais susceptíveis às NPs Ag sintetizadas do que os de *Ae. aegypti* e *Cx. quinquefasciatus*. Os ovos de controlo apresentaram uma eclodibilidade de 100% em todos os grupos etários.

**Tabela 14. Atividade ovicida do extrato aquoso de folhas de *Naregamia alata* contra *Anopheles stephensi, Aedes aegypti* e *Culex quinquefasciatus.***

| Espécies de mosquitos | Idade do jangada de ovos/ ovos (h) | Eclodibilidade dos ovos (%) | | | | | | |
|---|---|---|---|---|---|---|---|---|
| | | Controlo | 60 µg/mL | 120 µg/mL | 180 µg/mL | 240 µg/mL | 300 µg/mL | 360 µg/mL |
| *An. stephensi* | 0-6 | 100±0 | 27.4±1.5 | 18.6±0.7 | NH | NH | NH | NH |
| | 6-12 | 100±0 | 37.4±1.9 | 22.8±1.2 | NH | NH | NH | NH |
| | 12-18 | 100±0 | 49.6±1.7 | 38.3±1.5 | 20.6±0.3 | NH | NH | NH |
| *Ae. aegypti* | 0-6 | 100±0 | 42.7±1.4 | 28.5±1.9 | 19.5±0.4 | NH | NH | NH |
| | 6-12 | 100±0 | 56.3±1.8 | 39.4±1.5 | 22.5±1.7 | NH | NH | NH |
| | 12-18 | 100±0 | 68.4±0.2 | 56.8±1.6 | 39.7±0.4 | 20.6±1.9 | NH | NH |
| *Cx.quinquefasciatus* | 0-6 | 100±0 | 69.8±1.9 | 47.4±0.7 | 32.2±1.5 | 18.5±1.3 | NH | NH |
| | 6-12 | 100±0 | 75.3±1.5 | 62.8±0.3 | 45.6±1.8 | 27.2±0.6 | NH | NH |
| | 12-18 | 100±0 | 87.6±0.2 | 75.2±1.6 | 57.6±1.9 | 42.8±1.4 | 23.5±0.7 | NH |

[a] Os valores são a média ± DP de cinco réplicas.

NH = não eclodibilidade.

**Tabela 15. Atividade ovicida das nanopartículas de prata sintetizadas utilizando o extrato de folhas de *Naregamia alata* contra *Anopheles stephensi, Aedes aegypti* e *Culex quinquefasciatus.***

| **Espécies de mosquitos** | **Idade da jangada de ovos/ ovos (h)** | **Eclodibilidade dos ovos (%)** | | | | | | |
|---|---|---|---|---|---|---|---|---|
| | | **Controlo** | **15 µg/mL** | **30 µg/mL** | **45 µg/mL** | **60 µg/mL** | **75 µg/mL** | **90 µg/mL** |
| *An. stephensi* | 0-6 | 100±0.0 | 28.5±1.6 | 16.7±1.9 | NH | NH | NH | NH |
| | 6-12 | 100±0.0 | 34.7±1.7 | 22.4±1.6 | NH | NH | NH | NH |
| | 12-18 | 100±0.0 | 46.1±0.2 | 34.8±0.3 | 20.6±1.5 | NH | NH | NH |
| *Ae. aegypti* | 0-6 | 100±0.0 | 41.3±1.7 | 27.4±1.6 | 18.7±1.8 | NH | NH | NH |
| | 6-12 | 100±0.0 | 49.7±1.3 | 39.6±0.8 | 23.5±1.2 | NH | NH | NH |
| | 12-18 | 100±0.0 | 64.6±1.8 | 53.9±1.4 | 38.4±1.9 | 21.4±0.6 | NH | NH |
| *Cx.quinquefasciatus* | 0-6 | 100±0.0 | 65.8±1.9 | 48.3±1.6 | 26.9±1.4 | 19.2±1.8 | NH | NH |
| | 6-12 | 100±0.0 | 75.5±1.4 | 56.4±0.5 | 39.6±1.7 | 24.3±1.2 | NH | NH |
| | 12-18 | 100±0.0 | 87.9±1.2 | 69.6±1.3 | 58.2±0.5 | 37.5±1.6 | 23.7±1.4 | NH |

[a] Os valores são a média ± DP de cinco réplicas.

NH = não eclodibilidade.

### 4.3.3 *Hedyotis puberula*

A percentagem de eclosão de ovos de *An. stephensi*, *Ae. aegypti* e *Cx. quinquefasciatus* com o extrato aquoso de folhas e NPs de Ag sintetizadas de *H. puberulaé* apresentada nas tabelas 16 e 17. A taxa de eclodibilidade foi mais elevada em concentrações mais baixas e, quando a concentração aumentou, a taxa de eclodibilidade diminuiu. Estes resultados revelaram claramente que a toxicidade do extrato aquoso de folhas e das NPs Ag dependia da sua concentração, o que determinará a eclodibilidade dos ovos. O tratamento de ovos com 0 a 6 h de idade foi mais eficaz, incluindo taxas de mortalidade mais elevadas em comparação com ovos com 6 a 12 h de idade e tratados durante 12 a 18 h.

#### 4.3.3.1 Atividade ovicida do extrato *aquoso de H. puberulaa* contra mosquitos vectores

A toxicidade do extrato *aquoso* das folhas de *H. puberulaa* dependeu da sua concentração e da idade dos ovos tratados. Os ovos com idades compreendidas entre 0 e 6, 6 e 12 e 12 e 18 horas sofreram uma atividade ovicida incompleta mesmo a 240,

300 e 360µg/mL contra *o An. stephensi*, respetivamente. Os ovos de *An. stephensi* foram ligeiramente mais susceptíveis ao extrato aquoso de folhas do que os de *Ae. aegypti* e *Cx. quinquefasciatus*. Os ovos de controlo apresentaram uma eclodibilidade de 100% em todos os grupos etários.

#### 4.3.3.2 Atividade ovicida das nanopartículas de prata sintetizadas contra mosquitos vectores

A toxicidade das NPs de Ag sintetizadas dependeu da sua concentração e da idade dos ovos tratados. Os ovos com idades compreendidas entre 0 e 6, 6 e 12 e 12 e 18 horas sofreram uma atividade ovicida incompleta mesmo a 60, 75 e 90µg/mL contra *o An. stephensi*, respetivamente. Os ovos de *An. stephensi* foram ligeiramente mais susceptíveis às NPs Ag sintetizadas do que os de *Ae. aegypti* e *Cx. quinquefasciatus*. Os ovos de controlo apresentaram uma eclodibilidade de 100% em todos os grupos etários.

**Tabela 16. Atividade ovicida do extrato aquoso de folhas de *Hedyotis puberula* contra *Anopheles stephensi, Aedes aegypti* e *Culex quinquefasciatus.***

| **Espécies de mosquitos** | **Idade da jangada de ovos/ ovos (h)** | **Eclodibilidade dos ovos (%)** | | | | | | |
|---|---|---|---|---|---|---|---|---|
| | | **Controlo** | **70 µg/mL** | **140 µg/mL** | **210 µg/mL** | **280 µg/mL** | **350 µg/mL** | **420 µg/mL** |
| *An. stephensi* | 0-6 | 100±0.0 | 29.2±1.9 | 18.4±1.5 | NH | NH | NH | NH |
| | 6-12 | 100±0.0 | 36.7±1.3 | 20.6±1.7 | NH | NH | NH | NH |
| | 12-18 | 100±0.0 | 48.9±1.8 | 37.5±1.4 | 21.7±0.8 | NH | NH | NH |
| *Ae. aegypti* | 0-6 | 100±0.0 | 47.5±1.4 | 36.3±1.2 | 18.4±1.7 | NH | NH | NH |
| | 6-12 | 100±0.0 | 58.3±1.6 | 45.8±1.3 | 21.7±1.9 | NH | NH | NH |
| | 12-18 | 100±0.0 | 66.2±1.9 | 53.6±1.6 | 36.3±1.5 | 23.4±1.2 | NH | NH |
| *Cx.quinquefasciatus* | 0-6 | 100±0.0 | 68.7±0.4 | 55.9±1.5 | 38.2±1.3 | 19.7±1.6 | NH | NH |
| | 6-12 | 100±0.0 | 76.9±1.2 | 67.8±1.4 | 43.5±0.6 | 23.8±1.3 | NH | NH |
| | 12-18 | 100±0.0 | 86.1±0.3 | 76.2±1.3 | 57.4±1.9 | 37.5±1.4 | 22.9±1.6 | NH |

[a] Os valores são a média ± DP de cinco réplicas.

NH = não eclodibilidade.

**Tabela 17. Atividade ovicida das nanopartículas de prata sintetizadas utilizando o extrato de folhas de *Hedyotis puberula* contra *Anopheles stephensi, Aedes aegypti* e *Culex quinquefasciatus*.**

| Espécies de mosquitos | Idade da balsa de ovos/ovos (h) | Eclodibilidade dos ovos (%) | | | | | | |
|---|---|---|---|---|---|---|---|---|
| | | Controlo | 20 (µg/mL) | 40 (µg/mL) | 60 (µg/mL) | 80 (µg/mL) | 100 (µg/mL) | 120 (µg/mL) |
| *An. stephensi* | 0-6 | 100±0.0 | 28.4±1.6 | 16.3±1.7 | NH | NH | NH | NH |
| | 6-12 | 100±0.0 | 35.7±1.2 | 20.4±1.6 | NH | NH | NH | NH |
| | 12-18 | 100±0.0 | 44.8±0.5 | 29.3±1.9 | 18.4±1.8 | NH | NH | NH |
| *Ae. aegypti* | 0-6 | 100±0.0 | 49.2±1.3 | 28.7±1.5 | 19.5±1.7 | NH | NH | NH |
| | 6-12 | 100±0.0 | 54.8±1.7 | 36.9±0.3 | 22.8±1.6 | NH | NH | NH |
| | 12-18 | 100±0.0 | 59.4±1.8 | 45.6±1.5 | 32.6±1.9 | 21.4±0.8 | NH | NH |
| *Cx.quinquefasciatus* | 0-6 | 100±0.0 | 56.7±1.3 | 48.9±1.8 | 27.9±1.3 | 19.6±1.7 | NH | NH |
| | 6-12 | 100±0.0 | 74.8±1.5 | 59.3±1.4 | 38.5±1.4 | 22.4±1.2 | NH | NH |
| | 12-18 | 100±0.0 | 86.6±1.2 | 69.4±1.2 | 56.3±1.5 | 34.8±0.6 | 19.5±1.3 | NH |

[a] Os valores são a média ± DP de cinco réplicas.

NH = não eclodibilidade.

### 4.3.4 *Aglaia elaeagnoidea*

A percentagem de eclosão de ovos de *An. stephensi*, *Ae. aegypti* e *Cx. quinquefasciatus* com o extrato aquoso de folhas e NPs Ag sintetizadas de *A. elaeagnoidea é* apresentada nas tabelas 18 e 19. A taxa de eclodibilidade foi mais elevada em concentrações mais baixas e, quando a concentração aumentou, a taxa de eclodibilidade diminuiu. Estes resultados revelaram claramente que a toxicidade do extrato aquoso de folhas e das NPs Ag dependia da sua concentração, o que determinará a eclodibilidade dos ovos. O tratamento de ovos com 0 a 6 h de idade foi mais eficaz, incluindo taxas de mortalidade mais elevadas em comparação com ovos com 6 a 12 h de idade e tratados durante 12 a 18 h.

#### 4.3.4.1 Atividade ovicida do extrato aquoso de *A. elaeagnoidea* contra mosquitos vectores

A toxicidade do extrato *aquoso* de folhas de *A. elaeagnoidea* dependeu da sua concentração e da idade dos ovos tratados. Os ovos com idades entre 0 e 6, 6 e 12, e 12 e 18 horas sofreram atividade ovicida incompleta mesmo a 320, 400 e 480µg/mL contra *An. stephensi*, respetivamente. Os ovos de *An. stephensi* foram ligeiramente mais susceptíveis ao extrato aquoso de folhas do que os de *Ae. aegypti* e *Cx. quinquefasciatus*. Os ovos de controlo apresentaram uma eclodibilidade de 100% em todos os grupos etários.

#### 4.3.4.2 Atividade ovicida das nanopartículas de prata sintetizadas contra mosquitos vectores

A toxicidade das NPs Ag sintetizadas dependeu da sua concentração e da idade dos ovos tratados. Os ovos com idades compreendidas entre 0 e 6, 6 e 12 e 12 e 18 horas sofreram uma atividade ovicida incompleta mesmo com 80, 100 e 120µg/mL contra *o An. stephensi*, respetivamente. Os ovos de *An. stephensi* foram ligeiramente mais susceptíveis às NPs Ag sintetizadas do que os de *Ae. aegypti* e *Cx. quinquefasciatus*. Os ovos de controlo apresentaram uma eclodibilidade de 100% em todos os grupos etários.

**Tabela 18. Atividade ovicida do extrato aquoso de folhas de *Aglaia elaeagnoidea* contra *Anopheles stephensi, Aedes aegypti* e *Culex quinquefasciatus.***

| Espécies de mosquitos | Idade da jangada de ovos/ ovos (h) | Eclodibilidade dos ovos (%) | | | | | | |
|---|---|---|---|---|---|---|---|---|
| | | Controlo | 80 (µg/mL) | 160 (µg/mL) | 240 (µg/mL) | 320 (µg/mL) | 400 (µg/mL) | 480 (µg/mL) |
| *An. stephensi* | 0-6 | 100±0.0 | 26.4±1.7 | 17.8±1.2 | NH | NH | NH | NH |
| | 6-12 | 100±0.0 | 35.7±1.9 | 20.4±1.5 | NH | NH | NH | NH |
| | 12-18 | 100±0.0 | 48.4±1.7 | 33.6±0.5 | 15.2±1.2 | NH | NH | NH |
| *Ae. aegypti* | 0-6 | 100±0.0 | 46.6±0.4 | 27.9±1.8 | 17.8±1.3 | NH | NH | NH |
| | 6-12 | 100±0.0 | 57.8±1.2 | 38.2±1.4 | 20.4±0.5 | NH | NH | NH |
| | 12-18 | 100±0.0 | 65.7±1.7 | 45.6±1.2 | 26.3±1.6 | 16.3±1.5 | NH | NH |
| *Cx.quinquefasciatus* | 0-6 | 100±0.0 | 68.4±1.2 | 47.3±0.9 | 38.5±1.8 | 19.6±1.4 | NH | NH |
| | 6-12 | 100±0.0 | 75.3±1.8 | 58.6±1.7 | 45.9±1.4 | 23.8±1.6 | NH | NH |
| | 12-18 | 100±0.0 | 86.9±0.5 | 66.4±1.9 | 48.2±1.7 | 27.5±1.3 | 19.6±0.4 | NH |

[a] Os valores são a média ± DP de cinco réplicas.

NH = não eclodibilidade.

**Tabela 19. Atividade ovicida das nanopartículas de prata sintetizadas utilizando o extrato de folhas de *Aglaia elaeagnoidea* contra *Anopheles stephensi, Aedes aegypti* e *Culex quinquefasciatus.***

| **Espécies de mosquitos** | **Idade da jangada de ovos/ ovos (h)** | **Eclodibilidade dos ovos (%)** | | | | | | |
|---|---|---|---|---|---|---|---|---|
| | | **Controlo** | **25 (µg/mL)** | **50 (µg/mL)** | **75 (µg/mL)** | **100 (µg/mL)** | **125 (µg/mL)** | **150 (µg/mL)** |
| *An. stephensi* | 0-6 | 100±0 | 27.3±1.7 | 15.4±1.8 | NH | NH | NH | NH |
| | 6-12 | 100±0 | 36.2±0.3 | 18.6±1.7 | NH | NH | NH | NH |
| | 12-18 | 100±0 | 48.5±1.9 | 32.9±1.3 | 19.5±0.6 | NH | NH | NH |
| *Ae. aegypti* | 0-6 | 100±0 | 44.5±1.9 | 27.7±1.9 | 16.8±1.2 | NH | NH | NH |
| | 6-12 | 100±0 | 55.8±1.2 | 37.4±0.3 | 18.4±1.9 | NH | NH | NH |
| | 12-18 | 100±0 | 68.9±1.4 | 59.6±1.7 | 42.7±1.4 | 20.8±0.5 | NH | NH |
| *Cx.quinquefascia tus* | 0-6 | 100±0 | 67.5±1.3 | 47.5±1.4 | 26.8±1.6 | 17.3±1.8 | NH | NH |
| | 6-12 | 100±0 | 76.8±1.8 | 56.9±0.5 | 37.5±1.9 | 21.4±1.2 | NH | NH |
| | 12-18 | 100±0 | 87.3±14 | 67.9±0.2 | 56.8±1.5 | 38.4±0.6 | 20.3±1.9 | NH |

[a] Os valores são a média ± DP de cinco réplicas.

NH = não eclodibilidade.

### 4.3.5 *Ventilago madrasapatna*

A percentagem de eclosão de ovos de *An. stephensi*, *Ae. aegypti* e *Cx. quinquefasciatus* com o extrato aquoso de folhas e NPs Ag sintetizadas de *V. madrasapatna* é apresentada nas tabelas 20 e 21. A taxa de eclodibilidade foi mais elevada em concentrações mais baixas e, quando a concentração aumentou, a taxa de eclodibilidade diminuiu. Estes resultados revelaram claramente que a toxicidade do extrato aquoso de folhas e das NPs Ag dependia da sua concentração, o que determinará a eclodibilidade dos ovos. O tratamento de ovos com 0 a 6 h de idade foi mais eficaz, incluindo taxas de mortalidade mais elevadas em comparação com ovos com 6 a 12 h de idade e tratados durante 12 a 18 h.

#### 4.3.5.1 Atividade ovicida do extrato aquoso de *V. madrasapatna* contra mosquitos vectores

A toxicidade do extrato aquoso de folhas de *V. madrasapatna* dependeu da sua concentração e da idade dos ovos tratados. Os ovos com idades entre 0 e 6, 6 e 12, e 12 e 18 horas sofreram atividade ovicida incompleta mesmo a 360, 450 e 540µg/mL contra *An. stephensi*, respetivamente. Os ovos de *An. stephensi* foram ligeiramente mais susceptíveis ao extrato aquoso de folhas do que os de *Ae. aegypti* e *Cx. quinquefasciatus*. Os ovos de controlo apresentaram uma eclodibilidade de 100% em todos os grupos etários.

### 4.3.5.2 Atividade ovicida das nanopartículas de prata sintetizadas contra mosquitos vectores

A toxicidade das NPs de Ag sintetizadas dependeu da sua concentração e da idade dos ovos tratados. Os ovos com idades compreendidas entre 0 e 6, 6 e 12 e 12 e 18 h sofreram uma atividade ovicida incompleta mesmo a 100, 125 e 150 µg/mL contra *o An. stephensi*, respetivamente. Os ovos de *An. stephensi* foram ligeiramente mais susceptíveis às NPs Ag sintetizadas do que os de *Ae. aegypti* e *Cx. quinquefasciatus*. Os ovos de controlo apresentaram uma eclodibilidade de 100% em todos os grupos etários.

**Tabela 20. Atividade ovicida do extrato aquoso de folhas de *Ventilago madrasapatna* contra *Anopheles stephensi, Aedes aegypti* e *Culex quinquefasciatus.***

| Espécies de mosquitos | Idade da jangada de ovos/ ovos (h) | Eclodibilidade dos ovos (%) | | | | | | |
|---|---|---|---|---|---|---|---|---|
| | | Controlo | 100 (µg/mL) | 200 (µg/mL) | 300 (µg/mL) | 400 (µg/mL) | 500 (µg/mL) | 600 (µg/mL) |
| *An. stephensi* | 0-6 | 100±0.0 | 29.2±1.8 | 18.6±1.9 | NH | NH | NH | NH |
| | 6-12 | 100±0.0 | 38.7±0.2 | 21.5±1.3 | NH | NH | NH | NH |
| | 12-18 | 100±0.0 | 47.5±1.7 | 30.7±1.8 | 19.3±1.6 | NH | NH | NH |
| *Ae. aegypti* | 0-6 | 100±0.0 | 45.9±1.2 | 26.4±0.4 | 18.5±1.8 | NH | NH | NH |
| | 6-12 | 100±0.0 | 56.2±1.3 | 39.4±1.6 | 21.2±0.5 | NH | NH | NH |
| | 12-18 | 100±0.0 | 64.8±1.6 | 53.6±0.4 | 35.9±1.8 | 19.6±1.5 | NH | NH |
| *Cx.quinquefasciatus* | 0-6 | 100±0.0 | 66.4±1.8 | 45.3±1.9 | 27.6±1.4 | 18.5±1.7 | NH | NH |
| | 6-12 | 100±0.0 | 78.5±0.7 | 59.4±1.8 | 35.7±1.6 | 20.4±1.3 | NH | NH |
| | 12-18 | 100±0.0 | 87.2±1.9 | 65.7±1.6 | 47.3±1.5 | 35.9±1.8 | 19.7±1.2 | NH |

[a] Os valores são a média ± DP de cinco réplicas.

NH = não eclodibilidade.

**Tabela 21. Atividade ovicida das nanopartículas de prata sintetizadas utilizando o extrato de folhas de *Ventilago madrasapatna* contra *Anopheles stephensi, Aedes aegypti* e *Culex quinquefasciatus.***

| **Espécies de mosquitos** | **Idade da jangada de ovos/ ovos (h)** | **Eclodibilidade dos ovos (%)** | | | | | | |
|---|---|---|---|---|---|---|---|---|
| | | **Controlo** | **30 (µg/mL)** | **60 (µg/mL)** | **90 (µg/mL)** | **120 (µg/mL)** | **150 (µg/mL)** | **180 (µg/mL)** |
| *An. Stephensi* | 0-6 | 100±0.0 | 27.8±1.9 | 17.6±1.2 | NH | NH | NH | NH |
| | 6-12 | 100±0.0 | 39.4±0.8 | 21.4±1.3 | NH | NH | NH | NH |
| | 12-18 | 100±0.0 | 44.2±0.3 | 32.8±1.9 | 19.4±1.7 | NH | NH | NH |
| *Ae. aegypti* | 0-6 | 100±0.0 | 45.5±1.8 | 27.7±1.2 | 17.3±1.9 | NH | NH | NH |
| | 6-12 | 100±0.0 | 57.4±1.3 | 36.2±1.8 | 21.6±1.4 | NH | NH | NH |
| | 12-18 | 100±0.0 | 64.9±1.8 | 54.3±0.5 | 34.8±1.6 | 19.5±1.2 | NH | NH |
| *Cx.quinquefasciatus* | 0-6 | 100±0.0 | 66.2±1.7 | 462.8±1.3 | 25.4±1.2 | 18.6±1.9 | NH | NH |
| | 6-12 | 100±0.0 | 77.3±0.5 | 59.6±1.5 | 38.7±1.9 | 22.8±1.2 | NH | NH |
| | 12-18 | 100±0.0 | 86.9±1.4 | 68.2±0.9 | 47.3±1.5 | 36.4±1.8 | 20.6±0.7 | NH |

[a] Os valores são a média ± DP de cinco réplicas

NH = não eclodibilidade

### 4.4 Atividade adulticida contra mosquitos vectores

Em condições laboratoriais, a atividade adulticida do extrato aquoso das folhas de cinco plantas e das nanopartículas de prata sintetizadas foi testada contra os adultos de três mosquitos vectores importantes, *nomeadamente An. stephensi, Ae. aegypti* e *Cx. quinquefasciatus*, e os resultados são apresentados nos quadros 22 a 31.

#### 4.4.1 *Merremia emerginata*

A resposta adulticida do extrato aquoso de folhas de *M. emarginata* e das nanopartículas de prata sintetizadas contra os adultos das três espécies de mosquitos é apresentada nas tabelas 22 e 23.

#### 4.4.1.1 Atividade adulticida do extrato aquoso de folhas de *M. emarginata* contra mosquitos vectores

A atividade adulticida do extrato aquoso de folhas de *M. emarginata* contra *An. stephensi, Ae. aegypti* e *Cx. quinquefasciatus* é apresentada na tabela 22. Os resultados revelaram que o extrato aquoso de folhas teve uma atividade adulticida significativa com os valores $LD_{50}$ e $LD_{90}$ de 204,82, 224,44, 244,52 e 400,39, 428,65, 457,27 µg/mL, respetivamente.

#### 4.4.1.2 Atividade adulticida das nanopartículas de prata sintetizadas contra os mosquitos vectores

A atividade adulticida das NPs de Ag sintetizadas contra *An. stephensi*, *Ae. aegypti* e *Cx. quinquefasciatus* é apresentada na tabela 23. Os resultados revelaram que as NPs Ag tiveram a atividade adulticida mais significativa com os valores $LD_{50}$ e $LD_{90}$ de 24,73, 27,24, 30,02 e 48,24, 51,65, 54,40 µg/mL, respetivamente.

### 4.4.2 *Naregamia alata*

A resposta adulticida do extrato aquoso da folha de *N. alata* e das nanopartículas de prata sintetizadas contra os adultos das três espécies de mosquitos é apresentada nas tabelas 24 e 25.

**Tabela 22. Atividade adulticida do extrato aquoso de folhas de *Merremia emarginata* contra *Anopheles stephensi, Aedes aegypti* e *Culex quinquefasciatus*.**

| Espécies de mosquitos | Concentração (µg/ml) | Mortalidade (%)± DP[a] | $LD_{50}$ (µg/ml) (LCL-UCL) | Equação de regressão | $\chi^2$ (*d.f.*) |
|---|---|---|---|---|---|
| *An. Stephensi* | 100<br>200<br>300<br>400<br>500 | 28.4±0.6<br>46.8±1.2<br>69.3±0.8<br>88.5±0.4<br>100.0±0.0 | 204.82<br>(181.71-<br>225.29) | *y=11*,13+0,*185x* | 4.729<br>(4)<br>n.s. |
| *Ae. aegypti* | 100<br>200<br>300<br>400<br>500 | 24.9±0.6<br>42.6±1.2<br>65.4±0.8<br>83.1±0.6<br>99.2±0.4 | 224.44<br>(201.69-<br>245.06) | *y=6*,31+0,*189x* | 4.857<br>(4)<br>n.s. |
| *Cx. quinquefasciatus* | 100<br>200<br>300<br>400<br>500 | 21.9±0.4<br>38.4±1.2<br>60.6±0.8<br>79.2±0.6<br>97.1±0.4 | 244.52<br>(222.00-<br>265.42) | *y=2*,08+0,*191x* | 3.424<br>(4)<br>n.s. |

[a] Os valores são a média±SD de cinco réplicas. Não foi observada mortalidade no controlo. DP = desvio padrão.

$LD_{50}$ = dose letal que mata 50% dos organismos expostos.

$LD_{90}$ = dose letal que mata 90% dos organismos expostos.

UCL= Limite superior de confiança a 95%. LCL= Limite de confiança inferior de 95%.

$\chi^2$ = qui-quadrado. *d.f.* = graus de liberdade. n.s. = não significativo (α=0,05).

**Tabela 23. Atividade adulticida das nanopartículas de prata sintetizadas com extrato de folhas de *Merremia emarginata* contra *Anopheles stephensi, Aedes aegypti* e *Culex quinquefasciatus.***

| Espécies de mosquitos | Concentração (µg/ml) | Mortalidade (%)± DP[a] | $LD_{50}$ (µg/ml) (LCL-UCL) | Equação de regressão | $\chi^2$ (*d.f.*) |
|---|---|---|---|---|---|
| *An. Stephensi* | 12 | 28.4±0.8 | 24.73 | *y=10*,81+1,*543x* | 6.095 |
| | 24 | 47.6±0.6 | (21.97- | | (4) |
| | 36 | 66.2±1.2 | 27.19) | | n.s. |
| | 48 | 89.5±0.4 | | | |
| | 60 | 100.0±0.0 | | | |
| *Ae. aegypti* | 12 | 24.2±1.2 | 27.24 | *y=5*,54+1,*585x* | 5.419 |
| | 24 | 43.9±0.8 | (24.54- | | (4) |
| | 36 | 61.5±0.6 | 29.70) | | n.s. |
| | 48 | 84.3±1.2 | | | |
| | 60 | 99.1±0.4 | | | |
| *Cx. quinquefasciatus* | 12 | 19.6±0.8 | 30.02 | *y=-0*,84+1,*652x* | 3.367 |
| | 24 | 38.2±0.6 | (27.46- | | (4) |
| | 36 | 56.8±1.2 | 32.43) | | n.s. |
| | 48 | 81.4±0.4 | | | |
| | 60 | 97.1±0.8 | | | |

[a] Os valores são a média±SD de cinco réplicas. Não foi observada mortalidade no controlo.
DP = desvio padrão.
$LD_{50}$ = dose letal que mata 50% dos organismos expostos.
$LD_{90}$ = dose letal que mata 90% dos organismos expostos.
UCL= Limite superior de confiança a 95%. LCL= Limite de confiança inferior de 95%.
$\chi^2$ = qui-quadrado. *d.f.* = graus de liberdade. n.s. = não significativo (α=0,05).

**Tabela 24. Atividade adulticida do extrato aquoso de folhas de *Naregamia alata* contra *Anopheles stephensi, Aedes aegypti* e *Culex quinquefasciatus*.**

| Espécies de mosquitos | Concentração (µg/ml) | Mortalidade (%)± DP[a] | $LD_{50}$ (µg/ml) (LCL-UCL) | Equação de regressão | $\chi^2$ (*d.f.*) |
|---|---|---|---|---|---|
| *An. Stephensi* | 120<br>240<br>360<br>480<br>600 | 27.6±1.2<br>46.8±0.8<br>68.5±0.4<br>89.4±0.6<br>100.0±0.0 | 247.59<br>(220.51-<br>271.71) | *y=10*,24+0,*156x* | 4.732<br>(4)<br>n.s. |
| *Ae. aegypti* | 120<br>240<br>360<br>480<br>600 | 23.9±0.6<br>42.5±0.8<br>63.2±1.2<br>86.4±0.4<br>98.6±0.8 | 271.25<br>(244.83-<br>295.35) | *y=4*,93+0,*161x* | 3.502<br>(4)<br>n.s. |
| *Cx. quinquefasciatus* | 120<br>240<br>360<br>480<br>600 | 19.8±0.4<br>38.2±1.2<br>59.6±0.8<br>82.3±0.6<br>96.1±1.2 | 296.43<br>(270.37-<br>320.78) | *y=0*,19+0,*164x* | 1.372<br>(4)<br>n.s. |

[a] Os valores são a média±SD de cinco réplicas. Não foi observada mortalidade no controlo. DP = desvio padrão.

$LD_{50}$ = dose letal que mata 50% dos organismos expostos.

$LD_{90}$ = dose letal que mata 90% dos organismos expostos.

UCL= Limite superior de confiança a 95%. LCL= Limite de confiança inferior de 95%.

$\chi^2$ = qui-quadrado. *d.f.* = graus de liberdade. n.s. = não significativo (α=0,05).

**Tabela 25. Atividade adulticida de nanopartículas de prata sintetizadas com extrato de folhas de *Naregamia alata* contra *Anopheles stephensi, Aedes aegypti* e *Culex quinquefasciatus.***

| Espécies de mosquitos | Concentração (µg/ml) | Mortalidade (%)± DP[a] | $LD_{50}$ (µg/ml) (LCL-UCL) | Equação de regressão | $\chi^2$ (*d.f.*) |
|---|---|---|---|---|---|
| *An. Stephensi* | 15<br>30<br>45<br>60<br>75 | 26.4±1.2<br>48.2±0.8<br>65.1±0.6<br>88.3±0.4<br>100.0±0.0 | 31.60<br>(28.19-<br>34.65) | *y=9,41+1,249x* | 6.038<br>(4)<br>n.s. |
| *Ae. aegypti* | 15<br>30<br>45<br>60<br>75 | 23.7±0.4<br>45.3±0.8<br>60.1±1.2<br>83.5±0.6<br>98.2±0.8 | 34.31<br>(30.84-<br>37.46) | *y=6+1.248x* | 4.767<br>(4)<br>n.s. |
| *Cx. quinquefasciatus* | 15<br>30<br>45<br>60<br>75 | 19.6±0.6<br>41.8±0.4<br>56.3±1.2<br>78.1±0.8<br>96.4±0.6 | 37.52<br>(34.11-<br>40.69) | *y=1,47+1,266x* | 4.132<br>(4)<br>n.s. |

[a] Os valores são a média±SD de cinco réplicas. Não foi observada mortalidade no controlo. DP = desvio padrão.

$LD_{50}$ = dose letal que mata 50% dos organismos expostos.

$LD_{90}$ = dose letal que mata 90% dos organismos expostos.

UCL= Limite superior de confiança a 95%. LCL= Limite de confiança inferior de 95%.

$\chi^2$ = qui-quadrado. *d.f.* = graus de liberdade. n.s. = não significativo (α=0,05).

### 4.4.2.1 Atividade adulticida do extrato aquoso de folhas de *N. alata* contra mosquitos vectores

A atividade adulticida do extrato aquoso de folhas de *N. alata* contra *An. stephensi*, *Ae. aegypti* e *Cx. quinquefasciatus* é apresentada na tabela 24. Os resultados revelaram que o extrato aquoso de folhas teve uma atividade adulticida significativa com os valores $LD_{50}$ e $LD_{90}$ de 247,59, 271,25, 296,43 e 477,69, 508,78, 542,55 µg/mL, respetivamente.

### 4.4.2.2 Atividade adulticida das nanopartículas de prata sintetizadas contra os mosquitos vectores

A atividade adulticida das NPs de Ag sintetizadas contra *An. stephensi*, *Ae. aegypti* e *Cx. quinquefasciatus* é apresentada na tabela 25. Os resultados revelaram que as NPs Ag tiveram a atividade adulticida mais significativa com os valores $LD_{50}$ e $LD_{90}$ de 31,60, 34,31, 37,52 e 60,94, 65,89, 70,06µg/mL, respetivamente.

### 4.4.3 *Hedyotis puberula*

A resposta adulticida do extrato aquoso de folhas de *H. puberula* e das nanopartículas de prata sintetizadas contra os adultos das três espécies de mosquitos é apresentada nas tabelas 26 e 27.

#### 4.4.3.1 Atividade adulticida do extrato aquoso de folhas de *H. puberula* contra mosquitos vectores

A atividade adulticida do extrato aquoso de folhas de *H. puberula* contra *An. stephensi*, *Ae. aegypti* e *Cx. quinquefasciatus* é apresentada na tabela 26. Os resultados revelaram que o extrato aquoso de folhas teve uma atividade adulticida significativa com os valores $LD_{50}$ e $LD_{90}$ de 269,40, 295,65, 321,29 e 526,61, 554,42, 585,42 µg/mL, respetivamente.

**Tabela 26. Atividade adulticida do extrato aquoso de folhas de *Hedyotis puberula* contra *Anopheles stephensi, Aedes aegypti* e *Culex quinquefasciatus*.**

| Espécies de mosquitos | Concentração (µg/ml) | Mortalidade (%)± DP[a] | $LD_{50}$ (µg/ml) (LCL-UCL) | Equação de regressão | $\chi^2$ (*d.f.*) |
|---|---|---|---|---|---|
| *An. stephensi* | 130 | 28.4±1.2 | 269.40 | *y=10*,66+0,*142x* | 5.528 |
| | 260 | 46.6±0.8 | (239.27- | | (4) |
| | 390 | 67.3±0.6 | 296.15) | | n.s. |
| | 520 | 88.2±0.4 | | | |
| | 650 | 100.0±0.0 | | | |
| *Ae. aegypti* | 130 | 23.8±0.8 | 295.65 | *y=4*,77+0,*148x* | 4.734 |
| | 260 | 42.5±0.6 | (266.99- | | (4) |
| | 390 | 63.1±1.2 | 321.82) | | n.s. |
| | 520 | 84.6±0.4 | | | |
| | 650 | 99.2±0.6 | | | |
| *Cx. quinquefasciatus* | 130 | 20.5±0.4 | 321.29 | *y=-0*,12+0,*152x* | 2.703 |
| | 260 | 37.2±0.6 | (293.34- | | (4) |
| | 390 | 59.4±1.2 | 347.47) | | n.s. |
| | 520 | 81.6±0.8 | | | |
| | 650 | 97.1±0.6 | | | |

[a] Os valores são a média±SD de cinco réplicas. Não foi observada mortalidade no controlo. DP = desvio padrão.

$LD_{50}$ = dose letal que mata 50% dos organismos expostos.

$LD_{90}$ = dose letal que mata 90% dos organismos expostos.

UCL= Limite superior de confiança a 95%. LCL= Limite de confiança inferior de 95%.

$\chi^2$ = qui-quadrado. *d.f.* = graus de liberdade. n.s. = não significativo (α=0,05).

**Tabela 27. Atividade adulticida das nanopartículas de prata sintetizadas com extrato de folhas de *Hedyotis puberula* contra *Anopheles stephensi, Aedes aegypti* e *Culex quinquefasciatus.***

| Espécies de mosquitos | Concentração (μg/ml) | Mortalidade (%)± DP[a] | $LD_{50}$ (μg/ml) (LCL-UCL) | Equação de regressão | $\chi^2$ *(d.f.)* |
|---|---|---|---|---|---|
| *An. Stephensi* | 16 | 27.3±0.8 | 33.11 | $y=10{,}39+1{,}164x$ | 5.728 |
| | 32 | 48.5±0.6 | (29.46- | | (4) |
| | 48 | 66.2±1.2 | 36.35) | | n.s. |
| | 64 | 89.4±0.4 | | | |
| | 80 | 100.0±0.0 | | | |
| *Ae. aegypti* | 16 | 23.4±0.6 | 36.34 | $y=5{,}83+1{,}182x$ | 3.517 |
| | 32 | 44.8±1.2 | (32.69- | | (4) |
| | 48 | 62.1±0.8 | 39.66) | | n.s. |
| | 64 | 84.3±0.4 | | | |
| | 80 | 98.2±1.2 | | | |
| *Cx. quinquefasciatus* | 16 | 20.1±0.4 | 39.56 | $y=1{,}93+1{,}188x$ | 3.054 |
| | 32 | 41.6±0.6 | (35.93- | | (4) |
| | 48 | 57.4±0.8 | 42.93) | | n.s. |
| | 64 | 79.5±1.2 | | | |
| | 80 | 96.2±0.6 | | | |

[a] Os valores são a média±SD de cinco réplicas. Não foi observada mortalidade no controlo. DP = desvio padrão.

$LD_{50}$ = dose letal que mata 50% dos organismos expostos.

$LD_{90}$ = dose letal que mata 90% dos organismos expostos.

UCL= Limite superior de confiança a 95%. LCL= Limite de confiança inferior de 95%.

$\chi^2$ = qui-quadrado. *d.f.* = graus de liberdade. n.s. = não significativo ($\alpha$=0,05).

### 4.4.3.2 Atividade adulticida das nanopartículas de prata sintetizadas contra os mosquitos vectores

A atividade adulticida das NPs de Ag sintetizadas contra *An. stephensi*, *Ae. aegypti* e *Cx. quinquefasciatus* é apresentada na tabela 27. Os resultados revelaram que as NPs de Ag tiveram a atividade adulticida mais significativa com os valores $LD_{50}$ e $LD_{90}$ de 33,11, 36,34, 39,56 e 64,17, 69,35, 74,08 μg/mL, respetivamente.

### 4.4.4 *Aglaia elaeagnoidea*

A resposta adulticida do extrato *aquoso* da folha de *A. elaeagnoide* e das nanopartículas de prata sintetizadas contra os adultos das três espécies de mosquitos é apresentada na tabela 28 e 29.

### 4.4.4.1 Atividade adulticida do extrato aquoso de folhas de *A. elaeagnoide* contra mosquitos vectores

A atividade adulticida do extrato *aquoso* de folhas de *A. elaeagnoide* contra *An. stephensi*, *Ae. aegypti* e *Cx. quinquefasciatus* é apresentada na tabela 28. Os resultados revelaram que o extrato aquoso de folhas teve uma atividade adulticida significativa com os valores $LD_{50}$ e $LD_{90}$ de 285,48, 312,93, 343,96 e 569,66, 612,39, 648,16 µg/mL, respetivamente.

#### 4.4.4.2 Atividade adulticida das nanopartículas de prata sintetizadas contra os mosquitos vectores

A atividade adulticida das NPs de Ag sintetizadas contra *An. stephensi*, *Ae. aegypti* e *Cx. quinquefasciatus* é apresentada na tabela 29. Os resultados revelaram que as NPs de Ag tiveram a atividade adulticida mais significativa com os valores $LD_{50}$ e $LD_{90}$ de 37,52, 40,74, 44,55 e 73,46, 76,99, 81,25 µg/mL, respetivamente.

### 4.4.5 *Ventilago madrasapatna*

A resposta adulticida do extrato aquoso da folha de *V. madrasapatna* e das nanopartículas de prata sintetizadas contra os adultos das três espécies de mosquitos é apresentada nas tabelas 30 e 31.

**Tabela 28. Atividade adulticida do extrato aquoso de folhas de *Aglaia elaeagnoidea* contra *Anopheles stephensi, Aedes aegypti* e *Culex quinquefasciatus*.**

| Espécies de mosquitos | Concentração (µg/ml) | Mortalidade (%)± DP[a] | $LD_{50}$ (µg/ml) (LCL-UCL) | Equação de regressão | $\chi^2$ (*d.f.*) |
|---|---|---|---|---|---|
| *An. stephensi* | 140<br>280<br>420<br>560<br>700 | 29.6±1.2<br>47.2±0.8<br>68.4±0.4<br>87.3±0.6<br>100.0±0.0 | 285.48<br>(251.84-<br>315.05) | *y=12,23+0,129x* | 5.509<br>(4)<br>n.s. |
| *Ae. aegypti* | 140<br>280<br>420<br>560<br>700 | 25.3±0.8<br>43.9±1.2<br>65.4±0.6<br>82.1±0.4<br>98.2±0.8 | 312.93<br>(279.50-<br>342.92) | *y=7,78+0,131x* | 3.518<br>(4)<br>n.s. |
| *Cx. quinquefasciatus* | 140<br>280<br>420<br>560<br>700 | 21.6±0.6<br>39.1±0.4<br>60.4±1.2<br>78.3±0.8<br>96.5±0.4 | 343.96<br>(311.88-<br>373.68) | *y=2,48+0,135x* | 2.960<br>(4)<br>n.s. |

[a] Os valores são a média±SD de cinco réplicas. Não foi observada mortalidade no controlo.
DP = desvio padrão.
$LD_{50}$ = dose letal que mata 50% dos organismos expostos.
$LD_{90}$ = dose letal que mata 90% dos organismos expostos.
UCL= Limite superior de confiança a 95%. LCL= Limite de confiança inferior de 95%.
$\chi^2$ = qui-quadrado. *d.f.* = graus de liberdade. n.s. = não significativo (α=0,05).

**Tabela 29. Atividade adulticida de nanopartículas de prata sintetizadas com extrato de folhas de *Aglaia elaeagnoidea* contra *Anopheles stephensi, Aedes aegypti* e *Culex quinquefasciatus.***

| Espécies de mosquitos | Concentração (µg/ml) | Mortalidade (%)± DP[a] | $LD_{50}$ (µg/ml) (LCL-UCL) | Equação de regressão | $\chi^2$ (*d.f.*) |
|---|---|---|---|---|---|
| *An. stephensi* | 18<br>36<br>54<br>72<br>90 | 27.4±0.8<br>48.1±1.2<br>66.5±0.4<br>87.3±0.6<br>100.0±0.0 | 37.52 (33.33-41.25) | *y=10,54+1,024x* | 5.591 (4) n.s. |
| *Ae. aegypti* | 18<br>36<br>54<br>72<br>90 | 23.7±0.6<br>44.3±0.8<br>62.2±1.2<br>84.6±0.4<br>99.1±0.8 | 40.74 (36.72-44.40) | *y=5,45+1,062x* | 4.927 (4) n.s. |
| *Cx. quinquefasciatus* | 18<br>36<br>54<br>72<br>90 | 19.6±1.2<br>40.2±0.8<br>57.3±0.6<br>80.5±0.4<br>97.8±1.2 | 44.55 (40.67-48.18) | *y=0,07+1,093x* | 4.462 (4) n.s. |

[a] Os valores são a média±SD de cinco réplicas. Não foi observada mortalidade no controlo. DP = desvio padrão.

$LD_{50}$ = dose letal que mata 50% dos organismos expostos.

$LD_{90}$ = dose letal que mata 90% dos organismos expostos.

UCL= Limite superior de confiança a 95%. LCL= Limite de confiança inferior de 95%.

$\chi^2$ = qui-quadrado. *d.f.* = graus de liberdade. n.s. = não significativo (α=0,05).

### 4.4.5.1 Atividade adulticida do extrato aquoso de folhas de *V. madrasapatna* contra mosquitos vectores

A atividade adulticida do extrato aquoso de folhas de *V. madrasapatna* contra *An. stephensi*, *Ae. aegypti* e *Cx. quinquefasciatus* é apresentada na tabela 30. Os resultados revelaram que o extrato aquoso da folha teve uma atividade adulticida significativa com os valores $LD_{50}$ e $LD_{90}$ de 307,24, 334,46, 363,82 e 600,45, 644,34, 681,56 µg/mL, respetivamente.

### 4.4.5.2 Atividade adulticida das nanopartículas de prata sintetizadas contra os mosquitos vectores

A atividade adulticida das NPs de Ag sintetizadas contra *An. stephensi*, *Ae. aegypti* e *Cx. quinquefasciatus* é apresentada na tabela 31. Os resultados revelaram que as NPs Ag tiveram a atividade adulticida mais significativa com os valores $LD_{50}$ e $LD_{90}$ de 41,19, 44,85, 48,94 e 80,39, 85,79, 90,99 µg/mL, respetivamente.

## 4.5 Biotoxicidade de organismos não visados

Em condições laboratoriais, a biotoxicidade do extrato aquoso de folhas de cinco plantas (*M. emarginata*, *N. alata*, *H. puberula*, *A. elaeagnoidea* e *V. madrasapatna*) e das nanopartículas de prata sintetizadas foi avaliada em três importantes predadores de mosquitos, *nomeadamente A. bouvieri*, *D. indicus* e *G. affinis*, e os resultados são apresentados nos quadros 32 a 46.

### 4.5.1 *Merremia emerginata*

A biotoxicidade do extrato aquoso da folha de *M. emarginata* e das nanopartículas de prata sintetizadas contra vários organismos não visados que partilham o mesmo nicho ecológico dos mosquitos vectores *Anopheles*, *Aedes* e *Culex* é apresentada nos quadros 32 e 33.

**Tabela 30. Atividade adulticida do extrato aquoso de folhas de *Ventilago madrasapatna* contra *Anopheles stephensi, Aedes aegypti* e *Culex quinquefasciatus*.**

| Espécies de mosquitos | Concentração (µg/ml) | Mortalidade (%)± DP[a] | $LD_{50}$ (µg/ml) (LCL-UCL) | Equação de regressão | $\chi^2$ *(d.f.)* |
|---|---|---|---|---|---|
| *An. Stephensi* | 150<br>300<br>450<br>600<br>750 | 28.6±0.8<br>46.2±1.2<br>69.8±0.6<br>88.4±0.4<br>100.0±0.0 | 307.24 (272.59-337.93) | *y=11,*1+0,*123x* | 4.766 (4) n.s. |
| *Ae. Aegypti* | 150<br>300<br>450<br>600<br>750 | 25.4±0.6<br>42.8±0.4<br>65.3±1.2<br>84.2±0.8<br>98.5±0.6 | 334.46 (299.80-365.73) | *y=6,96+0,125x* | 3.392 (4) n.s. |
| *Cx. quinquefasciatus* | 150<br>300<br>450<br>600<br>750 | 21.9±0.8<br>38.3±1.2<br>62.6±0.6<br>79.2±0.4<br>97.1±0.8 | 363.82 (330.00-395.11) | *y=2,43+0,128x* | 3.210 (4) n.s. |

[a] Os valores são a média±SD de cinco réplicas. Não foi observada mortalidade no controlo. DP = desvio padrão.

$LD_{50}$ = dose letal que mata 50% dos organismos expostos.

$LD_{90}$ = dose letal que mata 90% dos organismos expostos.

UCL= Limite superior de confiança a 95%. LCL= Limite de confiança inferior de 95%.

$\chi^2$ = qui-quadrado. *d.f.* = graus de liberdade. n.s. = não significativo (α=0,05).

**Tabela 31. Atividade adulticida de nanopartículas de prata sintetizadas com extrato de folhas de *Ventilago madrasapatna* contra *Anopheles stephensi, Aedes aegypti* e *Culex quinquefasciatus.***

| Espécies de mosquitos | Concentração (µg/ml) | Mortalidade (%)± DP[a] | $LD_{50}$ (µg/ml) (LCL-UCL) | Equação de regressão | $\chi^2$ (*d.f.*) |
|---|---|---|---|---|---|
| *An. Stephensi* | 20 | 28.9±0.6 | 41.19 | *y=10,83+0,926x* | 5.744 |
| | 40 | 46.3±0.4 | (36.58-45.28) | | (4) |
| | 60 | 67.4±1.2 | | | n.s. |
| | 80 | 89.2±0.6 | | | |
| | 100 | 100.0±0.0 | | | |
| *Ae. Aegypti* | 20 | 25.6±1.2 | 44.85 | *y=6,44+0,943x* | 5.573 |
| | 40 | 42.9±0.8 | (40.29-48.98) | | (4) |
| | 60 | 63.2±0.6 | | | n.s. |
| | 80 | 84.1±0.4 | | | |
| | 100 | 99.3±0.8 | | | |
| *Cx. quinquefasciatus* | 20 | 21.8±0.6 | 48.94 | *y=1,63+0,964x* | 3.298 |
| | 40 | 38.5±0.4 | (44.49-53.08) | | (4) |
| | 60 | 59.2±1.2 | | | n.s. |
| | 80 | 80.6±0.8 | | | |
| | 100 | 97.1±0.4 | | | |

[a] Os valores são a média±SD de cinco réplicas. Não foi observada mortalidade no controlo.
DP = desvio padrão.
$LD_{50}$ = dose letal que mata 50% dos organismos expostos.
$LD_{90}$ = dose letal que mata 90% dos organismos expostos.
UCL= Limite superior de confiança a 95%. LCL= Limite de confiança inferior de 95%.
$\chi^2$ = qui-quadrado. *d.f.* = graus de liberdade. n.s. = não significativo (α=0,05).

**Tabela 32. Biotoxicidade do extrato aquoso de folhas de *Merremia emarginata* contra vários organismos não visados que partilham o mesmo nicho ecológico dos mosquitos vectores *Anopheles, Aedes* e *Culex.***

| Organismo não visado | Concentração (µg/ml) | Mortalidade (%)± DP[a] | $LC_{50}$ (µg/ml) (LCL-UCL) | Equação de regressão | $\chi^2$ (*d.f.*) |
|---|---|---|---|---|---|
| *A.bouvieri* | 4000 | 27.5±0.6 | 8317.45 | y= 10,47+0,*005x* | 5.929 |
| | 8000 | 48.3±0.4 | (7392.91- | | (4) |
| | 12000 | 65.8±1.2 | 9138.72) | | n.s. |
| | 16000 | 88.4±0.8 | | | |
| | 20000 | 100.0±0.0 | | | |
| *D.indicus* | 6000 | 25.3±1.2 | 13081.08 | *y=* 9,6+0,*003x* | 1.841 |
| | 12000 | 47.8±0.8 | (11599.57- | | (4) |
| | 18000 | 63.4±0.6 | 14395.18) | | n.s. |
| | 24000 | 86.2±0.4 | | | |
| | 30000 | 96.5±0.8 | | | |
| *G.affinis* | 12000 | 27.9±0.6 | 25153.46 | *y=* 10,57+0,*002x* | 5.668 |
| | 24000 | 46.3±0.4 | (22314.96- | | (4) |
| | 36000 | 68.2±1.2 | 27668.87) | | n.s. |
| | 48000 | 85.4±0.8 | | | |
| | 60000 | 100.0±0.0 | | | |

[a] Os valores são a média±SD de cinco réplicas. Não foi observada mortalidade no controlo.
DP = desvio padrão.
$LD_{50}$ = dose letal que mata 50% dos organismos expostos.
$LD_{90}$ = dose letal que mata 90% dos organismos expostos.
UCL= Limite superior de confiança a 95%. LCL= Limite de confiança inferior de 95%.
$\chi^2$ = qui-quadrado. *d.f.* = graus de liberdade. n.s. = não significativo (α=0,05).

**Quadro 33 Biotoxicidade de nanopartículas de prata sintetizadas em verde utilizando o extrato de folhas de *Merremia emarginata* contra vários organismos não visados que partilham o mesmo nicho ecológico de vectores de mosquitos *Anopheles, Aedes* e *Culex*.**

| Organismo não visado | Concentração (µg/ml) | Mortalidade (%)± DP[a] | $LC_{50}$ (µg/ml) (LCL-UCL) | Equação de regressão | $\chi^2$ *(d.f.)* |
|---|---|---|---|---|---|
| *A.bouvieri* | 200<br>400<br>600<br>800<br>1000 | 28.6±0.8<br>45.3±0.6<br>67.9±1.2<br>88.4±0.4<br>100.0±0.0 | 415.61 (369.71-456.46) | $y$= 10,27+0,*093x* | 5.571(4) n.s. |
| *D.indicus* | 300<br>600<br>900<br>1200<br>1500 | 27.5±1.2<br>48.3±0.8<br>64.7±0.6<br>86.4±1.2<br>98.2±0.4 | 633.51 (559.29-698.87) | $y$= 11,17+0,*06x* | 3.249(4) n.s. |
| *G.affinis* | 500<br>1000<br>1500<br>2000<br>2500 | 25.9±0.6<br>47.3±0.8<br>66.5±1.2<br>88.4±0.4<br>100.0±0.0 | 1056.04 (944.44-1156.09) | $y$= 8,83+0,*038x* | 5.117(4) n.s. |

[a] Os valores são a média±SD de cinco réplicas. Não foi observada mortalidade no controlo. DP = desvio padrão.

$LD_{50}$ = dose letal que mata 50% dos organismos expostos.

$LD_{90}$ = dose letal que mata 90% dos organismos expostos.

UCL= Limite superior de confiança a 95%. LCL= Limite de confiança inferior de 95%.

$\chi^2$ = qui-quadrado. *d.f.* = graus de liberdade. n.s. = não significativo (α=0,05).

### 4.5.1.1 Biotoxicidade do extrato aquoso de folhas de *M. emarginata* e das NPs de Ag contra organismos não visados

A biotoxicidade do extrato aquoso de folhas de *M. emarginata* e das NPs de Ag sintetizadas a verde foi avaliada em organismos não visados *A. bouvieri*, *D. indicus* e *G. affinis* e é apresentada nas tabelas 32 e 33. Os tratamentos de toxicidade alcançaram uma toxicidade negligenciável contra *A. bouvieri*, *D. indicus* e *G. affinis* com valores de $CL_{50}$ variando de 8317,45 a 1056,04 µg/mL, respetivamente. As observações focais destacaram que a longevidade e a atividade de natação das espécies em estudo não foram alteradas durante uma semana após o teste. Significativamente, foi elucidado que as Ag NPs sintetizadas em verde mostraram pouca ou nenhuma toxicidade contra vários predadores de mosquitos aquáticos.

### 4.5.1.2 Índice de adequação (SI)

O índice de adequação de diferentes organismos não-alvo sobre instares jovens de *An. stephensi*, *Ae. aegypti* e *Cx. quinquefasciatus* expostos ao extrato aquoso de folhas de *M. emarginata* e a nanopartículas de prata sintetizadas a verde é apresentado na tabela 34. O SI indicou que o extrato aquoso de folhas de *M. emarginata* e as NPs de Ag sintetizadas foram menos tóxicos para os organismos não visados testados, em comparação com as populações de larvas de mosquitos visadas.

### 4.5.2 *Naregamia alata*

A biotoxicidade do extrato aquoso da folha de *N. alata* e das nanopartículas de prata sintetizadas contra vários organismos não visados que partilham o mesmo nicho ecológico dos mosquitos vectores *Anopheles*, *Aedes* e *Culex* é apresentada nas tabelas 35 e 36.

**Tabela 34. Índice de adequação de diferentes organismos não visados em instares jovens de *Anopheles stephensi, Aedes aegypti* e *Culex quinquefasciatus* expostos ao extrato aquoso de folhas de *Merremia emarginata* e a nanopartículas de prata de síntese verde.**

| Tratamento | Organismo não visado | *An.stephensi* | *Ae.aegypti* | *Cx.quinquefasciatus* |
|---|---|---|---|---|
| Extrato aquoso de folhas | *A.bouvieri* | 56.61 | 52.68 | 49.14 |
| | *D.indicus* | 89.04 | 82.85 | 77.29 |
| | *G.affinis* | 171.21 | 159.33 | 148.62 |
| Nanopartículas de prata | *A.bouvieri* | 49.71 | 45.14 | 41.47 |
| | *D.indicus* | 75.77 | 68.80 | 63.22 |
| | *G.affinis* | 126.32 | 114.69 | 105.39 |

#### 4.5.2.1 Biotoxicidade do extrato aquoso de folhas de *N. alata* e das NPs de Ag contra organismos não visados

A biotoxicidade do extrato aquoso de folhas de *N. alata* e das NPs de Ag sintetizadas em verde foi avaliada em organismos não visados *A. bouvieri*, *D. indicus* e *G. affinis* e é apresentada nas tabelas 35 e 36. Os tratamentos de toxicidade alcançaram uma toxicidade negligenciável contra *A. bouvieri*, *D. indicus* e *G. affinis* com valores $LC_{50}$ que variam de 10409,26 a 2111,34 µg/mL, respetivamente. As observações focais destacaram que a longevidade e a atividade de natação das espécies em estudo não foram alteradas durante uma semana após o teste. Significativamente, foi elucidado que as Ag NPs sintetizadas em verde mostraram pouca ou nenhuma toxicidade contra vários predadores de mosquitos aquáticos.

**Tabela 35. Biotoxicidade do extrato aquoso de folhas de *Naregamia alata* contra vários organismos não visados que partilham o mesmo nicho ecológico de vectores de mosquitos *Anopheles, Aedes* e *Culex.***

| **Organismo não visado** | **Concentração (µg/ml)** | **Mortalidade (%)± DP[a]** | **$LC_{50}$ (µg/ml) (LCL-UCL)** | **Equação de regressão** | $\chi^2$ *(d.f.)* |
|---|---|---|---|---|---|
| *A.bouvieri* | 5000<br>10000<br>15000<br>20000<br>25000 | 28.3±1.2<br>46.4±0.8<br>67.2±0.6<br>87.6±0.4<br>100.0±0.0 | 10409.26 (9246.17-11441.93) | *y=10*,52+0,*00 4x* | 5.593(4) n.s. |
| *D.indicus* | 7000<br>14000<br>21000<br>28000<br>35000 | 26.9±0.6<br>48.3±1.2<br>65.4±0.8<br>88.6±0.6<br>100.0±0.0 | 14644.29 (13046.01-16068.81) | *y=9*,89+0,*003 x* | 6.010(4) n.s. |
| *G.affinis* | 14000<br>28000<br>42000<br>56000<br>70000 | 27.4±0.4<br>46.2±0.6<br>65.7±1.2<br>87.3±0.8<br>100.0±0.0 | 29633.74 (26419.26-32504.24) | *y=9*,43+0,*001 x* | 5.991(4) n.s. |

[a] Os valores são a média±SD de cinco réplicas. Não foi observada mortalidade no controlo. DP = desvio padrão.

$LD_{50}$ = dose letal que mata 50% dos organismos expostos.

$LD_{90}$ = dose letal que mata 90% dos organismos expostos.

UCL= Limite superior de confiança a 95%. LCL= Limite de confiança inferior de 95%.

$\chi^2$ = qui-quadrado. *d.f.* = graus de liberdade. n.s. = não significativo (α=0,05).

**Tabela 36. Biotoxicidade das nanopartículas de prata sintetizadas a verde utilizando o extrato de folhas de *Naregamia alata* contra vários organismos não visados que partilham o mesmo nicho ecológico dos mosquitos *Anopheles, Aedes* e *Culex*.**

| Organismo não visado | Concentração (µg/ml) | Mortalidade (%)± DP[a] | $LC_{50}$ (µg/ml) (LCL-UCL) | Equação de regressão | $\chi^2$ *(d.f.)* |
|---|---|---|---|---|---|
| *A.bouvieri* | 300<br>600<br>900<br>1200<br>1500 | 26.5±0.4<br>48.2±1.2<br>65.7±0.6<br>88.4±0.8<br>100.0±0.0 | 629.58<br>(561.45-<br>690.39) | $y=9,6+0,062x$ | 5.722(4)<br>n.s. |
| *D.indicus* | 500<br>1000<br>1500<br>2000<br>2500 | 27.4±0.4<br>43.8±0.6<br>67.3±1.2<br>89.2±0.8<br>100.0±0.0 | 1058.31<br>(948.12-<br>1157.48) | $y=8,36+0,038x$ | 5.692(4)<br>n.s. |
| *G.affinis* | 1000<br>2000<br>3000<br>4000<br>5000 | 25.7±0.6<br>48.5±0.8<br>66.3±1.2<br>87.2±0.4<br>100.0±0.0 | 2111.34<br>(1883.65-<br>2314.64) | $y=9,35+0,019x$ | 5.376(4)<br>n.s. |

[a] Os valores são a média±SD de cinco réplicas. Não foi observada mortalidade no controlo. DP = desvio padrão.

$LD_{50}$ = dose letal que mata 50% dos organismos expostos.

$LD_{90}$ = dose letal que mata 90% dos organismos expostos.

UCL= Limite superior de confiança a 95%. LCL= Limite de confiança inferior de 95%.

$\chi^2$ = qui-quadrado. *d.f.* = graus de liberdade. n.s. = não significativo (α=0,05).

### 4.5.2.2 Índice de aptidão (SI)

O índice de adequação de diferentes organismos não-alvo sobre instares jovens de *An. stephensi*, *Ae. aegypti* e *Cx. quinquefasciatus* expostos ao extrato *aquoso* de folhas de *N. alata* e a nanopartículas de prata sintetizadas a verde é apresentado na tabela 37. O SI indicou que o extrato aquoso de folhas de *N. alata* e as NPs de Ag sintetizadas foram menos tóxicos para os organismos não visados testados, em comparação com as populações de larvas de mosquitos visadas.

**Tabela 37. Índice de aptidão de diferentes organismos não visados em instares jovens de *Anopheles stephensi, Aedes aegypti* e *Culex quinquefasciatus* expostos ao extrato aquoso de folhas de *Naregamia alata* e a nanopartículas de prata de síntese verde.**

| Tratamento | Organismo não visado | *An.stephensi* | *Ae.aegypti* | *Cx.quinquefasciatus* |
|---|---|---|---|---|
| Extrato aquoso de folhas | *A.bouvieri* | 63.02 | 58.09 | 52.97 |
| | *D.indicus* | 88.67 | 81.73 | 74.53 |
| | *G.affinis* | 179.43 | 165.39 | 150.82 |
| Nanopartículas de prata | *A.bouvieri* | 50.77 | 46.39 | 42.42 |
| | *D.indicus* | 85.34 | 77.98 | 71.31 |
| | *G.affinis* | 170.26 | 155.58 | 142.27 |

### 4.5.3 *Hedyotis puberula*

A biotoxicidade do extrato aquoso da folha de *H. puberula* e das nanopartículas de prata sintetizadas contra vários organismos não visados que partilham o mesmo nicho ecológico dos mosquitos vectores *Anopheles*, *Aedes* e *Culex* é apresentada nos quadros 38 a 40.

#### 4.5.3.1 Biotoxicidade do extrato aquoso de folhas de *H. puberula* e das NPs de Ag contra organismos não visados

A biotoxicidade do extrato aquoso de folhas de *H. puberula* e das NPs de Ag sintetizadas a verde foi avaliada em organismos não visados *A. bouvieri*, *D. indicus* e *G. affinis* e é apresentada na tabela 38 e 39. Os tratamentos de toxicidade alcançaram uma toxicidade negligenciável contra *A. bouvieri*, *D. indicus* e *G. affinis* com valores $LC_{50}$ que variam de 12364,98 a 2704,29 µg/mL, respetivamente. As observações focais destacaram que a longevidade e a atividade de natação das espécies em estudo não foram alteradas durante uma semana após o teste. Significativamente, foi elucidado que as Ag NPs sintetizadas em verde mostraram pouca ou nenhuma toxicidade contra vários predadores de mosquitos aquáticos.

#### 4.5.3.2 Índice de adequação (SI)

O índice de adequação de três organismos não-alvo sobre instares jovens de *An. stephensi*, *Ae. aegypti* e *Cx. quinquefasciatus* expostos ao extrato *aquoso* de folhas de *H. puberulaa* e a nanopartículas de prata sintetizadas a verde é apresentado na tabela 40. O SI indicou que o extrato *aquoso* de folhas de *H. puberulaa* e as NPs de Ag sintetizadas foram menos tóxicos para os organismos não visados testados, em comparação com as populações de larvas de mosquitos visadas.

**Tabela 38. Biotoxicidade do extrato aquoso de folhas de *Hedyotis puberula* contra vários organismos não visados que partilham o mesmo nicho ecológico de vectores de mosquitos *Anopheles, Aedes* e *Culex*.**

| Organismo não visado | Concentração (μg/ml) | Mortalidade (%)± DP[a] | $LC_{50}$ (μg/ml) (LCL-UCL) | Equação de regressão | $\chi^2$ *(d.f.)* |
|---|---|---|---|---|---|
| *A.bouvieri* | 6000<br>12000<br>18000<br>24000<br>30000 | 29.6±1.2<br>45.8±0.8<br>67.4±0.6<br>88.2±0.4<br>100.0±0.0 | 12364.98 (10955.09-13612.47) | *y=11*,24+0,*003x* | 6.068(4) n.s. |
| *D.indicus* | 9000<br>18000<br>27000<br>36000<br>45000 | 27.2±0.8<br>48.3±1.2<br>66.9±0.6<br>87.1±0.4<br>100.0±0.0 | 18747.76 (16647.76-20610.21) | *y=10*,58+0,*002x* | 5.406(4) n.s. |
| *G.affinis* | 16000<br>32000<br>48000<br>64000<br>80000 | 26.4±0.4<br>47.2±0.8<br>68.9±1.2<br>86.3±0.6<br>100.0±0.0 | 33552.24 (29871.31-36828.76) | *y=9*,87+0,*001x* | 4.805(4) n.s. |

[a] Os valores são a média±SD de cinco réplicas. Não foi observada mortalidade no controlo.

DP = desvio padrão.

$LD_{50}$ = dose letal que mata 50% dos organismos expostos.

$LD_{90}$ = dose letal que mata 90% dos organismos expostos.

UCL= Limite superior de confiança a 95%. LCL= Limite de confiança inferior de 95%.

$\chi^2$ = qui-quadrado. *d.f.* = graus de liberdade. n.s. = não significativo (α=0,05).

**Tabela 39. Biotoxicidade das nanopartículas de prata sintetizadas a verde utilizando o extrato de folhas de *Hedyotis puberula* contra vários organismos não visados que partilham o mesmo nicho ecológico dos mosquitos *Anopheles, Aedes* e *Culex*.**

| Organismo não visado | Concentração (μg/ml) | Mortalidade (%)± DP[a] | $LC_{50}$ (μg/ml) (LCL-UCL) | Equação de regressão | $\chi^2$ *(d.f.)* |
|---|---|---|---|---|---|
| *A.bouvieri* | 500<br>1000<br>1500<br>2000<br>2500 | 26.4±1.2<br>48.2±0.8<br>66.5±0.6<br>87.9±0.4<br>100.0±0.0 | 1048.08 (934.09-1149.72) | *y=9*,73+0,*037x* | 5.303(4) n.s. |
| *D.indicus* | 800<br>1600<br>2400<br>3200<br>4000 | 28.5±0.6<br>45.8±0.8<br>67.3±1.2<br>89.2±0.6<br>100.0±0.0 | 1658.82 (1476.45-1821.24) | *y=10*,24+0,*023x* | 5.722(4) n.s. |
| *G.affinis* | 1300<br>2600<br>3900<br>5200<br>6500 | 29.3±0.8<br>46.9±1.2<br>65.1±0.6<br>87.4±0.4<br>100.0±0.0 | 2704.29 (2394.52-2978.18) | *y=11*,17+0,*014x* | 6.906(4) n.s. |

[a] Os valores são a média±SD de cinco réplicas. Não foi observada mortalidade no controlo.

DP = desvio padrão.

$LD_{50}$ = dose letal que mata 50% dos organismos expostos.

$LD_{90}$ = dose letal que mata 90% dos organismos expostos.

UCL= Limite superior de confiança a 95%. LCL= Limite de confiança inferior de 95%.

$\chi^2$ = qui-quadrado. *d.f.* = graus de liberdade. n.s. = não significativo ($\alpha$=0,05).

**Tabela 40. Índice de adequação de diferentes organismos não-alvo sobre instares jovens de *Anopheles stephensi, Aedes aegypti* e *Culex quinquefasciatus* expostos ao extrato aquoso de folhas de *Hedyotis puberula* e a nanopartículas de prata de síntese verde.**

| Tratamento | Organismo não visado | *An.stephensi* | *Ae.aegypti* | *Cx.quinquefasciatus* |
|---|---|---|---|---|
| Extrato aquoso de folhas | *A.bouvieri* | 67.69 | 62.09 | 56.80 |
| | *D.indicus* | 102.63 | 94.14 | 86.12 |
| | *G.affinis* | 183.67 | 168.48 | 154.14 |
| Nanopartículas de prata | *A.bouvieri* | 63.21 | 58.06 | 53.69 |
| | *D.indicus* | 100.04 | 91.90 | 84.98 |
| | *G.affinis* | 163.10 | 149.82 | 138.53 |

### 4.5.4 *Aglaia elaeagnoidea*

A biotoxicidade do extrato aquoso da folha de *A. elaeagnoidea* e das nanopartículas de prata sintetizadas contra vários organismos não visados que partilham o mesmo nicho ecológico dos mosquitos vectores *Anopheles*, *Aedes* e *Culex* é apresentada nos quadros 41 a 43.

#### 4.5.4.1 Biotoxicidade do extrato *aquoso* de folhas de *A. elaeagnoide* e das NPs de Ag contra organismos não visados

A biotoxicidade do extrato aquoso da folha de *A. elaeagnoidea* e das NPs de Ag sintetizadas em verde foi avaliada no organismo não-alvo *A. bouvieri*, *D. indicus* e *G. affinis* e é apresentada nas tabelas 41 e 42. Os tratamentos de toxicidade alcançaram uma toxicidade negligenciável contra *A. bouvieri*, *D. indicus* e *G. affinis* com valores de $LC_{50}$ variando de 14654,69 a 3342,23µg/mL, respetivamente. As observações focais destacaram que a longevidade e a atividade de natação das espécies em estudo não foram alteradas durante uma semana após o teste. Significativamente, foi elucidado que as Ag NPs sintetizadas em verde mostraram pouca ou nenhuma toxicidade contra vários predadores de mosquitos aquáticos.

**Tabela 41. Biotoxicidade do extrato aquoso de folhas de *Aglaia elaeagnoidea* contra vários organismos não visados que partilham o mesmo nicho ecológico de vectores de mosquitos *Anopheles, Aedes* e *Culex.***

| Organismo não visado | Concentração (μg/ml) | Mortalidade (%)± DP[a] | $LC_{50}$ (μg/ml) (LCL-UCL) | Equação de regressão | $\chi^2$ *(d.f.)* |
|---|---|---|---|---|---|
| *A.bouvieri* | 7000<br>14000<br>21000<br>28000<br>35000 | 27.5±0.6<br>45.9±1.2<br>68.2±0.8<br>87.4±0.4<br>100.0±0.0 | 14654.69<br>(13051.59-<br>16083.37) | *y=9,85+0,003x* | 5.069(4)<br>n.s. |
| *D.indicus* | 10000<br>20000<br>30000<br>40000<br>50000 | 26.7±0.8<br>48.1±0.4<br>65.3±1.2<br>89.6±0.4<br>100.0±0.0 | 20915.77<br>(18669.86-<br>22923.53) | *y=9,51+0,002x* | 6.130(4)<br>n.s. |
| *G.affinis* | 18000<br>36000<br>54000<br>72000<br>90000 | 28.2±0.4<br>46.7±0.6<br>68.3±0.8<br>87.5±1.2<br>100.0±0.0 | 37254.45<br>(33060.53-<br>40971.79) | *y=10,82+0,001x* | 5.136(4)<br>n.s. |

[a] Os valores são a média±SD de cinco réplicas. Não foi observada mortalidade no controlo. DP = desvio padrão.

$LD_{50}$ = dose letal que mata 50% dos organismos expostos.

$LD_{90}$ = dose letal que mata 90% dos organismos expostos.

UCL= Limite superior de confiança a 95%. LCL= Limite de confiança inferior de 95%.

$\chi^2$ = qui-quadrado. *d.f.* = graus de liberdade. n.s. = não significativo (α=0,05).

**Tabela 42. Biotoxicidade de nanopartículas de prata sintetizadas a verde utilizando o extrato de folhas de *Aglaia elaeagnoidea* contra vários organismos não visados que partilham o mesmo nicho ecológico de vectores de mosquitos *Anopheles, Aedes* e *Culex.***

| Organismo não visado | Concentração (µg/ml) | Mortalidade (%)± DP[a] | $LC_{50}$ (µg/ml) (LCL-UCL) | Equação de regressão | $\chi^2$ *(d.f.)* |
|---|---|---|---|---|---|
| *A.bouvieri* | 600<br>1200<br>1800<br>2400<br>3000 | 27.6±0.4<br>46.9±0.6<br>67.5±1.2<br>88.3±0.8<br>100.0±0.0 | 1247.71<br>(1110.33-<br>1369.97) | *y=10,2+0,031x* | 5.150(4)<br>n.s. |
| *D.indicus* | 900<br>1800<br>2700<br>3600<br>4500 | 25.3±1.2<br>47.9±0.8<br>68.2±0.6<br>87.4±0.4<br>100.0±0.0 | 1895.03<br>(1693.02-<br>2075.74) | *y=9,09+0,021x* | 4.483(4)<br>n.s. |
| *G.affinis* | 1600<br>3200<br>4800<br>6400<br>8000 | 28.5±0.6<br>46.9±1.2<br>64.3±0.8<br>89.2±0.4<br>100.0±0.0 | 3342.23<br>(2973.66-<br>3670.37) | *y=10,19+0,01*<br>*2x* | 7.321(4)<br>n.s. |

[a] Os valores são a média±SD de cinco réplicas. Não foi observada mortalidade no controlo. DP = desvio padrão.

$LD_{50}$ = dose letal que mata 50% dos organismos expostos.

$LD_{90}$ = dose letal que mata 90% dos organismos expostos.

UCL= Limite superior de confiança a 95%. LCL= Limite de confiança inferior de 95%.

$\chi^2$ = qui-quadrado. *d.f.* = graus de liberdade. n.s. = não significativo (α=0,05).

### 4.5.4.2 Índice de adequação (SI)

O índice de adequação de diferentes organismos não-alvo sobre instares jovens de *An. stephensi*, *Ae. aegypti* e *Cx. quinquefasciatus* expostos ao extrato *aquoso* de folhas de *A. elaeagnoide* e a nanopartículas de prata sintetizadas a verde é apresentado na tabela 43. O SI indicou que o extrato *aquoso* de folhas de *A. elaeagnoidea* e as NPs de Ag sintetizadas foram menos tóxicos para o organismo não-alvo testado, em comparação com as populações de larvas de mosquito visadas.

**Tabela 43. Índice de aptidão de diferentes organismos não-alvo sobre instares jovens de *Anopheles stephensi, Aedes aegypti* e *Culex quinquefasciatus* expostos ao extrato aquoso de folhas de *Aglaia elaeagnoidea* e a nanopartículas de prata de síntese verde.**

| Tratamento | Organismo não visado | *An.stephensi* | *Ae.aegypti* | *Cx.quinquefasciatus* |
|---|---|---|---|---|
| Extrato aquoso de folhas | *A.bouvieri* | 70.77 | 63.77 | 59.46 |
| | *D.indicus* | 101.01 | 91.02 | 84.87 |
| | *G.affinis* | 179.92 | 162.12 | 151.17 |
| Nanopartículas de prata | *A.bouvieri* | 60.39 | 54.72 | 50.08 |
| | *D.indicus* | 91.72 | 83.11 | 76.07 |
| | *G.affinis* | 161.77 | 146.58 | 134.17 |

### 4.5.5 *Ventilago madrasapatna*

A biotoxicidade do extrato aquoso da folha de *V. madrasapatna* e das nanopartículas de prata sintetizadas contra vários organismos não visados que partilham o mesmo nicho ecológico dos mosquitos vectores *Anopheles, Aedes* e *Culex* é apresentada nos quadros 44 a 46.

#### 4.5.5.1 Biotoxicidade do extrato *aquoso* de folhas de *A. elaeagnoidea* e das NPs de Ag contra organismos não visados

A biotoxicidade do extrato aquoso da folha de *V. madrasapatna* e das NPs de Ag sintetizadas em verde foi avaliada no organismo não-alvo *A. bouvieri, D. indicus* e *G. affinis* e é apresentada na tabela 44 e 45. Os tratamentos de toxicidade alcançaram uma toxicidade negligenciável contra *A. bouvieri, D. indicus* e *G. affinis* com valores de $CL_{50}$ variando de 18776,91 a 3757,73 µg/mL, respetivamente. As observações focais destacaram que a longevidade e a atividade de natação das espécies em estudo não foram alteradas durante uma semana após o teste. Significativamente, foi elucidado que as Ag NPs sintetizadas em verde mostraram pouca ou nenhuma toxicidade contra vários predadores de mosquitos aquáticos.

#### 4.5.5.2 Índice de adequação (SI)

O índice de adequação de diferentes organismos não-alvo em relação a instares jovens de *An. stephensi, Ae. aegypti* e *Cx. quinquefasciatus* expostos ao extrato aquoso de folhas de *V. madrasapatna* e a nanopartículas de prata sintetizadas a verde é apresentado na tabela 46. O SI indicou que o extrato aquoso de folhas de *V. madrasapatna* e as NPs de Ag sintetizadas foram menos tóxicos para os organismos não visados testados, em comparação com as populações de larvas de mosquitos visadas.

**Tabela 44. Biotoxicidade do extrato aquoso de folhas de *Ventilago madrasapatna* contra vários organismos não visados que partilham o mesmo nicho ecológico dos mosquitos vectores *Anopheles, Aedes* e *Culex.***

| Organismo não visado | Concentração (µg/ml) | Mortalidade (%)± DP[a] | $LC_{50}$ (µg/ml) (LCL-UCL) | Equação de regressão | $\chi^2$ *(d.f.)* |
|---|---|---|---|---|---|
| *A.bouvieri* | 9000 | 26.8±1.2 | 18776.91 (16720.89-20607.89) | *y=9,97+0,002x* | 4.728(4) n.s. |
| | 18000 | 47.3±0.8 | | | |
| | 27000 | 68.2±0.6 | | | |
| | 36000 | 87.6±0.4 | | | |
| | 45000 | 100.0±0.0 | | | |
| *D.indicus* | 12000 | 28.4±0.6 | 25056.82 (22266.55-27536.31) | *y=10,41+0,002x* | 6.501(4) n.s. |
| | 24000 | 46.9±1.2 | | | |
| | 36000 | 65.3±0.8 | | | |
| | 48000 | 88.2±0.4 | | | |
| | 60000 | 100.0±0.0 | | | |
| *G.affinis* | 20000 | 27.9±0.8 | 41854.07 (37332.15-45894.81) | *y=9,62+0,001x* | 6.301(4) n.s. |
| | 40000 | 46.2±0.6 | | | |
| | 60000 | 65.7±1.2 | | | |
| | 80000 | 89.4±0.8 | | | |
| | 100000 | 100.0±0.0 | | | |

[a] Os valores são a média±SD de cinco réplicas. Não foi observada mortalidade no controlo. DP = desvio padrão.

$LD_{50}$ = dose letal que mata 50% dos organismos expostos.

$LD_{90}$ = dose letal que mata 90% dos organismos expostos.

UCL= Limite superior de confiança a 95%. LCL= Limite de confiança inferior de 95%.

$\chi^2$ = qui-quadrado. *d.f.* = graus de liberdade. n.s. = não significativo (α=0,05).

**Tabela 45. Biotoxicidade das nanopartículas de prata sintetizadas em verde utilizando o extrato de folhas de *Ventilago madrasapatna* contra vários organismos não visados que partilham o mesmo nicho ecológico dos mosquitos *Anopheles, Aedes* e *Culex*.**

| Organismo não visado | Concentração (µg/ml) | Mortalidade (%)± DP[a] | $LC_{50}$ (µg/ml) (LCL-UCL) | Equação de regressão | $\chi^2$ *(d.f.)* |
|---|---|---|---|---|---|
| *A.bouvieri* | 800<br>1600<br>2400<br>3200<br>4000 | 25.8±0.8<br>47.3±0.6<br>68.2±1.2<br>89.1±0.4<br>100.0±0.0 | 1673.72 (1497.06-1832.07) | *y=9*,02+0,*024x* | 4.317(4) n.s. |
| *D.indicus* | 1000<br>2000<br>3000<br>4000<br>5000 | 28.4±0.6<br>46.3±0.8<br>65.7±1.2<br>87.2±0.4<br>100.0±0.0 | 2099.08 (1865.15-2306.98) | *y=10,29*+0,*018x* | 6.328(4) n.s. |
| *G.affinis* | 1800<br>3600<br>5400<br>7200<br>9000 | 26.5±0.4<br>48.3±0.6<br>66.7±1.2<br>88.4±0.8<br>100.0±0.0 | 3757.73 (3348.76-4122.31) | *y=9*,85+0,*01x* | 5.204(4) n.s. |

[a] Os valores são a média±SD de cinco réplicas. Não foi observada mortalidade no controlo. DP = desvio padrão.

$LD_{50}$ = dose letal que mata 50% dos organismos expostos.

$LD_{90}$ = dose letal que mata 90% dos organismos expostos.

UCL= Limite superior de confiança a 95%. LCL= Limite de confiança inferior de 95%.

$\chi^2$ = qui-quadrado. *d.f.* = graus de liberdade. n.s. = não significativo (α=0,05).

**Tabela 46. Índice de adequação de diferentes organismos não-alvo sobre instares jovens de *Anopheles stephensi, Aedes aegypti* e *Culex quinquefasciatus* expostos ao extrato aquoso de folhas de *Ventilago madrasapatna* e a nanopartículas de prata de síntese verde.**

| Tratamento | Organismo não visado | *An.stephensi* | *Ae.aegypti* | *Cx.quinquefasciatus* |
|---|---|---|---|---|
| Extrato aquoso de folhas | *A.bouvieri* | 76.49 | 70.25 | 64.77 |
| | *D.indicus* | 102.08 | 93.75 | 86.44 |
| | *G.affinis* | 170.51 | 156.59 | 144.39 |
| Nanopartículas de prata | *A.bouvieri* | 67.24 | 62.17 | 57.24 |
| | *D.indicus* | 84.33 | 77.97 | 71.78 |
| | *G.affinis* | 150.97 | 139.58 | 128.51 |

# CAPÍTULO - 5

# DISCUSSÃO

As doenças transmitidas por mosquitos têm um impacto económico, incluindo a perda de rendimentos comerciais e laborais, particularmente em países com climas tropicais e subtropicais; no entanto, nenhuma parte do mundo está livre de doenças transmitidas por vectores (Benelli, 2016). Os mosquitos são o grupo de insectos mais importante em termos de importância para a saúde pública, transmitindo uma série de doenças, como a malária, a filariose, a dengue, a encefalite japonesa, etc., causando milhões de mortes todos os anos.

A utilização repetida de insecticidas sintéticos para o controlo dos mosquitos perturbou os sistemas naturais de controlo biológico e levou ao ressurgimento das populações de mosquitos. Também provocou o desenvolvimento de resistências, efeitos indesejáveis em organismos não visados e suscitou preocupações a nível ambiental e da saúde humana. Os métodos de controlo químico que utilizam insecticidas sintéticos são utilizados na prática devido à sua ação rápida e facilidade de aplicação. No entanto, a utilização de agentes químicos resulta na degradação do ambiente, para além da acumulação de substâncias tóxicas sob a forma de depósitos residuais em espécies não visadas. As NPs de Ag, que são menos susceptíveis de causar danos ecológicos, foram identificadas como potenciais substitutos dos insecticidas químicos sintéticos, daí a necessidade de utilizar nanopartículas de prata sintetizadas de forma ecológica para o controlo de vectores de doenças (Benelli, 2015a). A utilização de extrato de plantas para a síntese de nanopartículas pode ser vantajosa em relação a outros processos biológicos ambientalmente benignos, eliminando o elaborado processo de manutenção de culturas celulares. A síntese biológica de nanopartículas tem recebido maior atenção devido à necessidade crescente de desenvolver tecnologias ambientalmente benignas na síntese de materiais. Várias espécies vegetais têm sido utilizadas neste domínio.

Na nossa observação, a síntese mediada por plantas de nanopartículas de prata usando *Merremia emarginata*, *Naregamia alata*, *Hedyotis puberula*, *Aglaia elaeagnoidea* e *Ventilago madrasapatna* contra *Anopheles stephensi*, *Aedes aegypti* e *Culex quinquefasciatus*. Além disso, avaliámos a biotoxicidade do extrato aquoso de *M. emarginata*, *N. alata*, *H. puberula*, *A. elaeagnoidea* e *V. madrasapatna* e das NPs de Ag biossintetizadas em três organismos aquáticos não visados que partilham o mesmo nicho ecológico dos mosquitos *Anopheles, Aedes* e *Culex*, *Diplonychus indicus*, *Anisops bouvieri* e *Gambusia affinis*.

### 5.1 Síntese e caraterização de nanopartículas mosquitocidas mediadas por plantas

Foram efectuadas diferentes análises para caraterizar as nanopartículas de prata biossintetizadas. A biossíntese de nanopartículas metálicas explora frequentemente o potencial redutor e estabilizador dos extractos e metabolitos de plantas. Dois factores principais influenciam o tamanho, a forma e a estabilidade das nanopartículas, nomeadamente, a concentração do extrato/metabolito da planta e a concentração do substrato (iões metálicos) (Rajan *et al.*, 2015).

### 5.1.1 Análise UV-vis das NPs de Ag fito-sintetizadas

O extrato de folhas de cinco plantas (*M. emarginata, N. alata, H. puberula, A. elaeagnoidea* e *V. madrasapatna*) em estudo mostrou uma conversão rápida de nitrato de prata em nanopartículas de prata, indicada por mudanças de cor distintas de amarelado para acastanhado escuro no prazo de 6 horas após a adição do extrato de planta em $AgNO_3$ (1 mM). É apresentado o espetro de absorção UV das nanopartículas de prata em função do tempo de reação. Verificou-se uma absorção máxima entre 430 e 460 nm e esta absorção é a propriedade única das nanopartículas metálicas, nomeadamente, a ressonância plasmónica de superfície; surge como resultado da condução de electrões na superfície das NPs Ag. Com um aumento da concentração de goma, verifica-se um aumento da síntese de nanopartículas. Após a adição de extrato de folhas à solução de $AgNO_3$ , as biomoléculas são estabilizadas num meio. As biomoléculas interagem umas com as outras e com o sal de prata; após a interação inicial, o sal de prata é consumido e inicia-se o processo de nucleação, redução e cobertura, conduzindo à síntese de nanopartículas. A presença de ressonância larga indica uma estrutura agregada das NPs de Ag na solução.

Para um grande número de nanopartículas mosquitocidas sintetizadas utilizando extractos de plantas, foi demonstrado que a intensidade da cor do extrato de plantas incubado com a solução aquosa de iões metálicos mudou normalmente de amarelado/castanho pálido para avermelhado/castanho escuro. Na maioria dos casos, observa-se um pico máximo de absorção entre 350 e 450 nm, após 60 minutos ou mais. O pico de absorção varia em função do tempo de reação e da concentração de iões metálicos. À medida que o tamanho das partículas ultrafinas diminui, o intervalo de energia é alargado; por conseguinte, os picos de absorção deslocam-se para uma energia mais elevada (Suresh *et al.*, 2015).

O pico de plasmon de superfície das NPs Ag a 420 nm aumenta de forma constante à medida que o tempo de reação aumenta, e o pico fica saturado após 120 min, indicando que o nitrato de prata é completamente reduzido (Madhiyazhagan *et al.*, 2015). Lallawmawma *et al.* (2015) mostraram que a biossíntese de Au NPs *mediada por Jasminum nervosum* evocou um pico máximo de absorvância a 550 nm. Do mesmo modo, as nanopartículas de prata sintetizadas utilizando o extrato de folhas de *A. indica* apresentaram um tamanho médio de 20-30 nm (Krishnaraj *et al.*, 2010). Forough e Farhadi, (2010) notaram que os espectros de absorção das NPs de Ag *sintetizadas a partir de Acanthe phylum bracteatum,* obtidos por espetroscopia UV-vis, apresentavam um pico intenso a 438 nm, que diminuía progressivamente à medida que o nanómetro aumentava.

O pico SPR é sensível ao tamanho e à forma das nanopartículas, à quantidade de extrato, à concentração de nitrato de prata e ao tipo de biomoléculas presentes no extrato de folhas (Singh *et al.*, 2010). A mudança de cor pode ser atribuída à excitação da ressonância plasmónica de superfície (SPR) nas nanopartículas metálicas (Natarajan *et al.*, 2010). A solução de controlo Ag $NO_3$ (sem extrato de casca) não apresentou alterações de cor e estes resultados indicam que a redução abiótica de $AgNO_3$ não ocorreu nas condições de redução. É geralmente reconhecido que a espetroscopia UV-vis pode ser utilizada para examinar o tamanho e a forma das nanopartículas em suspensões aquosas (Srivastava *et al.*, 2010). Em particular, as NPs de Ag apresentam uma banda de absorção ótica com um pico a 3 keV (devido à ressonância plasmónica de superfície), que é típica da absorção de nanocristalitos de prata metálica (Shahverdi *et al.*, 2007).

As nanopartículas metálicas biossintetizadas têm electrões livres, que dão origem a uma banda de absorção SPR, devido à vibração combinada dos electrões das nanopartículas metálicas em ressonância com a onda de luz (Noginov *et al.*, 2006). Como tendência geral, a forma das nanopartículas de prata mediadas por plantas tem sido descrita como esférica, com exceção das sintetizadas utilizando material vegetal de neem, que conduz a nanopartículas com morfologia esférica ou plana (tamanho 5-35 nm) (Shankar *et al.*, 2004). As NPs de Ag foram observadas como estáveis no meio aquoso e também mostraram pouca agregação. As bandas de plasmon foram alargadas com uma cauda de absorção em comprimentos de onda mais longos, o que pode estar relacionado com a distribuição do tamanho das NPs Ag (Ahmad *et al.*, 2003).

### 5.1.2 Análise FTIR das nanopartículas de prata sintetizadas

Os resultados dos estudos FTIR das Ag NPs (*M. emarginata*, *N. alata*, *H. puberula*, *A. elaeagnoidea* e *V. madrasapatna*) mostraram que os grupos funcionais dos diversos metabolitos reagem com iões metálicos e reduziram o seu tamanho para a gama nano. O espetro FTIR de NPs de Ag *sintetizadas por S. muticum* mostrou picos em 3408,02 $cm^{-1}$ (estiramento N-H de amina e/ou amidas), 2272,01 $cm^{-1}$ (estiramento C-O de ácido), 1637,47 $cm^{-1}$ (estiramento C=C de anel alceno e/ou aromático), 1095,50 $cm^{-1}$ (estiramento C-O de éster) e 601,75 $cm^{-1}$ (estiramento C-Cl de haleto de alquila) (Madhiyazhagan *et al.*, 2016). Além disso, foi elucidado que os grupos funcionais mencionados atuaram como agentes de cobertura em torno das nanopartículas metálicas biossintetizadas, proporcionando estabilidade e biocompatibilidade (Rajan *et al.*, 2015).

Por exemplo, o espetro de FTIR das NPs de Ag fabricadas com o extrato de folhas de *P. niruri* apresentou picos de transmitância a 3327,63, 2125,87, 1637,89,

644,35, 597,41 e 554,63 $cm^{-1}$ , indicando que os grupos carbonilo dos resíduos de aminoácidos agiram provavelmente como agentes de capeamento nas nanopartículas, impedindo a aglomeração, estabilizando assim o meio (Suresh *et al.*, 2015). Um outro exemplo é a síntese de Au NPs utilizando o extrato de folhas de erva-limão; as Au NPs apresentaram picos de FTIR a 1448,54 $cm^{-1}$ (grupos nitro de estiramento C=C de aromáticos), 1643,35 $cm^{-1}$ (amidas de estiramento C=O), 2360,87 $cm^{-1}$ (fosfinas de estiramento P-H), e 2856,58 $cm^{-1}$ e 2918,30 $cm^{-1}$ (ácidos carboxílicos de flexão) (Murugan *et al.*, 2015b).

Os espectros FTIR das Ag NPs exibiram picos proeminentes entre 1384,58 e 1640,17 $cm^{-1}$ que mostram a presença de grupos alcano, alceno e alquilo na amostra, o que é semelhante ao relatório anterior de Veerakumar *et al.* (2014). Os picos próximos de 1381 $cm^{-1}$ podem estar relacionados com o estiramento C-N dos grupos de aminas aromáticas (Mahitha *et al.*, 2011). A espetroscopia de FTIR foi utilizada para esclarecer os diferentes grupos funcionais de moléculas de origem vegetal (flavonóides, triterpenóides e polifenóis) que podem atuar como agentes redutores e de cobertura das NPs de Ag bio-fabricadas (Asmathunisha *et al.*, 2010).

Os picos a 1,620-1,636 $cm^{-1}$ representam grupos carbonilo de polifenóis como galato de catequina, galato de epicatequina, epigalocatequina, galato de epigalocatequina, galato de galocatequina e teaflavina; os resultados sugerem que as moléculas ligadas às NPs Ag têm grupos amida livres e ligados. Estes grupos amida podem também estar nos anéis aromáticos. Isto conclui que os compostos ligados às NPs de Ag podem ser polifenóis com um anel aromático e uma região de amida ligada (Kumar *et al.*, 2010b). Além disso, os picos a 1027-1092 $cm^{-1}$ correspondem à vibração de estiramento C-N de aminas alifáticas ou a álcoois/fenóis, representando a presença de polifenóis (Song *et al.*, 2009). Em pormenor, os picos próximos de 3402 $cm^{-1}$ podem estar relacionados com a frequência de estiramento N-H resultante das ligações peptídicas das proteínas do extrato (Mukherjee *et al.*, 2008).

Além disso, os picos de absorção a 802 $cm^{-1}$ , que representam a vibração C-H no anel aromático, indicam provavelmente o envolvimento de catequinas livres (Krishnan e Maru, 2006). O FTIR evidenciou a presença de diferentes grupos funcionais, incluindo alcano, alceno, metileno, amina e ácido carboxílico, previamente relatados como agentes redutores na biossíntese de NPs de Ag (Cho *et al.*, 2005).

### 5.1.3 Análise SEM e EDX das nanopartículas de prata sintetizadas

O microscópio eletrónico de varrimento foi utilizado para analisar a estrutura das nanopartículas de prata. A imagem SEM de cinco plantas (*M. emarginata*, *N. alata*, *H. puberula*, *A. elaeagnoidea*, e *V. madrasapatna*) com as nanopartículas de prata sintetizadas confirmou a formação de nanopartículas cobertas com as suas biomoléculas. O SEM mostra que as NPs de Ag biossintetizadas usando o extrato da folha de *P. aquilinum* eram principalmente de forma esférica com o tamanho medido em 35-65 nm (Panneerselvam *et al.*, 2016). A imagem SEM das NPs de Ag *sintetizadas por C. scalpelliformis* era monodispersa com estruturas esféricas e cúbicas e tamanho médio de 20-35 nm (Murugan *et al.*, 2015a).

Madhiyazhagan *et al.* (2015) estudaram a síntese de NPs de Ag *mediada por S. muticum*, indicando que estas estavam bem dispersas e com um intervalo de tamanho de 43-79 nm. Murugan *et al.* (2015d) relataram que o extrato da folha de *A. indica* pode ser usado para a biossíntese eficaz de NPs Ag com 20-35 nm de tamanho. As NPs de Ag sintetizadas usando extractos de plantas são frequentemente rodeadas por uma fina camada de material orgânico "capping" do extrato da folha da planta que desempenha um papel fundamental na estabilização das NPs de Ag ao longo do tempo (Dinesh *et al.*, 2015).

As nanopartículas de ouro *sintetizadas em C. citratus* apresentaram formas esféricas, triangulares, hexagonais e em bastão, com tamanho variando de 20 a 50 nm (Murugan *et al.*, 2015b). Caraterísticas morfológicas comparáveis de nanopartículas metálicas utilizadas para diferentes fins foram obtidas através da síntese mediada por plantas com extractos aquosos de diferentes espécies de plantas (Benelli, 2015a). Vivek *et al.* (2011) observaram que a análise SEM de nanopartículas de prata sintetizadas com a ajuda do extrato de *Gelidiella acerosa* tem um tamanho médio das nanopartículas de prata e parece ser esférica na morfologia.

A análise SEM efectuada por Khandelwal *et al.* (2010) mostrou as partículas entre 25 e 50 nm, bem como a estrutura cúbica das nanopartículas. Ankanna *et al.* (2010) referiram que as nanopartículas de prata biogénicas produzidas utilizando a casca do caule de *Boswellia ovalifoliolata* estavam bem dispersas e tinham um tamanho médio de 30-40 nm. Chandran *et al.* (2006) referiram que a imagem SEM mostrava nanopartículas de forma relativamente esférica formadas com uma gama de diâmetros de 48-67 nm. Além disso, as imagens SEM de NPs de Ag fabricadas com *Emblica officinalis* também eram predominantemente esféricas com um tamanho médio de 16,8 nm variando de 7,5 a 25 nm (Ankamwar *et al.*, 2005). As nanopartículas sintetizadas com *A. indica* foram relatadas como sendo esféricas e de morfologia semelhante a uma placa, variando em tamanho de 5 a 35 nm (Shankar *et al.*, 2004).

O padrão EDX mostrou a composição química das NPs de Ag sintetizadas. Mostra a presença de prata pura e de outros elementos, confirmando a biossíntese de NPs de Ag. O pico acentuado da banda de absorção ótica a 3keV é uma gama de absorção típica dos nanocristalitos de prata metálica (Kaviya *et al.*, 2011). Os anexos EDX presentes no SEM são conhecidos por fornecerem informações sobre a análise química dos campos que estão a ser investigados (Fayaz *et al.* 2009). O perfil EDX mostrou um forte sinal elementar juntamente com oxigénio, que pode ter tido origem nas biomoléculas ligadas à superfície das nanopartículas (Jea e Beom, 2009). A análise EDX confirmou a presença de prata, enquanto o sinal de oxigénio indicou que o material orgânico extracelular estava provavelmente adsorvido na superfície das NPs Ag. Os dois picos localizados a cerca de 3 kV são típicos da absorção de nanocristalitos de prata metálica (Shahverdi *et al.*, 2007).

### 5.1.4 Análise TEM das nanopartículas de prata sintetizadas

O tamanho e a morfologia das NPs de Ag foram determinados por imagens de microscopia eletrónica de transmissão (TEM). A análise TEM foi feita para analisar o tamanho e a forma dos nanoaglomerados de Ag estabilizados biogenicamente mostra que a maioria dos nanocristais formados a partir do extrato de cinco plantas (*M. emarginata, N. alata, H. puberula, A. elaeagnoidea* e *V. madrasapatna*) têm uma forma esférica, em grande parte uniforme, com uma variação moderada no tamanho das partículas. De acordo com a distribuição do tamanho, a maioria das nanopartículas variava entre 20 e 60 nm.

O TEM de Ag NPs sintetizadas usando extrato de folha de *B. cristata* entre formas, esferas, triângulo, triângulos truncados e morfologias decaédricas dominam e variaram de 38 a 41 nm com um tamanho médio de 39 nm (Govindarajan e Benelli, 2016b). A análise TEM mostrou diferentes formas de NPs de Ag *sintetizadas por M. elengi*, incluindo esféricas, redondas e hexagonais, com um tamanho médio variando de 25 a 40 nm (Subramaniam *et al.*, 2016). A micrografia TEM de Au NPs exibe NPs triangulares e esféricas com tamanho variando de 2-20 nm (Lallawmawma *et al.*, 2015). De um modo mais geral, foram obtidas caraterísticas morfológicas semelhantes a partir de protocolos de síntese verde utilizando várias plantas terrestres e marinhas, com um tamanho médio de nanopartículas que varia entre 20 e 60 nm (Roni *et al.* 2013).

Naresh kumar *et al.* (2013) referiram que as NPs de ouro existem maioritariamente em forma esférica, hexagonal, triangular e de bastão. Uma concentração mais elevada de extrato proporciona um maior número de partículas esféricas com tamanhos de 10 a 60 nm com um tamanho médio de partícula de 20 a 30 nm. Thirunavokkarasu *et al.* (2013) relataram nanopartículas esféricas com tamanho variando de 8 a 90 nm usando *Desmodium gangeticum* como agente redutor. O HR-TEM foi utilizado para caraterizar o tamanho, a forma e a distribuição das partículas, tirando micrografias de películas revestidas com gotas de NPs de Ag que mostram que a maioria delas tem uma forma esférica com um tamanho médio de 20 a 53 nm, semelhante ao de Haldar *et al.* (2013).

As NPs de Ag do extrato de folhas de *A. squamosa* tinham uma forma esférica com um tamanho médio que variava entre 20 e 100 nm (Vivek *et al.*, 2012). Soni e Prakash, (2012) mostram micrografias TEM típicas de nanopartículas de prata de *C. tropicum* a 20-50 nm. As nanopartículas de prata sintetizadas utilizando biomassa de *C. lunatus* foram filtradas (conjunto de filtros de 0,22 µm) e centrifugadas a 20.000

rpm durante 10 min e posteriormente caracterizadas por TEM. A micrografia TEM de campo claro mostrou nanopartículas de prata esféricas com tamanho variando entre 3 e 21 nm (Salunkhe *et al.*, 2011). As nanopartículas existem principalmente na estrutura de forma hexagonal quando a concentração do extrato da planta é baixa. Quando a concentração do extrato da planta é média, a conversão das nanopartículas de ouro de formas hexagonais para triangulares aumenta (Kasthuri *et al.*, 2009). As imagens TEM de nanopartículas de prata de *E. officinalis* também eram predominantemente esféricas com um tamanho médio de 16,8 nm, variando de 7,5 a 25 nm (Ankamwar *et al.*, 2005). A forma das NPs de Ag obtidas a partir de plantas era maioritariamente esférica, com exceção da *A. indica*, que apresentava uma morfologia esférica e plana (Shankar *et al.*, 2004).

### 5.1.5 Difração de raios X (XRD) das nanopartículas de prata sintetizadas

O padrão XRD é efectuado para estudar a natureza cristalina das nanopartículas mosquitocidas biossintetizadas de Ag NPs. Os padrões de XRD das NPs de Ag sintetizadas a partir de reflexões de Bragg com valores 2θ de cinco plantas (*M. emarginata, N. alata, H. puberula, A. elaeagnoidea* e *V. madrasapatna*) foram atribuídos aos conjuntos de planos cristalinos (111), (200), (220) e (311), que podem ser indexados como a banda para estruturas cúbicas de prata centradas na face. A análise de XRD mostrou picos intensos em valores 2θ de 28,42°, 38,21°, 44,38°, 64,51° e 77,49° correspondentes a (38), (117), (46), (25) e (37) reflexões de Bragg com base na estrutura cúbica centrada na face das Ag NPs (Govindarajan *et al.*, 2016a). O padrão XRD exibiu caraterísticas dependentes do tamanho, com um número de reflexões de Bragg correspondentes aos conjuntos de planos de rede (111), (200), (220), (311) e (222). Nesta base, foi salientado que as NPs de Ag formadas pela redução de $AgNO_3$ pelo extrato de folhas de *P. niruri* eram de natureza cristalina, e os picos de Bragg acentuados eram provavelmente devidos ao agente de cobertura que estabiliza o MNP (Suresh *et al.*, 2015).

No que diz respeito às nanopartículas de ouro (Au NPs), o padrão XRD das nanoestruturas de Au sintetizadas *por C. citratus* mostrou picos correspondentes à reflexão de Bragg (111), (200) e (220) com base na estrutura cúbica centrada na face das Au NPs. Mais uma vez, o XRD destacou que as nanopartículas formadas pela redução de $HAuCl_4$ com extrato de folhas de *C. citratus* eram de natureza cristalina (Murugan *et al.*, 2015b). Krishnaraj *et al.* (2012) relataram que os padrões de XRD de NPs de Ag secas a vácuo sintetizadas usando *Bacopa monnieri* cultivada hidroponicamente e os números de reflexões de Bragg com valores 2θ foram 38,1 ° (111), 44,3 ° (200) e 64,4 ° (220). Os padrões de XRD das Ag NPs sintetizadas a partir de extrato de sementes de *Medicago sativa* mostraram picos de difração distintos a 38,32°, 44,48°, 64,68° e 77,64° correspondentes aos respectivos planos cristalinos (111), (200), (220) e (31 1) (Lukman *et al.*, 2011).

Os padrões de XRD de Ag NPs sintetizados usando extrato de folhas de *E. prostrata* e o número de reflexões de Bragg com valores 2θ de 38,06, 44,35, 64,51 e 77,36 ° conjuntos de planos de rede são observados que podem ser indexados aos fatos (111), (200), (220) e (311) de prata, respetivamente (Rajakumar e Rahuman, 2011). Sathyavathi *et al.* (2010) registaram picos de difração a 38,10°, 28,00° e 24,40° 2θ, que correspondem às facetas (111), (85) e (84) da estrutura cristalina cúbica de face centrada. Bar *et al.* (2009) relataram que a análise de XRD de NPs de Ag sintetizadas usando o extrato de látex de *J. curcas* mostrou quatro difracções distintas 38,03, 46,18, 63,43 e 77,18° que correspondem às facetas (111), (200), (220) e (311) da prata, respetivamente.

O padrão XRD mostrou que as NPs de Ag sintetizadas a verde formadas pela redução de $AgNO_3$ utilizando o extrato de folhas de *B. cylindrica* eram de natureza cristalina. Os picos de Bragg acentuados acima referidos podem ter resultado do facto de o agente de cobertura estabilizar as NPs de Ag. Por conseguinte, os resultados de XRD sugerem que a cristalização da fase bioorgânica ocorreu na superfície das NPs de Ag (Bar *et al.*, 2009). Além disso, Dubey *et al.* (2009) observaram que o tamanho dos nanocristais de prata, estimado a partir da largura total a meio máximo do pico (111) da prata utilizando a fórmula de Scherrer, era de 20-60 nm. Sabe-se que o padrão XRD dos iões de prata pura apresenta picos a 2θ = 7,9°, 11,4°, 17,8°, 30,38° e 44° (Gong *et al.*, 2007).

## 5.2 Atividade larvicida

A partir dos resultados do presente estudo, as plantas que foram testadas contra três espécies importantes de mosquitos para a atividade larvicida foram agrupadas em duas categorias com base nos seus valores $LC_{50}$ . A espécie de planta *M. emarginata* apresentou os valores $LC_{50}$ 170 µg/mL (<170) (Ag NPs 10 µg/mL), as espécies de planta *N. alata* e *H. puberula*, exibiram os valores $LC_{50}$ abaixo de 250µg/mL (<250) (Ag NPs 20 µg/mL). Com base nestes valores de $CL_{50}$ com as espécies *Anopheles, Aedes* e *Culex, M. emarginata* é agrupada nas categorias de espécies de plantas mais eficazes, *N. alata* e *H. puberula* são categorizadas em espécies de plantas moderadamente eficazes, *A. elaeagnoidea* e *V. madrasapatna* são agrupadas em espécies de plantas menos eficazes. Entre os cinco extractos aquosos de folhas e as NPs Ag testadas nas larvas de *An.stephensi*, *Ae.aegypti* e *Cx.quinquefasciatus*, as larvas de *An.stephensi* foram mais susceptíveis do que as larvas de *Ae.aegypti* e *Cx.quinquefasciatus*. A maior eficácia larvicida foi observada em NPs de Ag de *M. emarginata* (8,36 µg/mL), seguida por *N. alata* (12,40 µg/mL), *H. puberula* (16,58 µg/mL), *A. elaeagnoidea* (20,66 µg/mL) e *V. madrasapatna* (24,89 µg/mL).

Nos últimos anos, um número crescente de Ag NPs sintetizadas em plantas tem sido estudado pela sua excelente atividade larvicida contra importantes vectores de mosquitos. Govindarajan *et al.* (2016e) relataram que a toxicidade aguda do extrato de folhas de *Malva sylvestris* e das Ag NPs sintetizadas em verde foi eficaz contra larvas do vetor da malária *An. stephensi*, do vetor da dengue *Ae. aegypti* e do vetor da filariose *Cx. quinquefasciatus*. Em comparação com o extrato aquoso da folha, as Ag NPs apresentaram maior toxicidade contra *An. stephensi*, *Ae. aegypti* e *Cx. quinquefasciatus* com valores de $LC_{50}$ de 10,33, 11,23 e 12,19 µg/mL, respetivamente. As NPs de Ag *sintetizadas por B. cristata* e o extrato aquoso das folhas apresentaram propriedades larvicidas contra larvas de terceiro instar dos mosquitos vetores *An. subpictus*, *Ae. albopictus* e *Cx. tritaeniorhynchus*; $LC_{50}$ valores de Ag NP sintetizados foram 12,46, 13,49 e 15,01 µg/mL, respetivamente e extrato aquoso de folhas $LC_{50}$ valores foram 124,27, 135,32 e 146,31 µg/mL, respetivamente (Govindarajan e Benelli, 2016b).

O extrato da torta de neem (*A. indica*) e as NPs de Ag biossintetizadas foram testadas quanto à toxicidade aguda contra larvas e pupas do vetor da dengue *Ae. aegypti*. Os valores de $LC_{50}$ do extrato aquoso foram 106,53 ppm (I instar), 121,95 ppm (II), 148,50 ppm (III), 189,16 ppm (IV) e 235,36 ppm (pupas), respetivamente, e $LC_{50}$ das Ag NPs foram 3.969 ppm (I), 4,528 ppm (II), 5,425 ppm (III), 6,711 ppm (IV) e 8,308 ppm (pupas), respetivamente (Chandramohan *et al*, 2016). Os valores de $LC_{50}$ e $LC_{90}$ do extrato aquoso de folhas de *B. variegata* pareceram ser eficazes contra *An. subpictus* ($LC_{50}$ 132,78 µg/mL e $LC_{90}$ 261.25 µg/mL), seguido por *Ae. albopictus* ($LC_{50}$ 145,08 µg/mL e $LC_{90}$ 278,36 µg/mL), e *Cx. tritaeniorhynchus* ($LC_{50}$ 157,24 µg/mL e $LC_{90}$ 299,87 µg/mL). Os valores de Ag NPs contra os mosquitos vetores de

*An. subpictus* $LC_{50}$ e $LC_{90}$ foram 41,96 e 82,93 µg/mL; os valores de *Ae. albopictus* $LC_{50}$ e $LC_{90}$ foram 46,16 e 89,42 µg/mL; os valores de *Cx. tritaeniorhynchus* $LC_{50}$ e $LC_{90}$ foram 51,92 e 97,12 µg/mL (Govindarajan *et al.*, 2016a).

Murugan *et al.* (2016b) documentaram as NPs de Ag sintetizadas com *C. clavulatum* contra o vetor da dengue *Ae. aegypti*; os valores de $LC_{50}$ do extrato de *C. clavulatum* contra larvas e pupas de *A. aegypti* foram 269,361 ppm (larva I), 309,698 ppm (larva II), 348,325 ppm (larva III), 387,637 ppm (larva IV) e 446,262 ppm (pupa), respetivamente. Os valores de $LC_{50}$ das NPs de Ag *sintetizadas por C. clavulatum* foram 21,460 ppm (larva I), 23,579 ppm (larva II), 25,912 ppm (larva III), 29,155 ppm (larva IV) e 33,877 ppm (pupa), respetivamente. A toxicidade aguda das NPs de Ag biossintetizadas com extrato de folhas de *C. spinarum* foi avaliada contra larvas do vetor da malária *An. subpictus*, do vetor da dengue *Ae. albopictus* e do vetor da encefalite japonesa *Cx. tritaeniorhynchus*; as Ag NPs apresentaram maior toxicidade contra *An. subpictus*, *Ae. albopictus* e *Cx. tritaeniorhynchus* com $LC_{50}$ valores de 8,37, 9,01 e 10,04 µg/mL, respetivamente (Govindarajan *et al*, 2016c).

Mahesh Kumar*et al.* (2016) relataram que o extrato de folha de *B. tinctoria* era tóxico contra instares larvais (I-IV) e pupas do vetor de arbovírus *Ae. albopictus*. Os valores de $LC_{50}$ foram 182,72 ppm (larvas de instar I), 230,99 ppm (II), 269,65 ppm (III), 321,75 ppm (IV) e 359,71 ppm (pupas), respetivamente. As Ag NPs sintetizadas a partir do extrato de folhas de *B. tinctoria* foram altamente eficazes contra os instares jovens de *Ae. albopictus*, com $LC_{50}$ de 4,97 ppm (I), 5,97 ppm (II), 7,60 ppm (III), 9,65 ppm (IV) e 14,87 ppm (pupas). Em ensaios mosquitocidas, o $LC_{50}$ do extrato de folhas de *P. aquilinum* contra larvas e pupas de *An. stephensi* foi de 220,44 ppm (larva I), 254,12 ppm (II), 302,32 ppm (III), 395,12 ppm (IV) e 502,20 ppm (pupa). $LC_{50}$ de Ag NPs *sintetizadas por P. aquilinum* foram 7,48 ppm (I), 10,68 ppm (II), 13,77 ppm (III), 18,45 ppm (IV) e 31,51 ppm (pupa) (Panneerselvam *et al.*, 2016).

Govindarajan *et al.* (2016c) avaliaram a toxicidade aguda do óleo essencial de *P. barbatus* e seus principais constituintes, contra larvas de *An. subpictus*, *Ae. albopictus* e *Cx. tritaeniorhynchus*, com valores de concentração letal de 50% ($CL_{50}$ ) de 84,20, 87,25 e 94,34 µg/ml e concentração letal de 90% ($CL_{90}$ ) de 165,25, 170,56 e 179,58µg/mL, respetivamente. Relativamente aos constituintes principais, o eugenol, o α-pineno e o β-cariofileno pareceram ser mais eficazes contra *o An. subpictus* ($LC_{50}$ =25,45, 32,09 e 41.66 µg/mL, respetivamente), seguido por *Ae. albopictus* ($LC_{50}$ =28,14, 34,09 e 44,77µg/mL, respetivamente) e *Cx. tritaeniorhynchus* ($LC_{50}$ =30,80, 36,75 e 48,17µg/mL, respetivamente).

Rajasekharreddy e Rani (2015) determinaram que as Ag NPs produzidas usando o extrato de sementes de *S. foetida* mostraram atividade mosquitocida contra larvas de IV instar de *Ae. aegypti* ($LC_{50}$ =67,75 mg/ml), *An. stephensi* ($LC_{50}$ = 57,36 mg/ml) e *Cx. quinquefasciatus* ($LC_{50}$ =71,54 mg/ml). Para além dos mosquitos *Aedes* e

*Anopheles*, doses baixas de Ag NPs também foram tóxicas contra outras espécies, como o mosquito da filariose *Cx. quinquefasciatus*. Um bom exemplo é a atividade tóxica da Ag NP *sintetizada por C. scalpelliformis*, que apresentou valores de $LC_{50}$ de 3,08 ppm (I) a 7,33 ppm (pupas) contra *Cx. quinquefasciatus* (Murugan *et al.*, 2015a). Baixas doses de Ag NPs *sintetizadas por M. elengi* mostraram toxicidade larvicida e pupicida contra o vetor da malária *An. stephensi* e o vetor de arbovírus *Ae. albopictus*. O valor de $LC_{50}$ variou de Ag NPs sintetizadas contra *An. stephensi,* 12,53 (I) a 23,55 ppm (pupa) e $LC_{50}$ contra *Ae. albopictus* variou de 11,72 ppm (I) a 21,46 ppm (pupa) (Subramaniam *et al.*, 2015).

Madhiyazhagan *et al.* (2015) relataram que as NPs de Ag sintetizadas usando o extrato aquoso da alga marinha *S. muticum* foram testadas contra *An. stephensi*, *Ae. aegypti* e *Cx. quinquefasciatus*. A toxicidade aguda máxima foi observada contra os instares jovens de *An. stephensi*, com $LC_{50}$ variando de 16,156 ppm (I) a 28,881 ppm (pupa). Arokiyaraj *et al.* (2015) estudaram a atividade larvicida de Ag NPs sintetizadas a partir do extrato floral de *C. indicum* contra *An. stephensi*, com $LC_{50}$ valores de 5,07 ppm (I), 10,35 ppm (II), 14,19 ppm (III), 22,81 ppm (IV) e 35,05 ppm (pupa). É de notar que outras NPs de Ag sintetizadas a verde foram eficazes em dosagens inferiores às do presente estudo.

Suresh *et al.* (2015) documentaram que as Ag NPs sintetizadas a partir do extrato aquoso de *P. niruri* foram altamente eficazes contra larvas e pupas do vetor da dengue *Ae. aegypti*, com $LC_{50}$ valores variando de 3,90 ppm (I) a 13,04 ppm (pupas). As Ag NPs sintetizadas a partir do extrato de sementes de *M. oleifera* foram relatadas como tóxicas para os instares jovens de *Ae. aegypti*, com $LC_{50}$ de 10,24 ppm (I), 11,81 ppm (II), 13,84 ppm (III), 16,73 ppm (IV) e 21,17 ppm (pupas). Além disso, Ag NPs foi capaz de inibir o crescimento do vírus da dengue, sorotipo DEN-2 (Sujitha *et al.*, 2015).

Baixas doses de Ag NPs *sintetizadas por C. scalpelliformis* são altamente tóxicas também contra o vetor da filariose *Cx. quinquefasciatus*, com valores de $LC_{50}$ variando de 3,08 ppm (I) a 7,33 ppm (pupas) (Murugan *et al.*, 2015). Balakrishnan *et al.* (2015) observaram que a Ag NP sintetizada com extrato de folhas de *A. marina* foi testada contra larvas I-IV de *An. stephensi* e *Ae. aegypti*, com valores de $LC_{50}$ de 4,374 e 7,406 mg/l, respetivamente. Recentemente, NPs de Ag sintetizadas *por C. scalpelliformis* foram testadas contra *Cx. quinquefasciatus*, com $LC_{50}$ valores de 3,08 ppm (I instar), 3,49 ppm (II instar), 4,64 ppm (III instar), 5,86 ppm (IV instar) e 7,33 ppm (pupas) (Murugan *et al.*, 2015). O extrato aquoso da folha de nim, *A. indica*, foi testado contra larvas de III instar de *Ae. aegypti* e *Cx. quinquefasciatus*, $LC_{50}$ foram 0,006 e 0,047 mg/l, respetivamente (Poopathi *et al.*, 2015).

Em experiências de toxicidade aguda, o extrato aquoso de *H. musciformis* foi eficaz contra larvas e pupas de *Ae. aegypti*. $LC_{50}$ foram 246,59 ppm (I), 269,05 ppm

(II), 301,66 ppm (III), 319,30 ppm (IV) e 342,43 ppm (pupa) (Roni *et al*., 2015). Santhosh *et al*. (2015) observaram que as NPs de Ag sintetizadas usando *A. muricata*, alcançaram boa $LC_{50}$ contra vários vetores de mosquitos, incluindo *Ae. aegypti* ($LC_{50}$ = 12,58 µg / ml), *An. stephensi* ($LC_{50}$ = 15,28 µg / ml) e *Cx. quinquefasciatus* ($LC_{50}$ = 18,77 µg / ml). Os valores de $LC_{50}$ de nanopartículas de ZnO *sintetizadas por Plectranthus amboinicus* foram 3,1, 3,1 e 4,2 mg / l, contra *An. stephensi*, *Cx. quinquefasciatus* e *Cx. tritaeniorhynchus* III instar larvas, respetivamente (Vijayakumar *et al*., 2015). Dinesh *et al*. (2015) mostraram que as NPs de Ag fabricadas com *A. vera* foram eficazes contra *An. stephensi*; $LC_{50}$ valores foram 3,825 ppm (I), 4,119 ppm (II), 4,982 ppm (III), 5,711 ppm (IV) e 6,113 ppm (pupa).

NPs de Ag foram sintetizadas com sucesso a partir de nitrato de prata aquoso usando os extratos de cascas de *A. hypogaea* e alcançaram $LC_{50}$ contra larvas de IV instar de *Ae. aegypti* de 1,85 mg/l e contra *An. stephensi* de 3,13 mg/l (Velu *et al*., 2015). As NPs de Ag fabricadas com extratos de folhas e frutos de *C. guianensis* foram tóxicas para larvas de IV instar de *Ae. aegypti*, com $LC_{50}$ de 2,1 ppm (extrato de folhas) e 2,09 ppm (extrato de frutos) (Vimala *et al*., 2015). NPs de Ag extremamente estáveis sintetizadas usando o extrato aquoso da folha de *M. maderaspatana*; $LC_{50}$ valores contra larvas de IV instar de *Ae. aegypti* e *Cx. quinquefasciatus* foram 0,211 e 0,094 ppm, respetivamente (Chitra *et al*., 2015).

O potencial larvicida dos extractos de hexano, clorofórmio, acetato de etilo, acetona e metanol de sete plantas aromáticas, *viz*., *B. mollis*, *C. swietenia*, *C. anisata*, *F. limnonia*, *L. camera*, *P. amboinicus* e *T. erecta*, foi analisado contra *Cx. quinquefasciatus*, *Ae. aegypti* e *An. stephensi*. No entanto, o extrato de acetato de etilo de *C. swietenia* mostrou uma atividade larvicida notável contra *Cx. quinquefasciatus*, *Ae. aegypti* e *An. stephensi*. Após 12 horas de período de exposição, a atividade larvicida foi $LC_{50}$ =194.22 e LC90=458.83ppm (*Cx. quinquefasciatus*), $LC_{50}$ =173.04 e $LC_{90}$ =442.73 ppm (*Ae. aegypti*), e $LC_{50}$ =167.28 e $LC_{90}$ =433.07 ppm (*An. stephensi*), e a atividade larvicida após um período de exposição de 24 horas foi $LC_{50}$ = 94,12 e $LC_{90}$ = 249,83 ppm (*Cx. quinquefasciatus*), $LC_{50}$ =80,58 e $LC_{90}$ =200,96 ppm (*Ae. aegypti*), e $LC_{50}$ =76,24 e $LC_{90}$ =194,51 ppm (*An. stephensi*) (Jayaraman *et al*., 2015).

O extrato de folha de acetona de *M. tinctoria* foi utilizado para produzir NPs de Ag que alcançaram um $LC_{50}$ de 1,442 ppm para larvas de III instar de *Cx. quinquefasciatus* (Kumar *et al*., 2014). Suganya *et al*. (2014) estudaram que as NPs de Ag produzidas com o extrato aquoso de folhas de *L. aspera* eram tóxicas contra larvas de IV instar de *Ae. aegypti*, com $LC_{50}$ de 8,563 mg/l. As nanopartículas de prata fabricadas com o extrato aquoso de *C. colocynthis* foram tóxicas para larvas de III instar de *Cx. pipiens*, com $LD_{50}$ de 0,5mg/ml (Shawky *et al*., 2014). Nanopartículas de prata sintetizadas com as folhas de *M. dubia* foram eficazes contra larvas de IV instar de *Cx. quinquefasciatus* ($LC_{50}$ = 11,27 ppm), e foi demonstrado que o efeito larvicida dessas Ag NPs foi provavelmente devido aos diferentes fitoconstituintes que revestem Ag NP (Karthikeyan *et al.*, 2014).

Soni e Prakash (2014a) relataram que os extractos aquosos de folhas de nim foram utilizados para produzir NPs de Ag activas como larvicidas e pupicidas contra *An. stephensi* e *Cx. quinquefasciatus*. Após tempos de exposição inferiores a 24 horas, os valores de $LC_{50}$ contra *Cx. quinquefasciatus* foram 6 (II), 10 (III) e 1 ppm (pupa). Não foram calculados valores para larvas de instar I e IV. $LC_{50}$ valores contra *An. stephensi* foram 2 (I), 2 (II), 2 (III), e 1 (IV). Não foram calculados valores para pupas. NPs de Ag sintetizados com o extrato da folha de *H. indicum* foram testados contra larvas de III instar de *An. stephensi* ($LC_{50}$ = 18,40 µg / mL), *Ae. aegypti* ($LC_{50}$ = 20,10 µg / mL) e *Cx. quinquefasciatus* ($LC_{50}$ = 21,84 µg / mL) (Veerakumar *et al.*, 2014b).

Os extractos aquosos de folhas de *A. marmelos* foram utilizados para sintetizar nanopartículas de níquel tóxicas para *Ae. aegypti*, *An. stephensi* e *Cx. quinquefasciatus*; $LC_{50}$ foram 534,83, 595,23 e 520,83 ppm, respetivamente (Angajala *et al.*, 2014).

Veerakumar *et al.* (2014b) investigaram que as nanopartículas de prata sintetizadas por *F. elephantum* eram tóxicas contra *An. stephensi*, *Ae. aegypti* e *Cx. quinquefasciatus*; *An. stephensi* tem $LC_{50}$ de 11,56 µg / mL; *Ae. aegypti* tem $LC_{50}$ de 13,13 µg / mL; e *Cx. quinquefasciatus* tem $LC_{50}$ de 14,19 µg / mL. As nanopartículas de prata sintetizadas foram testadas contra os diferentes instares larvais de *Ae. aegypti* em diferentes concentrações por um período de 24 horas. Os valores de $CL_{50}$ e $CL_{90}$ são 0,79 e 1,09 ppm em relação às NPs de Ag tratadas com *B. bassiana*. As larvas de primeiro e segundo instares de *Ae.aegypti* mostraram uma percentagem de mortalidade de cem por cento, enquanto o terceiro e quarto instares encontraram 50,0, 56,6, 70,0, 80,0 e 86,6 e 52,4, 60,0, 68,5, 76,0 e 83,3% de mortalidade às 24 horas de exposição em 0,06 e 1,00 ppm, respetivamente (Najitha Banu e Balasubramanian, 2014a).

As NPs de Ag sintetizadas utilizando os extractos de folhas e bagas de *S. nigrum* foram testadas contra larvas de II e III instar de *An. stephensi* e *Cx. quinquefasciatus*. Relativamente às larvas de II instar, os valores de $LC_{50}$ do *An. stephensi* foram 2,12, 2,04 e 1,67 ppm para folhas secas, folhas frescas e bagas, respetivamente. Os valores de CL de *Cx.quinquefasciatus*$_{50}$ foram de 2,62, 2,20 e 2,88 ppm para folhas secas, folhas frescas e bagas, respetivamente. Relativamente às larvas de III instar, os valores de $LC_{50}$ de *An. stephensi* foram 1,33, 1,59 e 1,54 ppm para folhas secas, folhas frescas e bagas, respetivamente. Os valores de LC de *Cx. quinquefasciatus*$_{50}$ foram de 1,26, 1,33 e 2,44 ppm para folhas secas, folhas frescas e bagas, respetivamente (Rawani *et al.*, 2013).

Soni e Prakash, (2013) relataram a potencialidade de Ag NPs sintetizadas por um fungo *F. oxysporum* e encontraram valores de $LC_{50}$ e $LC_{90}$ de 8, 6, 4; 12,30, 12,58, 11,48 contra larvas de primeiro, segundo e quarto instar de *Cx. quinquefasciatus*, *An.*

*stephensi* e *Ae. aegypti*, respetivamente, que são muito mais elevados do que a concentração na presente investigação. Os valores de $LC_{50}$ e $LC_{90}$ são 0,240 a 0,652 e 1,219 a 2,916, respetivamente, em todos os instares larvais (I-IV) de *Cx. quinquefasciatus* e para *Ae.aegypti* 0,065 a 0,137 e 0,558 a 1,278 ppm. Também foram determinadas as actividades larvicidas das NPs de Ag sintetizadas utilizando o extrato aquoso de folhas de *V. rosea* contra as larvas de *An. stephensi* e *Cx. quinquefasciatus*. Na atividade larvicida, os resultados mostraram a eficácia máxima das Ag NPs contra larvas de quarto instar de *An. stephensi* ($LC_{50}$ 12,47 e 16,84 mg/mL e $LC_{90}$ 36,33 e 68,62 mg/mL) em 48 e 72 h de exposição. A eficácia contra *Cx. quinquefasciatus* ($LC_{50}$ 43,80 mg/mL e $LC_{90}$ 120,54 mg/mL) foi em 72 horas de exposição, e o extrato aquoso mostrou 100% de mortalidade contra *An. stephensi* e *Cx. quinquefasciatus* ($LC_{50}$ 78,62 e 55,21 mg/mL e $LC_{90}$ 184,85 e 112,72 mg/mL) em 72 horas de exposição a concentrações de 50 mg/mL, respetivamente (Subarani *et al.*, 2013).

Velayutham *et al.* (2013) documentaram que a atividade larvicida das NPs de Ag sintetizadas utilizando o extrato aquoso da casca de *F. racemosa* foi testada com sucesso contra larvas IV do vetor da filariose *Cx. quinquefasciatus* e do vetor da encefalite japonesa *Cx. gelidus* ($LC_{50}$ =12,00 e 11,21 mg/l, respetivamente).

As NPs de Ag fabricadas com o extrato de folhas de *S. acuta* foram testadas contra larvas de III instar de *An. stephensi*, *Ae.aegypti* e *Cx. quinquefasciatus*, com valores de $LC_{50}$ de 21,92, 23,96 e 26,13 µg/ml, respetivamente (Veerakumar *et al.*, 2013). O extrato da camada de mesocarpo de *C. nucifera* foi utilizado para produzir NPs de Ag tóxicas para larvas de IV instar de *An. stephensi* e *Cx. quinquefasciatus*; após 72 horas de exposição, $LC_{50}$ foi de 87,24 mg/l para *An. stephensi* e 84,85 mg/l para *Cx. quinquefasciatus* (Roopan *et al.*, 2013). Suman *et al.* (2013) investigaram os efeitos tóxicos das NPs de Ag fabricadas com o extrato aéreo aquoso de *A. baccifera* contra larvas de IV instar de *An. subpictus* ($LC_{50}$ =29,54 ppm) e *Cx. quinquefasciatus* ($LC_{50}$ =22,32 ppm).

Suganya *et al.* (2013) determinaram que as NPs de Ag fabricadas com o extrato de folhas de *M. koenigii* foram eficazes contra *An. stephensi* com $LC_{50}$ valores foram 10,82 (I), 14.67 (II), 19.13 (III), 24.35 (IV), e 32.09 ppm (pupa), enquanto *Ae.aegypti* com $LC_{50}$ foram 13.34 (I), 17.19 (II), 22.03 (III), 27.57 (IV), e 34.84 ppm (pupa). A atividade larvicida de Au NPs sintetizadas por *A. cadamba* foi verificada contra larvas de III instar de *Cx. quinquefasciatus*, com $LC_{50}$ de 1,08 ppm (Naresh Kumar *et al.*, 2013).

As NPs de Ag sintetizadas usando frutas verdes secas de *D. roxburghii* foram consideradas tóxicas contra *An. stephensi* e *Cx. quinquefasciatus*; $LC_{50}$ para II, III e IV instares larvais foram 0,863, 1,162 e 1,281 ppm contra *Cx. quinquefasciatus* e 0,7329, 0,8397 e 0,9848 ppm contra *An. stephensi*, respetivamente (Haldar *et al.*, 2013). Após 48 h de exposição, as Ag NPs sintetizadas com o extrato aquoso de folhas de *V. rosea* foram tóxicas para larvas de IV instar de *An. stephensi* e *Cx. quinquefasciatus*, com valores $LC_{50}$ de 12,47 e 43,80 mg ml, respetivamente (Subarani *et al.*, 2013).

Sundaravadivelan e Nalini (2012) exemplificaram o efeito da folha de *P. tithymaloides* sintetizando nanopartículas de prata contra o vetor da dengue *Ae. aegypti* e observaram os seus valores $LC_{50}$ 0,046, 0,051, 0,046, 0,167 e 0.054 % (instares I-IV e pupa) foram observados a um nível de concentração de 0,25 %, que tem a concentração mais baixa em comparação com o extrato aquoso do caule isolado, e os seus valores $LC_{50}$ 1,529, 1,282, 1,450, 2,210 e 1,455% também foram observados após 24 horas de exposição. As taxas de mortalidade mais elevadas foram mostradas nas NPs de Ag produzidas por extractos de folhas de *N. nucifera* ($LC_{50}$ = 0,69 ppm, $LC_{90}$ =2,15 ppm) contra *An. subpictus* e *Cx. quinquefasciatus* ($LC_{50}$ =1.10 ppm, $LC_{90}$ =3.59 ppm) foram 575.77, 539.31, 513.99, 497.06, e 476.03 ppm; para *Ae. aegypti*, os valores $LC_{50}$ foram 329.82, 307.3, e 252.03 ppm e $LC_{90}$ valores foram 563.24, 528.33, 496.92, 477.61, e 448.05 ppm; e para *An. stephensi*, $LC_{50}$ valores foram 317.28, 300.30, 277.51, 263.35, e 251.43 ppm e $LC_{90}$ valores foram 538.22, 512.90, 483.78, 461.08, e 430.70 ppm, respetivamente (Amerasan *et al*, 2012).

Sundaravadivelan *et al.* (2013) relataram que as NPs de Ag produzidas usando o extrato aquoso de folhas de *P. tithymaloides* mostraram atividade anti-desenvolvimento e toxicidade aguda contra *Ae. aegypti*, com valores $LC_{50}$ de 0,029 (I), 0,027 (II), 0,047 (III), 0,086 (IV) e 0,018 % (pupa). As NPs de Ag fabricadas com extrato de folhas de *N. oleander* foram eficazes contra larvas e pupas de *An. stephensi*, com valores $LC_{50}$ de 20,60 (I), 24,90 (II), 28,22 (III), 33,99 (IV) e 39,55 ppm (pupa) (Roni *et al.*, 2013). Panneerselvam *et al.* (2013) relataram que o extrato de folhas de *E. hirta* foi altamente eficaz em ensaios de campo contra *An. stephensi*, uma vez que levou a reduções da densidade larvar de 13,17, 37,64 e 84,00 % após 24, 48 e 72 h, respetivamente.

As Ag NPs sintetizadas utilizando o extrato de folha da planta *E. hirta* contra o vetor da malária *An. stephensi* foram determinadas; a maior mortalidade larvar foi encontrada nas Ag NPs sintetizadas contra as larvas e pupas do primeiro ao quarto instar com os seguintes valores: $LC_{50}$ (10.14, 16.82, 21.51, e 27.89 ppm, respetivamente), $LC_{90}$ (31.98, 50.38, 60.09, e 69.94 ppm, respetivamente), e $LC_{50}$ e $LC_{90}$ de pupas (34.52 e 79.76 ppm, respetivamente) (Priyadarshini *et al.*, 2012). As NPs de Ag produzidas com látex da planta *P. rubra* foram tóxicas para larvas de instar II e IV de *Ae. aegypti* e *An. stephensi*; os valores de $LC_{50}$ foram 1,49 (II) e 1,82 ppm (IV) para *Ae. aegypti* e 1,10 (II) e 1,74 ppm (IV) para *An. stephensi* (Patil *et al.*, 2012a).

Patil *et al.* (2012b) investigaram que as NPs de Ag sintetizadas com o látex *de P. daemia* eram tóxicas para larvas de *Ae. aegypti* e *An. stephensi*; os valores de $LC_{50}$ foram 4.39 (I), 5,12 (II), 5,66 (III) e 6,18 ppm (IV) para *Ae. aegypti*, e 4,41 (I), 5,35

(II), 5,91 (III) e 6,47 ppm (IV) para *An. stephensi*. NPs de Ag sintetizadas usando o extrato aquoso de folhas de *P. dulce* mostraram toxicidade contra larvas de IV instar de *Cx. quinquefasciatus* ($LC_{50}$ =21,56 mg l) (Raman *et al.*, 2012).

Panneerselvam *et al.* (2012) realizaram um estudo que se centrou na mortalidade larvar e pupal de *An. stephensi* após o tratamento com extrato metanólico de extrato de folhas de *A. nilagirica*, que revelou uma mortalidade de 41 % das larvas de primeiro instar como resultado do tratamento a 200 ppm, enquanto que a concentração de 600 ppm aumentou para 94 %. A mortalidade de pupas na concentração de 200 ppm foi de 23%, aumentando para 63% na concentração de 600 ppm. Os valores $LC_{50}$ e $LC_{90}$ foram representados da seguinte forma: o valor $LC_{50}$ do primeiro instar foi de 272,50 ppm, do segundo instar de 311,40 ppm, do terceiro instar de 361,51 ppm e do quarto instar de 442.51 ppm; o valor $LC_{90}$ do primeiro instar foi 590,07 ppm, do segundo instar 688,81 ppm, do terceiro instar 789,34 ppm e do quarto instar foi 901,59 ppm, e os valores $LC_{50}$ e $LC_{90}$ das pupas foram 477,23 e 959,30 ppm, respetivamente. A eficácia máxima foi observada em NPs de Ag aquosas brutas e sintetizadas contra *Cx. quinquefasciatus* ($LC_{50}$ 27,49 e 4,56 mg/L; $LC_{90}$ 70,38 e 13,14 mg/L) e contra *An. subpictus* ($LC_{50}$ 27,85 e 5,14 mg/L; $LC_{90}$ 71,45 e 25,68 mg/L), respetivamente. Foi utilizado um método biológico para sintetizar nanopartículas de prata estáveis que foram testadas como larvicidas de mosquitos contra *Ae. aegypti*, *An. stephensi* e *Cx. quinquefasciatus* (Arjunan *et al.*, 2012).

Santhoshkumar *et al.* (2011) também obtiveram valores de $LC_{50}$ e $LC_{90}$ de 0,69 e 1,10 ppm, bem como 2,15 e 3,59 ppm de Ag NPs sintetizadas por extrato de folhas de *N. nucifera* contra *Cx. quinquefasciatus* e *An. subpictus*, que foram análogos aos resultados obtidos no presente estudo. Do mesmo modo, as NPs de Ag sintetizadas com extrato de *T. cordifolia* foram testadas contra as larvas de *An. subpictus* ($LC_{50}$ 06,43 mg/l) e contra as larvas de *Cx. quinquefasciatus* ($LC_{50}$ 06,96 mg/l) (Jayaseelan *et al.*, 2011). Marimuthu *et al.* (2011) relataram o efeito larvicida de extractos aquosos de folhas brutas e de NPs de Ag sintetizadas utilizando *Mimosa pudica*, tendo demonstrado a maior mortalidade em NPs de Ag sintetizadas contra as larvas de *An. subpictus* ($LC_{50}$ =8,89, 11,82 e 0,69 ppm) e contra as larvas de *Cx. quinquefasciatus* ($LC_{50}$,51, 13,65 e 1,10 ppm), respetivamente. As nanopartículas de prata biossintetizadas com o fungo*Cochliobolus lunatus* foram utilizadas para o controlo de *Ae. aegypti* e *An. stephensi*, tendo sido relatado que as nanopartículas são eficazes contra as larvas de segundo, terceiro e quarto ínstar de *Ae. aegypti* ($LC_{50}$ 1.29, 1.48, e 1.58 ppm; $LC_{90}$ 3.08, 3.33, e 3.41 ppm) e contra *An. stephensi* ($LC_{50}$ 1.17, 1.30, e 1.41 ppm; $LC_{90}$ 2.99, 3.13, e 3.29 ppm) (Salunkhe *et al*, 2011). A literatura relevante mostra que é necessária uma dosagem elevada de nanopartículas para atingir 50 % e 90 % de mortalidade larvar de espécies vegetais *N. nucifera* contra *An. subpictus* ($LC_{50}$ = 0,69 ppm, $LC_{90}$ =2,15 ppm) e *Cx. quinquefasciatus* ($LC_{50}$ =1,10 ppm, $LC_{90}$ = 3,59 ppm), respetivamente (Santhoshkumar *et al.* 2011).

Soni e Prakash (2011) relataram a potencialidade das NPs de Ag sintetizadas por um fungo *C. tropicum* e encontraram valores de $LC_{50}$ e $LC_{90}$ de 4 e 8,91 ppm contra larvas de terceiro ínstar de *Ae.aegypti*, que eram muito superiores à concentração registada na presente investigação. Gnanadesigan *et al.* (2011) determinaram que as NPs de Ag sintetizadas usando o extrato de folhas de *R. mucronata* foram testadas em larvas de IV instar de *Ae. aegypti* e *Cx. quinquefasciatus*, com $LC_{50}$ de 0,585 e 0,891 mg/l, respetivamente. As taxas de mortalidade mais elevadas foram encontradas nas Ag NPs produzidas por extractos de folhas de *N. nucifera* ($LC_{50}$ 00.69 ppm, $LC_{90}$ 02.15 ppm) contra *An. subpictus* e *Cx. quinquefasciatus* ($LC_{50}$ 01.10 ppm, $LC_{90}$ 03.59 ppm) (Thirunavukkarasu *et al.*, 2010).

A eficácia larvicida do extrato de folha de benzeno, hexano, acetato de etilo, metanol e clorofórmio de *Cardiospermum halicacabum* contra *Cx. quinquefasciatus* e *Ae. aegypti*. Os valores de $LC_{50}$ foram 174,24, 193,31, 183,36, 150,44, e 154,95 ppm, e 182,51, 200,02, 192,31, 156,80, e 164,54 ppm, respetivamente (Govindarajan, 2011). A eficácia larvicida do extrato de folha de benzeno, hexano, acetato de etilo, metanol e clorofórmio de *Cardiospermum halicacabum* contra *Cx. quinquefasciatus* e *Ae. aegypti*. Os valores de $LC_{50}$ foram 174,24, 193,31, 183,36, 150,44, e 154,95 ppm, e 182,51, 200,02, 192,31, 156,80, e 164,54 ppm, respetivamente (Govindarajan, 2011).

A atividade larvicida das NPs de Ag sintetizadas utilizando um extrato aquoso de *E. prostrata* foi observada em NPs de Ag aquosas brutas e sintetizadas contra *Cx. quinquefasciatus* ($LC_{50}$ =27.49 e 4,56 mg/L; $LC_{90}$ =70,38 e 13,14 mg/L) e contra *An. subpictus* ($LC_{50}$ =27,85 e 5,14 mg/L; $LC_{90}$ =71,45 e 25,68 mg/L), respetivamente (Rajakumar e Rahuman, 2011). A potencial atividade antiplasmódica da nanopartícula de prata sintetizada utilizando *A. paniculata* com os valores da concentração inibitória ($LC_{50}$ ) foi de 26±0,2 % a 25 µg/ml, 83±0,5 % a 100 µg/ml (Panneerselvam *et al.*, 2011).

Mathivanan *et al.* (2010) determinam que os valores $LC_{50}$ e $LC_{90}$ do extrato bruto de metanol das folhas de *E. coronaria em* larvas *de Cx. quinquefasciatus*, *Ae. aegypti* e *An. stephensi* em 24 horas foram 72,41, 65,67 e 62,08 e 136,55, 127,24 e 120,86 mg/L, respetivamente. O óleo essencial das folhas de *C. anisata* apresentou uma atividade larvicida significativa, com valores $LC_{50}$ de 140,96, 130,19 e 119,59 ppm em 24 horas, respetivamente (Govindarajan 2010b). A mortalidade larvar mais elevada foi encontrada no acetato de etilo das folhas de *A. marmelos* e *E. prostrata*, hexano e metanol de *A. paniculata* e *C. hirsutus*, apresentando valores $LC_{50}$ de 167,00, 78,28, 67,24 e 142,83 ppm e valores $LC_{90}$ de 588,31, 360,75, 371,91 e 830,01 ppm, respetivamente (Elango *et al.*, 2009).

O éter de petróleo da folha, os extractos de metanol da flor de *C. auriculata*, os extractos de metanol da flor de *L. aspera* e *R. nasutus*, os extractos de metanol da folha e da semente de *Solanum torvum* e o extrato de hexano da folha de *V. negundo* foram avaliados quanto à atividade larvicida com $LC_{50}$ valores de 44,21, 44,69, 53,16, 41,07, 35,32, 28,90 e 44,40 ppm, respetivamente (Kamaraj *et al.*, 2009). O extrato de acetato de etilo da folha de *A. aspera*, o extrato de clorofórmio da folha de *Anisomeles malabarica*, o metanol da flor de *G. superba* e o extrato de metanol da folha de *Ricinus communis* apresentaram valores $LC_{50}$ de 48,83, 135,36, 106,77 e 102,71 ppm e $LC_{90}$ de 225,36, 527,24, 471,90 e 483,04 ppm, respetivamente (Zahir *et al.*, 2009).

Bagavan *et al.* (2009b) investigaram que o extrato de acetato de etilo das folhas de *O. canum* e *O. sanctum* mostrou uma boa atividade larvicida contra as larvas de *An. subpictus* ($LC_{50}$ =88.15 e 21.67 ppm e $LC_{90}$ =528.70 e 98.34 ppm, respetivamente) e extractos de acetato de etilo de *O. sanctum* contra as larvas de *Cx. tritaeniorhynchus* ($LC_{50}$ =109.12 ppm e $LC_{90}$ =646.62 ppm). O extrato de acetato de etilo das folhas de *O. sanctum* produziu uma mortalidade significativa contra *Ae. aegypti* e *Cx. quinquefasciatus*, com valores $LC_{50}$ de 425,94 e 592,60 ppm, respetivamente (Anees, 2008). Matasyoh *et al.* (2008) registaram uma mortalidade de 100% a uma concentração de 0,2 mg/l com um valor $LC_{50}$ de 0,11 mg/ml para o extrato de folhas de acetato de etilo de *A. turkanensis* contra *An. gambiae*.

Autores anteriores relataram que os extractos de folhas em metanol de *V. negundo*, *V. trifolia*, *V. peduncularis* e *V. altissima* foram utilizados para o ensaio larvicida com valores $LC_{50}$ de 212,57, 41,41, 76,28 e 128,04 ppm, respetivamente, contra as larvas de quarto ínstar iniciais de *Cx. quinquefasciatus* (Kannathasan *et al.*, 2007). Mullai e Jebanesan (2007) determinaram que o extrato de folha de acetato de etilo de *C. colocynthis* e *C. maxima* tinha atividade larvicida. Os extractos mostraram os valores $LC_{50}$ de 47,58 e 75,91 ppm, respetivamente, contra larvas de *Cx. quinquefasciatus*. A atividade larvicida das soluções aquosas de óleo essencial dos caules e folhas de *Croton argyrophylloides*, *Croton nepetaefolius*, *Croton sonderianus*, e *Croton zehntneri* mostrou 100% de mortalidade a 50 ml contra *Ae. aegypti* (Lima *et al.*, 2006).

Dua *et al.* (2006) examinaram os valores médios da concentração letal mediana do extrato aquoso das raízes de *H. abelmoschus* contra as larvas de *An. culicifacies*, *An. stephensi* e *Cx. quinquefasciatus*, que foram de 52,3, 52,6 e 43,8 ppm, respetivamente. Amer e Mehlhorn (2006) avaliaram que o óleo essencial *de Lippia citriodora* com $LC_{50}$ valor de 101,4 ppm foi eficaz contra larvas de terceiro instar de *An. stephensi*. Sharma *et al.* (2005) relataram que o extrato de acetona de *N. indicum* e *T. orientalis* foi estudado com valores $LC_{50}$ de 200,87, 127,53, 209,00 e 155,97 ppm contra larvas de terceiro instar de *An. stephensi* e *Cx. quinquefasciatus*, respetivamente.

## 5.3 Atividade ovicida

Os ovicidas de origem botânica são uma ferramenta promissora e amiga do ambiente a utilizar contra mosquitos vectores de importância médica e veterinária. De facto, alguns deles são baratos e eficazes contra diferentes espécies, mesmo quando testados em doses baixas. Neste cenário, o emprego de formulações de passo único de plantas locais como ovicidas para mosquitos pode ser útil para populações marginalizadas que vivem em áreas rurais do mundo (Benelli 2015b).

As actividades ovicidas de cinco extractos de folhas de plantas diferentes foram testadas contra três espécies de mosquitos clinicamente importantes, nomeadamente *An.stephensi*, *Ae.aegypti* e *Cx.quinquefasciatus*. A concentração dos extractos de folhas varia consoante a espécie de planta utilizada. Entre as cinco espécies de plantas investigadas quanto à atividade ovicida contra os mosquitos vectores, *nomeadamente An.stephensi*, *Ae.aegypti* e *Cx.quinquefasciatus*. A *M. emarginata* exerceu a mortalidade mais elevada (100% de mortalidade) a 200 µg/mL contra *o An.stephensi*, seguida do *Ae.aegypti* (250 µg/mL) e do *Cx.quinquefasciatus* (300 µg/mL). As Ag NPs mostraram eclodibilidade zero a 40 µg/mL contra *An.stephensi*, seguido por *Ae.aegypti* (50 µg/mL) e *Cx.quinquefasciatus* (60 µg/mL).

A atividade ovicida de *C. odorata* contra ovos de *Ae.aegypti* expostos a 1, 5 e 10 % não foi diferente (P>0,05) em 77,6, 83,2 e 83,2 %, respetivamente. No entanto, a atividade ovicida do óleo extraído em ovos de *An. dirus* aumentou de 71,2 % a 1 % de concentração para 73,6 % a 5 % e para 94,4 % a 10 % de concentração, respetivamente. O resultado também mostrou que o efeito ovicida a 1, 5 e 10 % de *C. odorata* foi altamente significativo contra *Cx. quinquefasciatus* (P<0,05), produzindo 86,7, 96,1 e 98,9 %, respetivamente (Soonwera, 2015). Reegan *et al*., (2015) relataram que 500 ppm do extrato hexânico de folhas de *L. acidissima* levaram a uma mortalidade de ovos de 60 e 79,2% contra *Ae.aegypti* e *Cx. quinquefasciatus*, respetivamente.

A atividade ovicida dos extractos de *Cereus hildmannianus* sobre os ovos de *Ae.aegypti* está presente; a atividade ovicida moderada foi observada apenas no extrato de éter de petróleo sobre os ovos de *Ae.aegypti* com 52,8% EMR a 1000 mg/L às 96 h após o período de tratamento. A concentração mais baixa (62,5 mg/L) de extrato de éter de petróleo causou 28,8% de mortalidade de ovos contra os ovos de *Ae. aegypti*, o extrato de tetracloreto de carbono mostrou 38,4% e os extractos de hexano, acetato de etilo e aquoso registaram uma mortalidade de ovos de 21,6%, 24,8% e 20,0%, respetivamente, a uma concentração de 1000 mg/L contra *Ae.aegypti* (Kamakshi *et al*., 2015).

A atividade ovicida de nanopartículas sintetizadas em verde com extrato aquoso de *S. muticum* foi tóxica contra *An. stephensi*, *Ae. aegypti* e *Cx. quinquefasciatus*; a eclodibilidade dos ovos foi reduzida em 100 % após uma única exposição a 30 ppm (Madhiyazhagan *et al*., 2015). Govindarajan e Rajeswary (2015) investigaram a atividade ovicida de extractos brutos de hexano, benzeno, clorofórmio, acetato de etilo e metanol de folhas e sementes de *A. lebbeck* contra os ovos de três mosquitos vectores importantes, *nomeadamente Cx. quinquefasciatus*, *Ae. aegypti* e *An. stephensi*. Foi observada uma mortalidade de cem por cento a 250, 200 e 150 ppm para o extrato de metanol da folha e 375, 300 e 225 ppm para o extrato de metanol da semente de *A. lebbeck* contra *Cx. quinquefasciatus*, *Ae. aegypti* e *An. stephensi*, respetivamente.

Govindarajan e Sivakumar (2014a) avaliaram o potencial ovicida dos extractos brutos de hexano, benzeno, clorofórmio, acetato de etilo e metanol da planta medicinal *E. indica* contra os mosquitos vectores de importância médica, *An. stephensi*, *Ae. aegypti* e *Cx. quinquefasciatus*; no entanto, o extrato de metanol apresentou a maior atividade ovicida. O extrato metanólico de *E. indica* contra *An. stephensi*, *Ae. aegypti* e *Cx. quinquefasciatus* exerceu 100 % de mortalidade (eclodibilidade zero) a 150, 200 e 250 ppm, respetivamente. Prathibha *et al.* (2014) mostraram que os extratos de acetato de etila de *S. mauritiana, S. canadensis*, *E. ridleyi* e *E. jambolana* foram testados quanto à atividade ovicida contra *An. stephensi*, *Ae. aegypti* e *Cx. quinquefasciatus*, exercendo 100% de mortalidade (eclodibilidade zero) a 100 ppm.

Maheswaran e Ignacimuthu (2014) determinaram que o óleo essencial e um composto isolado das folhas de *P. hydropiper* contra o mosquito vetor da dengue *Ae. albopictus*. Os resultados da atividade ovicida foram de 100 % a 10 ppm de confertifolina em ovos de 0 a 6 horas de idade de *Ae. albopictus*. O resultado da atividade ovicida dos extractos brutos de hexano, benzeno, clorofórmio, acetato de etilo e metanol da folha de *A. adenophora* contra o mosquito vetor *Cx. quinquefasciatus*. Entre os extractos testados para a atividade ovicida contra *Cx. quinquefasciatus*, o extrato de metanol da folha de *A. adenophora* exerceu uma mortalidade de 100% (eclodibilidade zero) a 375 mg/L (Rajeswary *et al.*, 2014). Govindarajan e Sivakumar (2014b) relataram que o extrato metanólico de *A. racemosus* contra *Cx. quinquefasciatus*, *Ae. aegypti* e *An. stephensi* exerceu 100% de mortalidade (eclodibilidade zero) a 375, 300 e 225 ppm, respetivamente. Os ovos de controlo apresentaram uma eclodibilidade de 99-100 %.

A percentagem de eclosão foi inversamente proporcional à concentração do extrato e diretamente proporcional aos ovos. Entre os extractos testados para a atividade ovicida contra *An. stephensi*, o extrato de metanol da folha de *A. paniculata* exerceu 100% de mortalidade (eclodibilidade zero) a 150 e 300 ppm, respetivamente. Verificou-se que o extrato de folhas de *A. paniculata* é mais eficaz do que *C. occidentalis* e *E. hirta* contra larvas e ovos de mosquitos vectores (Panneerselvam e Murugan, 2013). A percentagem média de eclosão dos ovos foi observada após 48 horas de pós-tratamento. Todos os cinco extractos de solventes apresentaram uma atividade ovicida moderada; no entanto, o extrato de metanol apresentou a maior atividade ovicida. Foi observada uma mortalidade de cem por cento a 300 ppm para o extrato de metanol de folhas e 500 ppm para o extrato de metanol de sementes de *D. elata* contra *An. stephensi* e *Ae. aegypti*, respetivamente (Govindarajan *et al.*, 2012).

Samidurai (2012) relatou que a porcentagem média de eclosão de ovos de *Cx. tritaeniorhynchus* e *An. subpictus* foi testada com três solventes diferentes em diferentes concentrações de extratos de folhas de *P. acidula*, e a porcentagem de eclosão foi inversamente proporcional aos ovos. Entre os extractos testados para a atividade ovicida contra *Cx. tritaeniorhynchus* e *An. subpictus*, o extrato de metanol de *P. acidula* exerceu uma mortalidade de 100% (eclodibilidade zero) a 350 e 400, respetivamente. Govindarajan *et al.* (2011a) observaram que o extrato de folhas de *E. coronaria* e *C. pulcherrima* apresentou actividades ovicidas e larvicidas moderadas contra *An. stephensi, Ae. aegypti* e *Cx. quinquefasciatus*, respetivamente.

Govindarajan (2011) relatou que os extratos de folhas de *Cardiospermum halicacabum* apresentaram atividade ovicida variando de 100 a 600 ppm contra *Ae. aegypti*. Souza *et al.* (2011) observaram que nenhum dos extractos etanólicos de sementes de 21 plantas brasileiras foi capaz de exercer 100 % de mortalidade contra ovos de *Ae.aegypti*, as chávenas tratadas com 500 ppm receberam um número médio de 34,1,01 e 24,1,21 ovos por chávena, enquanto as chávenas de controlo receberam um número médio de 460,1,71 e 500,1,48 ovos por chávena testados com os extractos de acetona e metanol de folhas de *A. marmelos*, respetivamente. Elango *et al.* (2010) relataram que a atividade ovicida completa (100% de mortalidade) foi alcançada a 1000 ppm de extractos de hexano e clorofórmio de *A. lineate* contra *An. subpictus* e *Cx. tritaeniorhynchus*.

O extrato da folha de *C. fistula* com diferentes solventes *viz*., metanol, benzeno e acetona foi estudado quanto à atividade ovicida contra *Ae. aegypti*, a percentagem média de eclosão dos ovos foi observada após 120,00 h após o tratamento, 100% de mortalidade (eclodibilidade zero) a 160 mg/ml (Govindarajan 2009). Mullai *et al.* (2008) relataram que os extractos de benzeno de *C. vulgaris* exerceram 100% de mortalidade (eclodibilidade zero) a 250 ppm, uma eclodibilidade muito baixa (11,8%) a 200 ppm, atividade ovicida completa a 300 ppm e a fração I a 80 ppm exerceu uma taxa de eclodibilidade muito baixa de 3.2 %, seguida da fração II (6,9 %), e das fracções III e IV, que apresentaram uma eclodibilidade de 4,9 e 5,3 % contra o *An. stephensi* e *o Ae. aegypti*, respetivamente.

A água contendo metanol, que serviu de controlo, mostrou 94% de eclodibilidade em barquetes/ovos com 0-3 horas de idade, mas a eclodibilidade de 100% foi observada em barquetes/ovos com mais de 0-3 horas de idade em extrato de metanol de folhas (90%) de *C. fistula* contra barquetes de ovos de *Cx. quinquefasciatus* (Govindarajan *et al.*, 2008a). Mullai e Jebanesan (2007) investigaram a percentagem média de eclosão de *Cx. quinquefasciatus* com *C. colocynthis* e *C. maxima*, a toxicidade dos extractos de folhas dependia da sua concentração. A eclodibilidade zero (100% de mortalidade) foi atingida na concentração de 450 ppm para *C. colocynthis* e 600 ppm para *C. maxima*. Os ovos de controlo (água com os respectivos solventes) mostram que a eclodibilidade variou de 97,4 a 100% com *C.*

*colocynthis* e *C. maxima* exibiu 100% de eclodibilidade para todos os extractos. A eficácia ovicida de 100 % do óleo *de C. citratus* contra o vetor da filariose *Cx. quinquefasciatus* e o vetor da dengue *Ae. aegypti* foi revelada por Pushpanathan *et al.* (2006) a 300 ppm.

Mullai e Jebanesan (2006) avaliaram que a atividade ovicida completa (100% de mortalidade) foi atingida a 300 ppm para extractos de metanol, benzeno, éter de petróleo e acetato de etilo de *C. pubescens* contra *C. quinquefasciatus*. O extrato de folhas de *Solanum trilobatum* reduziu a postura de ovos por fêmeas grávidas de *An. stephensi* de 18 a 99% em comparação com controlos tratados com etanol a 0,01, 0,025, 0,05, 0,075 e 0,1 % (Rajkumar e Jebanesan 2005). Rajkumar e Jebanesan (2004) estudaram a atividade ovicida do extrato de folhas de *M. polystachyum* contra *Cx. quinquefasciatus* e observaram 100 % de mortalidade de ovos a 100 ml/L.

O efeito ovicida de *S. argel* foi baixo; no entanto, as concentrações de 0,05 e 0,1 % apresentaram efeitos significativos ($p<0{,}05$), produzindo 65 e 75 %, e 62,9 e 62,9 %, respetivamente, no primeiro e segundo dia após o tratamento, respetivamente; a concentração de 0.1 % reduziu a eclosão de ovos em 33,7 %, em comparação com o controlo, e foram evidentes valores de mortalidade de 100 % em concentrações tão baixas como 0,025 % aos 2 dias após a eclosão contra *C. pipiens* (Al-Doghairi *et al.* 2004). Assis *et al.* (2003) relataram que a inibição da eclosão de ovos de acetato de etilo e extractos de metanol de *Spigelia anthelmia*, que mostrou 97,4% a 100% a 50,0 mg ml-1, respetivamente. O composto bioativo Azadirachtin (*A. indica*) mostrou uma atividade ovicida completa nos ovos de *Cx. tarsalis* e *Cx.quinquefasciatus* expostos a uma concentração de 10 ppm (Su e Mulla, 1998).

### 5.4 Atividade adulticida

A partir dos resultados do presente estudo, as plantas que foram testadas contra três espécies importantes de mosquitos para a atividade adulticida foram agrupadas em duas categorias com base nos seus valores $LD_{50}$ . A espécie vegetal *M. emarginata* apresentou os valores $LD_{50}$ 250 µg/mL (<250) (Ag NPs 30 µg/mL), as espécies vegetais *N. alata* e *H. puberula*, exibiram os valores $LD_{50}$ abaixo de 325µg/mL (<325) (Ag NPs 40µg/mL). Com base nestes valores de $LD_{50}$ com as espécies *Anopheles, Aedes* e *Culex, a M. emarginata* é agrupada nas categorias de espécies de plantas mais eficazes, *a N. alata* e *a H. puberula* são categorizadas em espécies de plantas moderadamente eficazes e as plantas *A. elaeagnoidea* e *V. madrasapatna* são agrupadas em espécies de plantas menos eficazes.

Nanopartículas de ouro sintetizadas (Au NPs) usando extrato de flores de *C. guianensis* foram investigadas contra os adultos do vetor da malária *An. stephensi*; os valores $LC_{50}$ e $LC_{90}$ do extrato de flores foram 133,96 e 287,65 ppm, os valores $LC_{50}$ e $LC_{90}$ de Au NPs foram 11,23 e 24,61 ppm, respetivamente (Subramaniam *et al.*, 2016). O extrato de acetona de *C. anisata* e a sua fração de hexano causaram a morte dos mosquitos quando nebulizados na câmara de ensaio, com uma $CE_{50}$ de 78,9 mg/ml (7,89 %) e 71,6 mg/ml (7,16 %) nos primeiros 15 minutos após a pulverização. Os extractos de folhas de *C. anisata* têm potencial para serem incluídos em produtos de proteção contra mosquitos devido aos compostos adulticidas neles contidos (Mukandiwa *et al.*, 2016).

Suresh *et al.* (2015) relataram que as NPs de Ag sintetizadas com *P. niruri* testadas contra adultos de *Ae. aegypti,* alcançaram valores de $LC_{50}$ e $LC_{90}$ de 6,68 e 23,58 ppm, respetivamente. Utilizando outras espécies de plantas para a nano-síntese, a toxicidade adulticida pode variar de forma consistente. Por exemplo, as NPs de Ag *sintetizadas por M. elengi* mostraram $LC_{50}$ de 13,7 ppm contra adultos de *An. stephensi* e 14,7 ppm contra adultos de *Ae. albopictus* (Subramaniam *et al.*, 2015). Notavelmente, a exposição a doses que variam de 100 a 500 ppm de Ag NPs *fabricadas por H. musciformis* reduziu fortemente a longevidade *do Ae. aegypti* em ambos os sexos, bem como a fecundidade feminina (Roni *et al.*, 2015). Madhiyazhagan *et al.* (2015) mostraram que 10 ppm de Ag NPs sintetizadas usando *S. muticum* reduziram as taxas de oviposição em mais de 70% em *Ae. aegypti*, *An. stephensi* e *Cx. quinquefasciatus* (OAI = -0,61, -0,63 e -0,58, respetivamente).

Soni e Prakash (2014b) avaliaram que as nanopartículas de prata sintetizadas usando o extrato da folha de nim foram eficazes para adultos de *Cx. quinquefasciatus*, com $LC_{50}$ de 0,53 ppm calculado após 4 horas de exposição. A atividade adulticida das Ag NPs sintetizadas utilizando o extrato de folhas de *H. indicum* foi avaliada contra adultos de *An. stephensi*, *Ae. aegypti* e *Cx. quinquefasciatus*; a eficácia máxima foi observada contra os adultos de *An. stephensi* ($LD_{50}$ = 26.712 e $LD_{90}$ = 49.061 µg/mL), seguido por *Ae. aegypti* ($LD_{50}$ = 29.626 e $LD_{90}$ = 54.269 µg/mL), e *Cx. quinquefasciatus* ($LD_{50}$ = 32.077 e $LD_{90}$ = 58.426 µg/mL) (Veerakumar *et al*, 2014b).

A atividade adulticida dos extractos de folhas e sementes de *D. elata* mostrou um efeito tóxico moderado nos mosquitos adultos após 24 horas de período de exposição. No entanto, a maior atividade adulticida foi observada no extrato de metanol da folha de *D. elata* contra *Ae.aegypti* com os valores $LC_{50}$ e $LC_{90}$ 162,87 e 309,32 ppm, respetivamente (Rajeswary e Govindarajan 2014). Govindarajan e Sivakumar (2014b) relataram que os valores $LD_{50}$ e $LD_{90}$ dos extractos de raiz de *A. racemosus* contra a atividade adulticida de (hexano, benzeno, clorofórmio, acetato de etilo e metanol) *Cx. quinquefasciatus*, *Ae.aegypti* e *An. stephensi* foram os seguintes: *An. stephensi*, $LD_{50}$ valores 157.16, 143.49, 154.68, 133.43 e 120.44 ppm, e $LD_{90}$ valores foram 282.57, 254.28, 272.87, 241.19 e 214.65 ppm; *Ae. aegypti*, $LD_{50}$ valores foram 177.69, 162.52, 172.92, 143.14 e 135.60 ppm, e $LD_{90}$ valores foram 322.30, 296.84, 315.30, 257.76 e 248.35 ppm; e *Cx. quinquefasciatus* $LD_{50}$ valores foram 208.46, 186.22, 196.36, 166.57 e 157.71 ppm, e $LD_{90}$ valores foram 368.22, 333.71, 350.12, 303.44 e 290.95 ppm, respetivamente.

Kovendan*et al.* (2013) avaliaram que os extractos de folhas de *Amelanchier alnifolia* contra a atividade adulticida de (hexano, benzeno, acetato de etilo, acetona e metanol) *Ae. aegypti*, *An. stephensi* e *Cx. quinquefasciatus* foram os seguintes: *Ae. aegypti* $LC_{50}$ valores foram 371.87, 342.97, 320.17, 300.86, e 279.75 ppm; *An. stephensi* $LC_{50}$ valores foram 358.35, 336.64, 306.10, 293.01, e 274.76 ppm; *Cx. quinquefasciatus* $LC_{50}$ valores foram 383.59, 354.13, 327.74, 314.33, e 291.71 ppm, respetivamente.

Panneerselvam e Murugan (2013) observaram que a mortalidade de adultos foi encontrada no extrato de metanol de *A. paniculata* seguido de *C. occidentalis* e *E. hirta* contra os adultos de *An. stephensi* com valores $LC_{50}$ e $LC_{90}$ de 210,30, 225,91 e 263,91 ppm e 527,31, 586,36 e 621,91 ppm, respetivamente. Os valores $LC_{50}$ dos extractos de folhas da planta *A. alnifolia* contra a atividade adulticida de (hexano, benzeno, acetato de etilo, acetona e metanol) *Ae. aegypti*, *An. stephensi* e *Cx. quinquefasciatus* foram os seguintes: *Ae. aegypti* os valores foram 371,87, 342,97, 320,17, 300,86 e 279,75 ppm; *An. stephensi* os valores foram 358,35, 336,64, 306,10, 293,01 e 274,76 ppm; *Cx. quinquefasciatus* os valores foram 383,59, 354,13, 327,74, 314,33 e 291,71 ppm (Kovendan *et al.*, 2013).

O efeito das nanopartículas de prata sintetizadas com *Chrysosporium keratinophilum* e *Verticillium lecanii* foi avaliado contra o mosquito adulto do vetor da filariose *Cx. quinquefasciatus*, com valores $LC_{50}$ 0,19 e 0,4 $\mu L/cm^2$ ; valores $LC_{90}$ 2,4 e 3,2 $\mu L/cm^2$ ; após 22 horas de período de exposição (Soni e Prakash, 2012). A mortalidade de adultos foi encontrada no extrato de metanol de *A. paniculata* contra os adultos de *Cx. quinquefasciatus* e *Ae. aegypti* com os valores $LC_{50}$ e $LC_{90}$ 149,81, 172,37 ppm e 288,12, 321,01 ppm, respetivamente (Govindarajan e Sivakumar, 2012).

Barik *et al.* (2012) investigaram o comportamento de oviposição de três espécies de mosquitos na presença de diferentes tipos de nanosílica. Foi observada uma atividade de oviposição completa da nanosílica hidrofóbica a 112,5 ppm em *Ae. aegypti*, *An. stephensi* e *Cx. quinquefasciatus*, enquanto não se verificou qualquer efeito da nanosílica lipofílica no comportamento de oviposição dos três vectores. A maior mortalidade de adultos foi encontrada no extrato de metanol de *A. paniculata*, seguido de *C. occidentalis* e *E. hirta* contra os adultos de *An. stephensi* com $LC_{50}$ e $LC_{90}$ valores de 210,30, 225,91 e 263,91 ppm e 527,31, 586,36 e 621,91 ppm, respetivamente (Panneerselvam e Murugan, 2012).

Os valores $LC_{50}$ e $LC_{90}$ dos extractos de folhas de *C. tora* contra a atividade adulticida de hexano, clorofórmio benzeno, acetona e metanol (*Cx. quinquefasciatus*, *Ae. aegypti* e *An. stephensi*) foram as seguintes: para *Cx. quinquefasciatus*, os valores de $LC_{50}$ foram 338,81, 315,73, 296,13, 279,23 e 261,03 ppm e os valores de $LC_{90}$ foram 575,77, 539,31, 513.99, 497.06, e 476.03 ppm; para *Ae aegypti*, os valores $LC_{50}$ foram 329.82, 307.3, e 252.03 ppm e os valores $LC_{90}$ foram 563.24, 528.33, 496.92,

477.61, e 448.05 ppm; e para *An. stephensi*, os valores de $LC_{50}$ foram 317,28, 300,30, 277,51, 263,35 e 251,43 ppm e os valores de $LC_{90}$ foram 538,22, 512,90, 483,78, 461,08 e 430,70 ppm, respetivamente (Amerasan *et al*, 2012).

A mortalidade de adultos foi encontrada no extrato de etanol de *C. sinensis* com os valores $LC_{50}$ e $LC_{90}$ de 272,19 e 457,14 ppm, *An. stephensi* de 289,62 e 494,88 ppm, e *Ae. aegypti* de 320,38 e 524,57 ppm, respetivamente (Murugan *et al.*, 2012). A mortalidade de adultos foi encontrada no extrato de metanol de *A. nilagirica*, com os valores $LC_{50}$ e $LC_{90}$ de 205,78 e 459,51 ppm para *An. stephensi*, e 242,52 e 523,73 ppm para *Ae. aegypti*, respetivamente (Panneerselvam *et al.*, 2012). A atividade adulticida máxima observada no extrato de acetato de etila de *A. lineata*, no extrato de clorofórmio de *A. paniculata*, no extrato de acetona de *C. hirsutus* e no extrato de metanol de *T. erecta* ($LD_{50}$ = 126,92, 95,82, 109,40 e 89,83 ppm; $LD_{90}$ = 542,95, 720,82, 459,03 e 607.85 ppm); e EI do extrato de acetona de folhas de *A. marmelos*, extrato de acetato de etilo de *A. lineata*, extrato de metanol de *C. hirsutus* e *T. erecta* ($EI_{50}$ =128,14, 79,39, 143,97 e 92,82 ppm; $EI_{90}$ =713,53, 293,70, 682,72 e 582,59 ppm), respetivamente contra *An. subpictus* (Elango *et al*, 2011).

A atividade adulticida dos extractos de plantas testados mostrou um efeito tóxico moderado nos mosquitos adultos após 24 horas de exposição a 500 µg/ mL; no entanto, a mortalidade mais elevada foi encontrada no metanol, extrato de *M. charantia*, *M. oleifera* e extrato de acetato de etilo de *O. gratissiumum*, acetato de etilo e extrato de metanol de *O. tenuiflorum* e *P. granatum* contra adultos de *Cx. gelidus* com valores $LD_{50}$ de 27,21, 68,03, 72,56, 47.60, 82.66, e 34.26 µg/ mL; $LD_{90}$ valores de 146.23, 285.83, 319.14, 264.58, 299.23 e 356.14 µg/ mL; e extrato de metanol de *M. charantia*, extrato de acetato de etilo de *M. oleifera*, *O. gratissimum*, *O. tenuiflorum* e *P. granatum* contra adultos de *Cx.quinquefasciatus* com $LD_{50}$ valores de 43.06, 59.34, 62.42,58.89 e 54.15 µg/mL; $LD_{90}$ valores de 248.18, 250.46, 450.72, 326.13 e 423.38 µg/mL, respetivamente (Kamaraj *et al.*, 2010).

Dua *et al.* (2010) observaram que a atividade adulticida do óleo essencial de *L. camara* foi avaliada contra diferentes espécies de mosquitos em papéis impregnados com 0,208 mg/cm$^2$ , e os valores $KDT_{50}$ e $KDT_{90}$ do óleo essencial foram 20, 18, 15, 12 e 14 min, e 35, 28, 25, 18 e 23 min contra *Ae. aegypti*, *Cx. quinquefasciatus*, *An. culicifacies*, *Anopheles fluvialitis* e *An. stephensi* com uma percentagem de mortalidade de 93,3 %, 95,2 %, 100 %, 100 % e 100 %, respetivamente. As actividades larvicida e adulticida da mistura etanólica e aquosa (50:50) de extractos de plantas *E. globulus*, *C. citratus*, *A. annua*, *J. gendarussa*, *M. fragrans*, *A. squamosa* e *C. asiatica* foram testadas contra o *An. stephensi*, tendo sido observada a maior eficácia entre 80 e 100 % em todos os extractos (Senthilkumar *et al.* 2009).

Foi obtido um resultado semelhante no extrato de raiz de *Valeriana jatamansi*, que apresentou uma atividade adulticida com uma concentração letal de 90% contra adultos de *An. stephensi*, *An. culicifacies*, *Ae. aegypti*, *Ae. albopictus* e *Cx. quinquefasciatus* e foram 0,14, 0,16, 0,09, 0,08 e 0,17, e 0,24, 0,34, 0,25, 0,21 e 0,28 mg/cm$^2$ , respetivamente (Dua *et al.* 2008). A atividade adulticida do óleo essencial isolado de *Mentha longifolia* foi analisada através de um ensaio de toxicidade fumigante contra o mosquito doméstico, *Cx. pipiens* por Oz *et al.* (2007). O efeito adulticida mais elevado foi estabelecido a partir de *Piper sarmentosum*, seguido *de Piper ribesoides* e *Piper longum*, com valores $LD_{50}$ de 0,14, 0,15 e 0,26 µg/fêmea, respetivamente (Choochote *et al.*, 2006).

Nathan *et al.* (2005) consideraram limonóides puros de sementes de nim, testando a atividade biológica, larvicida, pupicida, adulticida e anti-oviposição *do An. stephensi* e a mortalidade larvar foi dependente da dose, com a dose mais elevada de 1 ppm de azadiractina a provocar quase 100% de mortalidade, afectando a atividade pupicida e adulticida e diminuindo significativamente a fecundidade e a longevidade do *An. stephensi*. Jeyabalan *et al.* (2003) também registaram o efeito adulticida de *P. citrosa* em *An. stephensi*, com valores de $CL_{50}$ e $CL_{90}$ de 1,56 e 5,22 %, respetivamente. No entanto, vale a pena notar que os seus valores $LC_{50}$ e $LC_{90}$ eram muito mais elevados do que os extractos testados neste estudo.

### 5.5 Organismo aquático não visado

O efeito num organismo não visado revelou que o OE de *Zanthoxylum monophyllum* e os seus principais compostos químicos são seguros para o peixe predador, *G. affinis*. Dado que o $LC_{50}$ para *G. affinis* foi estimado em 4234,07µg/mL, o OE pode ser considerado completamente seguro para esta espécie de peixe, o que se manifestou num elevado índice de adequação/fator de segurança do predador, variando de 86,39 para as larvas menos sensíveis de *Cx. tritaeniorhynchus* a 102,02 para as larvas mais sensíveis de *An. subpictus*(Pavela e Govindarajan, 2016).Govindarajan *et al.* (2016e) relataram que a biotoxicidade do extrato aquoso de *M. sylvestris* e das NPs de Ag sintetizadas a verde foi avaliada em organismos não visados *D. indicus* e *G. affinis*.

Govindarajan *et al.* (2016f) investigaram a biotoxicidade do extrato aquoso e da Ag NP sintetizada a verde em organismos não visados *D. indicus*, *A. bouvieri* e *G. affinis*. Os tratamentos de toxicidade alcançaram toxicidade insignificante contra *D. indicus*, *A. bouvieri* e *G. affinis*, com valores de $LC_{50}$ variando de 424,09 a 6402,68µg/mL. Da mesma forma, *G. affinis* apresentou altas taxas de predação contra larvas de *An. stephensi* e *Ae. albopictus*. Após 24 horas, a predação de larvas de III instares de *An. stephensi* e *Ae. albopictus* foi de 60,90 e 57,42%, respetivamente (Subramaniam *et al.*, 2015). Chobu *et al.* (2015) observaram que *G. affinis* é mais eficiente como predador de larvas de terceiro instar de *An. gambiae* do que o peixe dourado Cyprinidae *Carassius auratus*.

Os tratamentos de toxicidade alcançaram uma toxicidade negligenciável contra *D. indicus* e *G. affinis*, com valores de $LC_{50}$ variando de 813,16 a 10.459,13µg/mL. A biotoxicidade do extrato aquoso de *B. cristata* e da Ag NP sintetizada em verde foi avaliada em organismos não-alvo *D. indicus*, *A. bouvieri* e *G. affinis* com $LC_{50}$ valores variando de 633,26 a 8595,89 µg / mL, respetivamente (Govindarajan e Benelli, 2016b). *B. tinctoria* foi testado contra os predadores de mosquitos não-alvo *T. splendens* e *M. thermocyclopoids*, com $LC_{50}$ valores de 552,28 e 480,92 ppm, respetivamente. As experiências realizadas com NPs de Ag em *T. splendens* e *M. thermocyclopoids* conduziram a valores de $CL_{50}$ de 234,48 e 218,16 ppm, respetivamente. O Índice de Segurança/Fator de Segurança do Predador calculado para o extrato de folhas de *B. tinctoria* foi de 3,02 e 2,63 para *T. splendens* e *M. thermocyclopoids*, respetivamente, enquanto que para Ag NPs foi de 47,1 e 43,8, respetivamente (Mahesh Kumar *et al.*, 2016).

As NPs de Ag biossintetizadas utilizando o isolado de fluorência 2, 7.bis [2-(dietilamino)-etoxi] das folhas de *Melia azedarach* não apresentaram toxicidade aguda contra os copépodes *Mesocyclops pehpeiensis* (Ramanibai e Velayutham, 2015). Além disso, a eficiência de predação do peixe dourado (*C. auratus*) foi maior se as larvas de *Ae. aegypti* foram expostas a 1 ppm de Ag NPs *fabricadas com B. cylindrica* (Murugan *et al.* ., 2015g). Haldar*et al.* (2013) não detectaram toxicidade de Ag NPs produzidas usando frutos verdes secos de *Drypetes roxburghii* contra *P. reticulata*, após 48 horas de exposição a $LC_{50}$ de larvas de IV instar de *An. stephensi* e *Cx.* quinquefasciatus.

Subarani *et al.* (2013) relataram que as nanopartículas de prata *sintetizadas por V. rosea* não apresentaram nenhuma toxicidade percetível em *P. reticulata* após 24, 48 e 72 horas de exposição. Estes resultados sugerem que as NPs de Ag sintetizadas têm o potencial de serem utilizadas como uma abordagem ecológica ideal para o controlo das larvas de *Ae. aegypti*. Rawani *et al.* (2013) mostraram que as NPs de Ag mosquitocidas sintetizadas usando extractos de bagas de *S. nigrum* não eram tóxicas contra dois predadores de mosquitos, larvas de *Toxorhynchites* e *Diplonychus annulatum*, e larvas de *Chironomus circumdatus*, expostas a concentrações letais de nanopartículas secas calculadas sobre larvas de *An. stephensi* e *Cx. quinquefasciatus*. As NPs de Ag *sintetizadas por P. rubra* e *P. daemia* não apresentaram qualquer efeito tóxico evidente contra peixes *P. reticulata*, após 48 horas de exposição a valores $LC_{50}$ e $LC_{90}$ calculados em larvas de IV instar de *Ae. aegypti* e *An. stephensi* (Patil *et al.*, 2012a).

Patil *et al.* (2012b) investigaram a toxicidade aguda de nanopartículas metálicas sintetizadas em verde contra peixes, mostrando que as NPs de Ag mosquitocidas sintetizadas a partir do látex de *P. daemia* não eram tóxicas para o peixe guppy não-alvo *P. reticulata*. Em condições laboratoriais, *G. affinis* apresentou altas taxas de predação contra larvas de *An. stephensi* e *Ae. albopictus*. Após 24 horas, a predação de larvas de terceiro instar de *An. stephensi* e *Ae. albopictus* foi de 60,90 e 57,42%, respetivamente. O peixe-mosquito ocidental é amplamente conhecido como um dos agentes de biocontrolo mais eficientes contra larvas de Culicidae (Griffin e Knight, 2012).

*G. affinis* foi relatado como um predador mais eficiente de instares jovens de mosquitos do que outros organismos aquáticos, como Belostomatidae e ninfas de odonatos (Kweka *et al.*, 2011). Foi testado o efeito do extrato de *S. emarginatus* contra dois insectos aquáticos não visados, nomeadamente *Chironomus costatus* e *Diplonychus rusticus*. Este extrato não causou a mortalidade de larvas de quarto ínstar de *C. costatus* a uma concentração de 2 mg de peso seco por mililitro até 48 horas, ao passo que não foi observada qualquer mortalidade das ninfas de primeiro ínstar do inseto aquático *D. rusticus* até uma concentração de 6 mg de peso seco por mililitro em 48 horas de exposição (Koodalingam *et al.*, 2009). Num estudo semelhante, Sivagnaname e Kalyanasundaram, (2004) testaram a toxicidade do extrato de *A. monophylla* em cinco predadores de mosquitos não visados e demonstraram que este extrato era altamente tóxico para o inseto aquático hemíptero nadador de costas, *A. bouvieri*, e moderadamente tóxico para outro inseto aquático *D. indicus* (*D. rusticus*). Kreutzweiser, (1997) relatou os efeitos deletérios do extrato de neem e de uma formulação comercial de neem (Azatin) numa variedade de oito espécies de invertebrados aquáticos não visados, com o efeito letal mais elevado nas larvas da mosca-da-maça (*Isonychia bicolor/rufa*).

# CAPÍTULO - 6

# RESUMO


No presente estudo, 5 plantas medicinais, nomeadamente *Merremia emarginata*, *Naregamia alata*, *Hedyotis puberula*, *Aglaia elaeagnoidea* e *Ventilago madrasapatna*, foram colhidas em Nilgiris, Ghats ocidentais, Estado de Tamil Nadu, Índia.

As folhas saudáveis e frescas foram recolhidas e lavadas com água da torneira, secas à sombra à temperatura ambiente. Foram moídas até ficarem em pó fino num moinho elétrico. O extrato aquoso foi preparado misturando 50 g de pó de folhas secas com 500 mL de água (água destilada fervida e arrefecida) com agitação constante num agitador magnético. A suspensão de pó de folhas secas em água foi deixada durante 3 horas, filtrada através de papel de filtro Whatman n.º 1 e o filtrado foi armazenado num frasco hermético de cor âmbar a uma temperatura de 10 °C até ser utilizado.

A síntese verde de nanopartículas de prata (Ag NPs) foi realizada utilizando os extractos aquosos de folhas de cinco plantas. As NPs de Ag sintetizadas foram caracterizadas utilizando as técnicas de espetroscopia UV-vis, espetroscopia de infravermelhos com transformada de Fourier (FT-IR), microscopia eletrónica de varrimento (SEM) com análise EDX, microscopia eletrónica de transmissão (TEM), microscopia de força atómica (AFM) e análise de difração de raios X (XRD).

As caixas de ovos/ovos de três mosquitos vectores, *An. stephensi*, *Ae. aegypti* e *Cx. quinquefasciatus*, foram obtidos no laboratório de controlo de vectores do Departamento de Zoologia da Universidade de Annamalai. A colónia de laboratório foi mantida a uma temperatura de 70-85 % HR, 28±2 °C, com um fotoperíodo de 12 horas de luz e 12 horas de escuridão.

A atividade larvicida dos extractos aquosos das folhas destas cinco plantas e das Ag NPs foi testada contra os mosquitos *Aedes, Anopheles* e *Culex*. A mortalidade larvar foi calculada após um período de exposição de 24 horas. O $LC_{50}$ e o $LC_{90}$ , o limite de confiança de 95% do limite de confiança inferior (LCL) e do limite de confiança superior (UCL) e os valores do qui-quadrado foram calculados utilizando a análise probit.

Entre os cinco extractos aquosos de folhas de plantas testados, a atividade larvicida máxima foi observada em *M. emarginata* contra *An. stephensi*, *Ae.aegypti* e *Cx. quinquefasciatus*, $LC_{50}$ e $LC_{90}$ valores foram 146,91,157,87,169,24 e 286,29,301,63,315,81μg/mL, respetivamente.

A atividade larvicida máxima foi registada com as NPs de Ag sintetizadas mediadas por *M. emarginata* contra *An. stephensi* seguido por *Ae.aegypti* e *Cx. quinquefasciatus* com os valores $LC_{50}$ e $LC_{90}$ foram 8,36,9,20,10,02 e 16,33,17,86,18,62/mL, respetivamente.

Entre as cinco espécies de plantas avaliadas quanto à atividade ovicida contra *An. stephensi, Ae. aegypti* e *Cx. quinquefasciatus*, o extrato aquoso de folhas de *M. emarginata* exerceu uma mortalidade de 100% (ovos com 12-18 horas de idade/barra de ovos) a 200 µg/mL contra *An. stephensi*, seguido de *Ae. aegypti* (250 µg/mL) e *Cx. quinquefasciatus* (300 µg/mL).

As NPs de Ag sintetizadas por *M. emarginata* mostraram (ovos com 12-18 horas de idade/banheira de ovos) eclodibilidade zero a 40 µg/mL contra *An. stephensi*, seguido por *Ae. aegypti* (50µg/mL) e *Cx. quinquefasciatus* (60µg/mL).

A atividade adulticida do extrato aquoso das folhas de cinco plantas e das NPs de Ag foi avaliada contra os mosquitos vectores *An. stephensi, Ae. aegypti* e *Cx. quinquefasciatus*. O $LD_{50}$ e o $LD_{90}$ 95 por cento do limite de confiança inferior (LCL) e (UCL) e o valor do qui-quadrado foram calculados utilizando a análise probit.

## CONCLUSÃO

Entre os extractos aquosos de folhas das cinco plantas testadas, a atividade adulticida máxima foi observada em *M. emarginata* contra *An. stephensi, Ae. aegypti* e *Cx. quinquefasciatus*. A atividade adulticida máxima foi relatada com as NPs de Ag sintetizadas mediadas por *M. emarginata* contra *An. stephensi* seguido por *Ae.aegypti* e *Cx. quinquefasciatus.*

A biotoxicidade do extrato aquoso de cinco plantas e das NPs de Ag sintetizadas a verde foi avaliada em organismos não visados *Anisops bouvieri, Diplonychus indicus, Gambusia affinis*. As NPs de Ag sintetizadas com *M. emarginata* foram testadas contra o organismo não visado, os tratamentos de toxicidade atingiram uma toxicidade negligenciável contra *A. bouvieri, D. indicus* e *G. affinis*.

As observações focais destacaram que a longevidade e a atividade de natação das espécies em estudo não foram alteradas durante uma semana após o teste. O SI indicou que as NPs de Ag fabricadas com M. *emarginata* eram menos tóxicas para os organismos não-alvo testados, em comparação com as populações de larvas de mosquito visadas. Por conseguinte, as NPs de Ag fabricadas com *M. emarginata* podem ser utilizadas para controlar os vectores de mosquitos nos campos.

# CAPÍTULO - 7

# REFERÊNCIAS


Ahmad, A., Mukherjee, M., Mandal, D., Senapati, S., Khan, M.I., Kumar, R. e Sastry, M., 2003. Biossíntese extracelular de nanopartículas de prata utilizando o fungo *Fusarium oxysporum*. Coll. Surf. B. Biointerf. 28:313-318.

Aivazi, A.A. e Vijayan, V.A., 2010. Eficácia do extrato de *Ruta graveolens* e seu efeito sinérgico com cipermetrina contra *Anopheles stephensi* Liston. J. Toxicol. Environ. Chem. 92:893-901.

Al-Doghairi, M., El-Nadi, A., Elhag, E. e Al-Ayedh, H., 2004. Efeito de *Solenostemma argel* na oviposição, eclodibilidade dos ovos e viabilidade das larvas *de Culex pipiens* L. Phytother. Res. 18(4):335-338.

Amer, A. e Mehlhorn, H., 2006. Efeitos larvicidas de vários óleos essenciais contra larvas de *Aedes*, *Anopheles* e *Culex* (Diptera, Culicidae). Parasitol. Res. 99:466-472.

Amerasan, D., Murugan, K., Kovendan, K., Mahesh Kumar, P., Panneerselvam, C., Subramaniam, J., John William, S. e Hwang, J.S., 2012. Propriedades adulticidas e repelentes de *Cassia tora* Linn. (Família: Caesalpinaceae) contra *Culex quinquefasciatus*, *Aedes aegypti* e *Anopheles stephensi.* Parasitol. Res. 111:1953-1964.

Amerasan, D., Nataraj, T., Murugan, K., Panneerselvam, C., Madhiyazhagan, P., Nicoletti, M. e Benelli, G., 2015. Mico-síntese de nanopartículas de prata utilizando *Metarhizium anisopliae* contra o vetor da malária rural *Anopheles culicifacies* Giles (Diptera: Culicidae). J. Pest. Sci. 89:249-256.

Amutha, D., Shanthi, S. e Mariappan, V., 2012. Efeito anti-inflamatório da *Tarenna asiatica* na inflamação pulmonar induzida por carragenina. Int. J. Pharm. Pharmaceut. Sci. 4:344-7.

Anees, A.M., 2008. Atividade larvicida de *Ocimum sanctum* Linn. (Labiatae) contra *Aedes aegypti* (L.) e *Culex quinquefasciatus* (Say). Parasitol. Res. 103(6):1451-1453.

Angajala, G., Ramya, R. e Subashini, R., 2014. Eficácia anti-inflamatória e larvicida de mosquitos in-vitro de nanopartículas de níquel fitofabricadas a partir de extractos aquosos de folhas de *Aegle marmelos* Correa. Ata. Trop. 135:19-26.

Ankamwar, B., Damle, C., Absar, A. e Mural, S., 2005. Biossíntese de nanopartículas de ouro e prata utilizando o extrato de frutos de *Emblica officinalis*, a sua transferência de fase e transmetalação numa solução orgânica. J. Nanosci. Nanotechnol. 10:1665-1671.

Ankanna, S., Prasad, T.N.V.K.V., Elumalai, E.K. e Savithramma, N., 2010. Produção de nanopartículas de prata biogénicas utilizando a casca do caule de *Boswellia ovalifoliolata*. Dig. J. Nanomat. Biostruct. 5(2): 369-372.

Arjunan, N.K., Murugan, K., Rejeeth, C., Madhiyazhagan, P. e Barnard, D.R., 2012. Síntese verde de nanopartículas de prata para o controlo de mosquitos vectores da malária, filariose e dengue. Vetor-Borne. Zoonotic. Dis. 12:262-268.

Arokiyaraj, S., Dinesh Kumar, V., Elakya, V., Kamala, T., Park, S.K., Ragam, M., Saravanan, M., Bououdina, M., Arasu, M.V., Kovendan, K. e Vincent, S., 2015. Nanopartículas de prata biossintetizadas usando extrato floral de *Chrysanthemum indicum* L.-potencial para o controle do vetor da malária. Environ. Sci. Pollut. Res. Int. 22:9759-9765.

Ashfaq, M. e Ashfaq, U., 2012. Avaliação da atividade mosquitocida do extrato aquoso de sementes *de Moringa oleifera* contra *Culex quinquefasciatus* (Diptera: Culicidae). Pak. Entomol. 34 (1):21-26.

Asmathunisha, N., Kathiresan, K., Anburaj, M. e Nabeel, M.A., 2010. Síntese de nanopartículas de prata antimicrobianas por extractos de folhas de calo da planta do pântano salgado *Sesuvium portulacastrum* L. Coll. Surf. B. Biointerfaces.79:488-493.

Assis, L.M., Bevilaqua, C.M., Morais, S.M., Vieira, L.S., Costa, C.T. M. e Souza, J.A., 2003. Atividade ovicida e larvicida in vitro de extratos de *Spigelia anthelmia* Linn. sobre *Haemonchus contortus*. Vet. Parasitol. 117:43-49.

Bagavan, A., Kamaraj, C., Elango, G., Abduz Zahir, A. e Abdul Rahuman, A., 2009a. Eficácia adulticida e larvicida de alguns extractos de plantas medicinais contra carraças, vermes e mosquitos.Vet. Parasitol. 166:286-292.

Bagavan, A., Kamaraj, C., Rahuman, A.A., Elango, G., Zahir, A.A. e Pandiyan, G., 2009b. Avaliação do potencial larvicida e ninficida de extractos de plantas contra *Anopheles subpictus* Grassi, *Culex tritaeniorhynchus Giles* e *Aphis gossypii Glover*. Parasitol. Res. 104:1109-1117.

Bagavan, A., Rahuman, A.A., Kamaraj, C. e Geetha, K., 2008. Atividade larvicida da saponina de *Achyranthes aspera* contra *Aedes aegypti* e *Culex quinquefasciatus* (Diptera: Culicidae). Parasitol. Res. 103:223-229.

Balakrishnan, S., Srinivasan, M. e Mohanraj, J., 2015. Biossíntese de nanopartículas de prata a partir de extrato de planta de mangue (*Avicennia marina*) e sua potencial propriedade larvicida de mosquito. J. Parasit. Dis. 40:991.

Bar, H., Bhui, D.K., Sahoo, G.P., Sarkar, P.S., Pyne, S.e Misra, A., 2009. Green syntheis of silver nanoparticles using seed extract of *Jatropha curcas*. Colloids. Surf. A. Physicochem. Eng. Asp. 348:212-216.

Baranitharan, M. e Dhanasekaran, S., 2014. Eficácia mosquitocida da planta medicinal de *Coleus aromaticus* benth (lamiaceae) extratos de folhas Chikungunya vetor, *Aedes aegypti* (linn.) (Diptera:Culicidae). Int. J. Curr. Res. Chem. Pharma. Sci.1(5):61-67.

Barik, T.K., Kamaraju, R. e Gowswami, A., 2012. Nanopartículas de sílica: um potencial novo inseticida para o controlo de mosquitos vectores. Parasitol. Res. 111:1075-1083.

Benelli, G., 2015a. Investigação no controlo de mosquitos: desafios actuais para um futuro melhor. Parasitol. Res.114:2801-2805.

Benelli, G., 2015b. Ovicidas de origem vegetal na luta contra mosquitos vectores de importância médica e veterinária: uma revisão sistemática. Parasitol. Res. 114: 3201-3212.

Benelli, G., 2016. Biossíntese de nanopartículas mediada por plantas como uma ferramenta emergente contra mosquitos de importância médica e veterinária: uma revisão. Parasitol. Res. 115:23-34.

Benelli, G., Murugan, K., Panneerselvam, C., Madhiyazhagan, P., Conti, B. e Nicoletti, M., 2015. Ingredientes antigos para uma nova receita? Bolo de Neem, um subproduto botânico de baixo custo na luta contra doenças transmitidas por mosquitos. Parasitol. Res. 114:391-397.

Cecilia, K.F., Ravindhran, R., Gandhi, M.R., Reegan, A.D., Balakrishna, K. e Ignacimuthu, S., 2014. Atividades larvicidas e pupicidas de ecbolin A e ecbolin B isoladas de *Ecbolium viride* (Forssk.) Alston contra *Culex quinquefasciatus* Say (Diptera: Culicidae). Parasitol. Res. 113:3477-3484.

Chandramohan, B., Murugan, K., Panneerselvam, C., Madhiyazhagan, P., Chandirasekar, R., Dinesh, D., Mahesh Kumar, P., Kovendan, K., Suresh, U., Subramaniam, J., Rajaganesh R., Aziz, A.l T., Syuhei, B., Alsalhi, M.S., Devanesan, S., Nicoletti, M., Wei, H. e Benelli, G., 2016. Caracterização e potencial mosquitocida de nanopartículas de prata sintetizadas em bolo de nim: genotoxicidade e impacto na eficiência de predação de inimigos naturais de mosquitos. Parasitol. Res. 115:1015-1025.

Chandran, S.P., Chaudhary, M., Pasricha, R., Ahmad, A. e Sastry, M., 2006. Síntese de nanotriângulos de ouro e nanopartículas de prata utilizando o extrato da planta *Aleo vera*. Biotechnol. Prog. 2:577-583.

Chansang, U., Zahiri, N.S., Bansiddhi, J., Boonruad, T., Thongsrirak, P., Mingmuang, J., Benjapong, N. e Mulla, M.S., 2005. Atividade larvicida de mosquitos de extractos aquosos de pimenta longa (*Piper retrofractum* Vahl) da Tailândia. J. Vetor. Ecol. 30:195-200.

Cheah, S.X., Tay, J.W., Chan, L.K. e Jaal, Z., 2013. Efeitos larvicidas, de oviposição e ovicidas de *Artemisia annua* (Asterales: Asteraceae) contra *Aedes aegypti*, *Anopheles sinensis* e *Culex quinquefasciatus* (Diptera: Culicidae).Parasitol. Res. 112:3275-3282.

Cheng, S.S., Lin, C.Y., Chung, M.J., Liu, Y.H., Huang, C.G. e Chang, S.T., 2013. Actividades larvicidas de óleos essenciais de madeira e folha e extractos etanólicos de *Cunninghamia konishii* Hayata contra os mosquitos da dengue. Ind. Crops. Prod. 47:310-315.

Chitra, G., Balasubramani, G., Ramkumar, R., Sowmiya, R. e Perumal, P., 2015. Síntese de nanopartículas de prata mediada por extrato de *Mukia maderaspatana* (Cucurbitaceae) para controlar *Culex quinquefasciatus* e *Aedes aegypti* (Diptera: Culicidae). Parasitol. Res. 114:1407-1415.

Cho, K., Park, J., Osaka, T. e Park, S., 2005. O estudo da atividade antimicrobiana e dos efeitos conservantes do ingrediente nanosilver. Electr. Chim. Ata. 51:956-960.

Chobu, M., Nkwengulila, G., Mahande, A.M., Mwang'onde, B.J. e Kweka, E.J., 2015. Efeito direto e indireto dos predadores em *Anopheles gambiae* sensu stricto. Ata. Trop. 142:131-137.

Choochote, W., Chaithong, U., Kamsuk, K., Rattanachanpichai, E., Jitpakdi, A., Tippawangkosol, P., Chaiyasit, D., Champakaew, D., Tuetun, B. e Pitasawat, B., 2006. Atividade adulticida contra *Stegomyia aegypti* (Diptera: culicidae) de três Piper spp. Rev. Inst. Med. Trop. S. Paulo. 48(1):33-37.

Chowdhury, N., Ghosh, A. e Chandra, G., 2008. Actividades larvicidas de mosquitos do extrato de bagas de *Solanum villosum* contra o vetor da dengue *Stegomyia aegypti*. BMC Complement Altern. Med. 8:e10.

Conti, B., Benelli, G., Flamini, G., Cioni, P.L., Profeti, R., Ceccarini, L., Macchia, M. e Canale, A., 2012. Atividade larvicida e repelente do óleo essencial de *Hyptis suaveolens* (Lamiaceae) contra o mosquito *Aedes albopictus* Skuse (Diptera: Culicidae). Parasitol. Res. 110:2013-2021.

Conti, B., Canale, A., Bertoli, A., Gozzini, F. e Pistelli, L., 2010. Composição do óleo essencial e atividade larvicida de seis plantas aromáticas mediterrânicas contra o mosquito *Aedes albopictus* (Diptera: Culicidae). Parasitol. Res. 107:1455-1461.

Dass, K. e Mariappan P., 2014. Atividade larvicida do extrato de folhas de *Lawsonia inermis* e *Murraya exotica* no vetor filarial, *Culex quinquefasciatus*. I. Journal Mosq. Res. 1 (2): 25-27.

Deepa, M., Palanisamy, K., Krishnappa, K. e Elumalai, K., 2014. Atividade mosquitocida de *Polygala arvensis* Willd contra *Aedes aegypti* (Linn.), *Anopheles stephensi* (Liston.) E *Culex quinquefasciatus* (Say.) (Diptera: Culicidae). Int. J. Mosq. Res. 1 (4): 30-34.

Deo, P.G., Hasan, S.B. e Majumdar, S.K., 1988. Toxicidade e adequação de alguns insecticidas para uso doméstico. Int. Pest Control. 30:118-129.

Dhiman, R.C., Pahwa, S., Dhillon, G.P.S. e Dash, A.P., 2010. Alterações climáticas e ameaça de doenças transmitidas por vectores na Índia: estamos preparados? Parasitol. Res. 106(4):763-773.

Dinesh, D., Murugan, K., Madhiyazhagan, P., Panneerselvam, C., Nicoletti, M., Jiang, W., Benelli, G., Chandramohan, B. e Suresh, U., 2015. Atividade mosquitocida e antibacteriana de nanopartículas de prata sintetizadas em verde a partir de extratos *de Aloe vera*: em direção a uma ferramenta eficaz contra o vetor da malária *Anopheles stephensi*? Parasitol. Res. 114:1519-29.

Dua, V.K., Alam, M.F., Pandey, A.C., Rai, S., Chopra, A.K. e Kaul, V.K., 2008. Atividade inseticida de *Valeriana jatamansi* (Verbenaceae) contra mosquitos. J. Am. Mosq. Control. Assoc. 24:315-318.

Dua, V.K., Pandey, A.C., Alam, M.E. e Dash, A.P., 2006. Larvicidal activity of *Hibiscus abelmoschus* Linn. (Malvaceae) against mosquitoes. J. Am. Mosq. Control. Assoc. 22(1):155-157.

Dua, V.K., Pandey, A.C. e Dash, A.P., 2010. Atividade adulticida do óleo essencial das folhas de *Lantana camara* contra mosquitos. Indian. J. Med. Res. 131:434-439.

Dubey, M., Bhadauria, S. e Kushwah, B.S., 2009. Green synthesis of nanosilverparticles from extract of *Eucalyptus hybrida* (safeda) leaf. Dig. J. Nanomat. Biostruc. 4:537-43.

Edriss, A.E., Satti, A.A. e Alabjar, Z.A., 2013. Propriedades larvicidas de duas espécies de plantas asclepiadáceas contra o mosquito *Anopheles arabiensis* Patton (Diptera: Culicidae). J. Saudi. Soc. Agrl. Sci. 12:59-66.

Elango, G., Rahuman, A.A., Bagavan, A., Kamaraj, C., Zahir, A.A. e Venkatesan, C., 2009. Estudo laboratorial sobre a atividade larvicida de extractos de plantas indígenas contra *Anopheles subpictus* e *Culex tritaeniorhynchus*. Parasitol. Res. 104(6):1381-1388.

Elango, G., Rahuman, A.A., Kamaraj, C., Bagavan, A. e Zahir, A.A., 2011. Eficácia dos extractos de plantas medicinais contra o vetor da malária, *Anopheles subpictus* Grassi. Parasitol. Res. 108:1437-1445.

Elango, G., Rahuman, A.A., Kamaraj, C., Zahir, A.A. e Bagavan, A., 2010. Estudos sobre os efeitos de extractos de plantas indígenas no vetor filarial *Culex tritaeniorhynchus* Giles. Parasitol. Res. 107:167-176.

Elimam, A.M., Elmalik, K.H. e Ali, F.S., 2009. Eficácia do extrato de folhas de *Calotropis procera* Ait. (Asclepiadaceae) no controlo dos mosquitos *Anopheles arabiensis* e *Culex quinquefasciatus*. Saudi. J. Biol. Sci.16:95-100.

Escaline, J.L., Senthil-Nathan, S., Thanigaivel, A., Pradeepa, V., Vasantha Srinivasan, P., Ponsankar, A., Edwin, E.S., Selin Rani, S. e Abdel Megeed, A., 2015. Efeitos fisiológicos e bioquímicos do extrato botânico de *Piper nigrum* Linn (Piperaceae) contra o vetor da dengue *Aedes aegypti* Liston (Diptera: Culicidae). Parasitol. Res. 114:4239-4249.

Fayaz, A.M., Balaji, K., Girilal, M., Yadav, R., Kalaichelvan, P.T. e Venketesan, R., 2009. Síntese biogénica de nanopartículas de prata e seu efeito sinérgico com antibióticos: um estudo contra bactérias gram-positivas e gram-negativas Nanomedicine. Nanotechnol. Biol. Med. 6:103-109.

Finney, D.J., 1971. Probit analysis, Cambridge University Press, Londres. 551:68-72.

Forough, M. e Farhadi, K., 2010. Síntese biológica e ecológica de nanopartículas de prata. Turk. J. Eng. Env. Sci. 34:281-287.

Ghosh, G.K., 1991. Biopesticide and integrated pest management. A.P.H. Publishing Corporation, Nova Deli, pp 145-146.

Gnanadesigan, M., Anand, M., Ravikumar, S., Maruthupandy, M. e Vijayakumar, V., Selvam, S., Dhineshkumar, M., Kumaraguru, A.K., 2011. Biossíntese de nanopartículas de prata usando extrato de planta de mangue e sua potencial propriedade larvicida de mosquito. Asian. Pacif. J. Trop. Med. 4:799-803.

Gokulakrishnan, J., Selvakumar, B., Elumalai, K. e Krishnappa, K., 2012. Eficácia larvicida e ovicida de extractos de folhas de *Ariitolochia indica* Linn Aristolochiaceae contra o vetor da malária *Anopheles stephensi* Liston (Diptera: Culicidae). Int. J. Curr. Lif. Sci. 210:48-52.

Gomathi, R., Isaivani, I. e Karpagam, S., 2014. Atividade larvicida de extratos vegetais de *Monstera adansonii* contra *Culex quinequefaciatus*. J. Pharmacogn. Phytochem. 3(3): 160-162.

Gong, P., Li, H., He, X., Wang, K., Hu, J., Tan, W., Zhang, S. e Yang, X., 2007. Preparação e atividade antibacteriana de nanopartículas de Fe3O4@Ag. Nanotecnologia 18:285604.

Govindarajan, M., 2009. Bioeficácia do extrato de folhas de *Cassia fistula* Linn. (Leguminosae) contra o vetor de chikungunya, *Aedes aegypti* (Diptera: Culicidae). Eur. Rev. Med. Pharmacol. Sci. 13(2):99-103.

Govindarajan, M., 2010a. Composição química e atividade larvicida do óleo essencial das folhas de *Clausena anisata* (Willd.) Hook. f. ex Benth (Rutaceae) contra três espécies de mosquitos. Asian. Pac. J. Trop. Med. 3:874-877.

Govindarajan, M., 2010b. Actividades larvicidas e repelentes de *Sida acuta* Burm. F. (Família: Malvaceae) contra três importantes mosquitos vectores. Asian. Pac. J. Trop. Med. 3(9): 691-695.

Govindarajan, M., 2010c. Eficácia larvicida de extractos de folhas de plantas de *Ficus benghalensis* L. contra *Culex quinquefasciatus* Say, *Aedes aegypti* L. e *Anopheles stephensi* L. (Diptera: Culicidae). Eur. Rev. Med. Pharmacol. Sci. 14:107-111.

Govindarajan, M., 2011a. Atividade larvicida e ovicida do extrato de folhas de *Cardiospermum halicacabum* Linn. (Família: Sapindaceae) contra *Culex quinquefasciatus* (say.) e *Aedes aegypti* (Linn.) (Diptera: Culicidae). Eur. Rev. Med. Pharmacol. Sci. 15(7):787-794.

Govindarajan M., 2011b. Propriedades larvicidas e repelentes de alguns óleos essenciais contra *Culex tritaeniorhynchus* Giles e *Anopheles subpictus* Grassi (Diptera: Culicidae). Asian. Pac. J. Trop. Med. 4(2):106-111.

Govindarajan, M. e Benelli, G., 2016a. Fabricação one-pot de nanocristais de prata usando *Ormocarpum cochinchinense*: Caracterização biofísica de um potente mosquitocida e toxicidade em predadores de mosquitos não-alvo. J. Asia. Pac. Entomol. 19:377-385.

Govindarajan, M. e Benelli, G., 2016b. Uma síntese fácil de nanopartículas ecológicas usando *Carissa carandas*: Potencial Ovicida e Larvicida em Vectores de Mosquito da Malária, Dengue e Filariose. J. Clust. Sci. DOI 10.1007/s10876-016-1035-6.

Govindarajan, M. e Rajeswary, M., 2015. Potencial ovicida e adulticida do extrato de folhas e sementes de *Albizia lebbeck* (L.) Benth. (Família: Fabaceae) contra *Culex quinquefasciatus*, *Aedes aegypti* e *Anopheles stephensi* (Diptera: Culicidae). Parasitol. Res. 114:1949-1961.

Govindarajan, M. e Sivakumar, R., 2012. Propriedades adulticidas e repelentes de extractos de plantas indígenas contra *Culex quinquefasciatus* e *Aedes aegypti* (Diptera: Culicidae). Parasitol. Res. 110:1607-1620.

Govindarajan, M. e Sivakumar, R., 2014a. Eficácia larvicida, ovicida e adulticida de *Erythrina indica* (Lam.) (Família: Fabaceae) contra *Anopheles stephensi*, *Aedes aegypti* e *Culex quinquefasciatus* (Diptera: Culicidae). Parasitol. Res. 113:777-791.

Govindarajan, M. e Sivakumar, R., 2014b. Propriedades ovicidas, larvicidas e adulticidas de extractos de raízes de *Asparagus racemosus* (Willd.) (Família: Asparagaceae) contra mosquitos vectores da filariose (*Culex quinquefasciatus*), dengue (*Aedes aegypti*) e malária (*Anopheles stephensi*) (Diptera: Culicidae). Parasitol. Res. 113:1435-1449.

Govindarajan, M., Jebanesan, A. e Reetha, D., 2005. Efeito larvicida de metabolitos secundários extracelulares de diferentes fungos contra o mosquito *Culex quinquefasciatus* Say. Trop. Biomed. 22(1):1-3.

Govindarajan, M., Jebanesan, A. e Reetha, D., 2006. Atração para oviposição do filtrado de cultura de *Streptomyces aureofacians* para *Culex quinquefasciatus*. Environ. Ecol. 24S(1):92-94.

Govindarajan, M., Jebanesan, A. e Reetha, D., 2007. Larvicidal Efficacy of Extracellular Metabolites of Actinomycetes against Dengue Vetor Mosquito *Aedes aegypti* Linn. (Diptera: Culicidae). Res. Rev. Bio. Sci. 1(3):161-162.

Govindarajan, M., Jebanesan, A. e Pushpanathan, T., 2008a. Atividade larvicida e ovicida do extrato de folhas *de Cassia fistula* Linn. Leaf extract against filarial and malarial vetor mosquitoes. Parasitol. Res. 102:289-292.

Govindarajan, M., Jebanesan, A., Pushpanathan, T. e Samidurai, K., 2008b. Estudos sobre o efeito dos extractos de folhas de *Acalypha indica* L. (Euphorbiaceae) no vetor da malária, *Anopheles stephensi* Liston (Diptera:Culicidae). Parasitol. Res. 103(3):691-695.

Govindarajan, M. e Karuppannan, P., 2011. Propriedades larvicidas e ovicidas do mosquito *Eclipta alba* (L.) Hassk (Asteraceae) contra o vetor de chikungunya, *Aedes aegypti* (Linn.) (Diptera: Culicidae). Asian. Pac. J. Trop. Med. 4:24-28.

Govindarajan, M., Sivakumar, R., Rajeswary, M. e Yogalakshmi, K., 2011a. Composição química e atividade larvicida do óleo essencial de *Mentha spicata* (Linn.) contra três espécies de mosquitos. Parasitol. Res. 110:2023-2032.

Govindarajan, M., Mathivanan, T., Elumalai, K., Krishnappa, K. e Anandan, A., 2011b. Actividades ovicidas e repelentes de extractos botânicos contra *Culex quinquefasciatus*, *Aedes aegypti* e *Anopheles stephensi* (Diptera: Culicidae). Ásia. Pacífico. J. Trop. Biomed. 1:43-48.

Govindarajan, M., Sivakumar, R., Rajeswary, M. e Yogalakshmi, K., 2012. Propriedades larvicidas e ovicidas de extractos de folhas e sementes de *Delonix elata* (L.) Gamble (Família: Fabaceae) contra mosquitos vectores da malária (*Anopheles stephensi* Liston) e da dengue (*Aedes aegypti* Linn.) (Diptera: Culicidae). Parasitol. Res. 111:65-77.

Govindarajan, M., Sivakumar, R., Rajeswary, M. e Yogalakshmi, K., 2013a. Composição química e atividade larvicida do óleo essencial de *Ocimum basilicum* (L.) contra *Culex tritaeniorhynchus*, *Aedes albopictus* e *Anopheles subpictus* (Diptera: Culicidae). Experimento. Parasitol. 134:7-11.

Govindarajan, M., Rajeswary, M., Sivakumar, R. e 2013b. Eficácia larvicida e ovicida de *Pithecellobium dulce* (Roxb.) Benth. (Fabaceae) contra *Anopheles stephensi* Liston & *Aedes aegypti* Linn. (Diptera: Culicidae). Indian. J. Med. Res. 138:129-134.

Govindarajan, M., Sivakumar, R., Rajeswary, M. e Veerakumar, K., 2013c. Atividade larvicida de mosquitos do timol do óleo essencial de *Coleus aromaticus* Benth. contra *Culex tritaeniorhynchus*, *Aedes albopictus* e *Anopheles subpictus* (Diptera: Culicidae). Parasitol. Res. 112:3713-3721.

Govindarajan, M., Nicoletti, M. e Benelli, G., 2016a. Caracterização biofísica de nanocristais de prata polidispersos fabricados usando *Carissa spinarum*: uma ferramenta potente contra vetores de mosquitos. J. Clust. Sci. 27:745-761.

Govindarajan, M., Rajeswary, M., Veerakumar, K., Hoti, S.L., Mehlhorn, H., Barnard, D.R. e Benelli, G., 2016a. Nova síntese de nanopartículas de prata usando *Bauhinia variegata*: uma abordagem ecológica recente para o controle de mosquitos. Parasitol. Res. 115:723-733.

Govindarajan, M., Rajeswary, M., Arivoli, S., Tennyson, S. e Benelli, G., 2016b. Potencial larvicida e repelente do óleo essencial de *Zingiber nimmonii* (J.

Graham) Dalzell (Zingiberaceae): uma ferramenta ecológica contra os vectores de mosquitos da malária, dengue e filariose linfática? Parasitol. Res.115:1807-1816.

Govindarajan, M., Rajeswary, M., Hoti, S.L., Murugan, K., Kovendan, K., Arivoli, S. e Benelli, G., 2016c. Biofabricação de nanopartículas de prata *mediada por Clerodendrum chinense*: Potencial mosquitocida e toxicidade aguda contra organismos aquáticos não visados. J. Asia. Pac. Entomol. 19:51-58.

Govindarajan, M., Rajeswary, M., Hoti, S.L., Bhattacharyya, A. e Benelli, G., 2016d. Eugenol, α-pineno e β-cariofileno do óleo essencial *de Plectranthus barbatus* como larvicidas ecológicos contra os vectores dos mosquitos da malária, da dengue e da encefalite japonesa. Parasitol. Res. 115:807-815.

Govindarajan, M., Hoti, S.L., Rajeswary, M. e Benelli, G., 2016e. Síntese de uma etapa de nanocristais de prata polidispersos usando *Malva sylvestris*: um larvicida de mosquito ecológico com impacto insignificante em organismos aquáticos não-alvo. Parasitol. Res. 115:2685-2695.

Govindarajan, M., Vijayan, P., Kadaikunnan, S., Alharbi, N.S. e Benelli, G., 2016f. One-pot biogenic fabrication of silver nanocrystals using *Quisqualis indica*: Effectiveness on malaria and Zika virus mosquito vectors, and impact on non-target aquatic organisms. J. Photoch. Photobiol. B. 162:646-655.

Griffin, L.F. e Knight, J.M., 2012. Uma revisão do papel dos peixes como agentes de controlo biológico dos mosquitos vectores de doenças nas florestas de mangue: reduzir os riscos para a saúde humana e, ao mesmo tempo, reduzir os riscos ambientais. Wetl. Ecol. Manag. 20:243-252.

Haldar, K.M., Haldar, B. e Chandra, G., 2013. Fabricação, caraterização e bioensaio larvicida de mosquitos de nanopartículas de prata sintetizadas a partir de extrato aquoso de frutas de putranjiva, *Drypetes roxburghii* (Wall.). Parasitol. Res. 112:1451-1459.

Harve, G. e Kamath, V., 2004. Atividade larvicida de extractos de plantas utilizados isoladamente e em combinação com agentes larvicidas sintéticos conhecidos contra o *Aedes aegypti*. Indian. J. Exp. Biol. 42(12):1216-1219.

Hidayatulfathi, O., Sallehudin, S. e Ibrahim, J., 2004. Atividade adulticida de alguns extractos de plantas da Malásia contra *Aedes aegypti* Linn. Trop. Biomed. 5:61-67.

Jayaraman, M., Senthilkumar, A. e Venkatesalu, V., 2015. Avaliação de alguns extractos de plantas aromáticas quanto ao potencial larvicida de mosquitos contra *Culex quinquefasciatus*, *Aedes aegypti* e *Anopheles stephensi*. Parasitol. Res. 114:1511-1518.

Jayaseelan, C., Rahuman, A.A., Rajakumar, G., Vishnu Kirthi, A., Santhoshkumar, T., Marimuthu, S., Bagavan, A., Kamaraj, C., Zahir, A.A. e Elango, G., 2011. Síntese de nanopartículas de prata pediculocidas e larvicidas por extrato de folha da planta de luar de folha de coração, *Tinospora cordifolia* miers. Parasitol. Res. 109:185-194.

Jayasinghe, U.L.B., Jayasooriya, C.P., Bandara, B.M.R., Ekanayak, S.P., Merlini,A. e Assante, L.G., 2002. Atividade antimicrobiana de Rubiaceae e Meliaceae do Sri Lanka. Fitoterapia, 73:42-47.

Jea, Y.S. e Beom, S.K., 2009. Síntese biológica rápida de nanopartículas de prata utilizando extractos de folhas de plantas. Bioprocess. Biosyst. Eng. 32:79-84.

Jeyabalan, D., Arul, N. e Thangamathi, P., 2003. Estudos sobre os efeitos dos extractos de folhas de *Pelargonium citrosa* no vetor da malária *Anopheles stephensi* Liston. Biores. Technol. 89:185-189.

Kamakshi, K.T., Raveen, R., Tennyson, S., Arivoli, S. e Reegan, D.A., 2015 Actividades ovicidas e repelentes de extractos de *Cereus hildmannianus* (K. chum.) (Cactaceae) contra o vetor da dengue *Aedes aegypti* L. (Diptera: Culicidae). Int. J. Mosq. Res. 2 (1):13-17.

Kamalakannan, S., Murugan, K., Naresh Kumar, A., Ramasubramanian, N. e Mathiyazhagan, P., 2008. Efeito adulticida do agente patogénico fúngico, *Metarhizium anisopliae*, no vetor da malária *Anopheles stephensi* (Diptera: Culicidae). Africano. J. Biotech. 7(6):838-841.

Kamaraj, C., Rahuman, A.A. e Bagavan, A., 2008. Efeitos antifeedantes e larvicidas de extractos de plantas contra *Spodoptera litura* (F.), *Aedes aegypti* L. e *Culex quinquefasciatus* Say. Parasitol. Res. 103(2):325-331.

Kamaraj, C., Bagavan, A., Rahuman, A.A., Zahir, A.A., Elango, G. e Pandiyan, G., 2009. Potencial larvicida de extractos de plantas medicinais contra *Anopheles subpictus* Grassi e *Culex tritaeniorhynchus* Giles (Diptera: Culicidae). Parasitol. Res. 104:1163-1171.

Kamaraj, C., Rahuman, A.A., Mahapatra, A., Bagavan, A. e Elango, G., 2010. Actividades insecticidas e larvicidas de extractos de plantas medicinais contra mosquitos. Parasitol. Res. 107:1337-1349.

Kamaraj, C., Bagavan, A., Elango, G., Zahir, A.A., Rajakumar, G., Marimuthu, V., Santhoshkumar, T. e Rahuman, A.A., 2011. Atividade larvicida de extractos de plantas medicinais contra *Anopheles subpictus* & *Culex tritaeniorhynchus*. Indian. J. Med. Res. 134:101-106.

Kannathasan, K., Senthilkumar, A., Chandrasekaran, M. e Venkatesalu, V., 2007. Eficácia larvicida diferencial de quatro espécies de *Vitex* contra larvas de *Culex quinquefasciatus*. Parasitol. Res. 101(6):1721-1723.

Karthik, L., Gaurav, K., Bhaskara Rao K.V., Rajakumar, G. e Abdul Rahuman, A., 2011. Atividade larvicida, repelente e ovicida de extractos de actinobactérias marinhas contra *Culex tritaeniorhynchus* e *Culex gelidus*. Parasitol. Res. 108:1447-1455.

Karthika Devi, K., Mohanraj, R.S. e Dhanakkodi, B., 2013. Atividades mosquitocidas do extrato metanólico de folhas de *Spathodea campanulata* contra o vetor da dengue *Aedes aegypti*. Asiático. J. Plant. Sci. Res. 3(4):138-149.

Karthikeyan, J., Nila, K.M., Thooyavan, G. e Vimalkumar, E., 2014. Eficácia larvicida e antibacteriana de nanopartículas de prata sintetizadas verdes usando *Melia dubia*. Int. J. Pharm. Pharmaceut. Sci. 6:395-399.

Karunamoorthi, K., Ramanujam, S. e Rathinasamy, R., 2008. Avaliação de extractos de folhas de *Vitex negundo* L. (Família: Verbenaceae) contra larvas de *Culex tritaeniorhynchus* e atividade repelente em mosquitos vectores adultos. Parasitol. Res. 103:545-550.

Kashiwagi, T., Mekuria, D.B., Dekebo, A., Sato, K., Tebayashi, S. e Kim, C.S., 2007. Um novo deterrente de oviposição para a lagarta-das-folhas, *Liriomyza trifolii*: glucósido cucurbitano de *Momordica charantia*. Z. Naturforsch. 62(7-8):603-607.

Kasthuri, J., Kathiravan, K., Rajendiran, N. e 2009. Biossíntese assistida por filantina de nanopartículas de prata e ouro, uma nova abordagem biológica. J. Nanopart. Res. 11:1075-1085.

Kaviya, S., Santhanalakshmi, J., Viswanathan, B., Muthumary, J. e Srinivasan, K., 2011. Biossíntese de nanopartículas de prata utilizando extrato de casca de *Citrus sinensis* e a sua atividade antibacteriana. Spectrochim. Ata. Part. A: Mol. Biomol. Spectrosc. 79:594-598.

Khandelwal, N., Singh, A., Jain, D., Upadhyay, M.K. e Verma, H.N., 2010. Síntese ecológica de nanopartículas de prata utilizando extrato de folhas de *Argimone mexicana* e avaliação das suas actividades antimicrobianas. Digest. J. Nanomed. Biostruc. 5:482-489.

Khanna, V.G. e Kannabiran, K., 2007. Efeito larvicida de *Hemidesmus indicus*, *Gymnema sylvestre* e *Eclipta prostrata* contra larvas do mosquito *Culex quinquefasciatus*. Afr. J. Biotechnol. 6:307-311.

Khanna, V.G., Kannabiran, K., Rajakumar, G., Rahuman, A.A. e Santhoshkumar, T., 2011. Composto biolarvicida gymnemagenol isolado do extrato de folha da planta frutífera milagrosa, *Gymnema sylvestre* (Retz) Schult contra vectores de malária e filariose. Parasitol. Res. 109:1373-1386.

Kimbaris, A.C., Koliopoulos, G., Michaelakis, A. e Konstantopoulou, M.A., 2012. Bioatividade dos óleos essenciais de *Dianthus caryophyllus*, *Lepidium sativum*, *Pimpinella anisum* e *Illicium verum* e dos seus componentes principais contra o vetor do Nilo Ocidental *Culex pipiens*. Parasitol. Res. 111:2403-2410.

Kirtikar, K.R., Basu, B.D., 1975. Indian Medicinal Plants, Vol. II. International Book Publishers, Dehradun.

Kishino, E., Ito, T., Fujita, K. e Kinchi, Y., 2006. A mistura do extrato aquoso de *Salacia reticulata* (Kotalahimbutu) e da ciclodextrina reduz a acumulação de massa gorda visceral em ratos e ratazanas com obesidade induzida por uma dieta rica em gordura. J. Nutr. 136:433-439.

Koodalingam, A., Mullainadhan, P. e Arumugam, M., 2009. Atividade antimosquito do extrato aquoso da amêndoa da noz-sabão *Sapindus emarginatus*: impacto em várias fases de desenvolvimento de três espécies de mosquitos vectores e insectos aquáticos não visados. Parasitol. Res. 105:1425-1434.

Kovendan, K., Murugan, K., Mahesh Kumar, P., Thiyagarajan, P. e John William, S., 2013. Avaliações ovicidas, repelentes, adulticidas e de campo de extractos de plantas contra vectores de dengue, malária e filária. Parasitol. Res. 112:1205-1219.

Kovendan, K., Murugan, K. e Vincent, S., 2012. Avaliação da atividade larvicida do extrato de folhas de *Acalypha alnifolia* Klein ex Willd. (Euphorbiaceae) contra o vetor da malária, *Anopheles stephensi*, o vetor da dengue, *Aedes aegypti* e o vetor da filariose bancroftiana, *Culex quinquefasciatus* (Diptera: Culicidae). Parasitol. Res. 110:571-581.

Kovendan, K., Murugan, K., Vincent, S. e Kamalakannan, S., 2011. Eficácia larvicida de *Jatropha curcas* e inseticida bacteriano, *Bacillus thuringiensis*, contra o vetor da filária linfática, *Culex quinquefasciatus* Say. (Diptera: Culicidae). Parasitol. Res. 109:1251-1257.

Kreutzweiser, D.P., 1997. Efeitos não-alvo de insecticidas à base de neem em invertebrados aquáticos. Ecotoxicol. Environ. Saf. 36:109-117.

Krishnan, R. e Maru, G.B., 2006. Isolamento e análise de fracções de polifenóis poliméricos do chá preto. Food. Chem. 94:331-340.

Krishnappa, K., Mathivanan, T., Elumalai, A., Jeyasankar, A., Dhanasekaran, S. e Elumalai, K., 2013. Avaliação dos extractos de plantas medicinais *Cissus quadrangularis* e *Combretum ovalifolium* contra o mosquito vetor da malária humana de importância médica *Anopheles stephensi* liston (Diptera:Culicidae). Int. J. Interdisci. Res. Revs. 1(4):11-18.

Krishnaraj, C., Jagan, E.G., Rajasekar, S., Selvakumar, P., Kalaichelvan, P.T. e Mohan, N., 2010. Síntese de nanopartículas de prata utilizando extractos de folhas de *Acalypha indica* e a sua atividade antibacteriana contra agentes patogénicos transmitidos pela água. Coll. Surf. B. Biointerf. 76:50-56.

Krishnaraj, C., Jagan, E.G., Ramachandran, R., Abirami, S.M., Mohan, N. e Kalaichelvan, P.T., 2012. Efeito de nanopartículas de prata sintetizadas biologicamente no *Bacopa monnieri* (Linn.) Wettst. metabolismo do crescimento das plantas. Process. Biochem. 47:651-658.

Kulkarni, R.R., Pawar, P.V., Joseph, M.P., Akulwad, A.K., Sen, A. e Joshi, S.P., 2013. Óleos essenciais de *Lavandula gibsoni* e *Plectranthus mollis*: análise química e actividades de controlo de insectos contra *Aedes aegypti*, *Anopheles stephensi* e *Culex quinquefasciatus*. J. Pest. Sci. 86(4):713-718.

Kumar, K.R., Nattuthurai, N., Gopinath, P. e Mariappan, T., 2014. Síntese de nanopartículas de prata ecológicas a partir do extrato de folhas de *Morinda tinctoria* e sua atividade larvicida contra *Culex quinquefasciatus*. Parasitol. Res. 114:411-417.

Kumar, S., Warikoo, R. e Wahab, N., 2010a. Potencial larvicida de extractos etanólicos de frutos secos de três espécies de grãos de pimenta contra diferentes instares de uma estirpe indiana do mosquito da febre de dengue, *Aedes aegypti* L. (Diptera: Culicidae). Parasitol. Res. 107:901-907.

Kumar, V., Yadav, S.C. e Yadav, S.K., 2010b. Biossíntese de nanopartículas de prata e sua caraterização mediada por extractos de folhas e sementes de *Syzygium cumini*. J. Chem. Technol. & Biotech. 85:1301-1309.

Kuppusamy, C. e Murugan, K., 2009. Efeito mosquitocida de *Andrographis paniculata* Nees contra o vetor da malária, *Anopheles stephensi* Liston (Diptera: Culicidae). Int. J. Integr. Biol. 5(2):75-81.

Kweka, E., Zhou, G., Gilbreath, T., Afrane, Y., Nyindo, M., Githeko, A. e Yan, G., 2011. Eficiência de predação de larvas de *Anopheles gambiae* por predadores aquáticos nas terras altas do oeste do Quénia. Parasit. Vect. 4:128.

Lallawmawma, H., Sathishkumar, G., Sarathbabu, S., Ghatak, S., Sivaramakrishnan, S., Gurusubramanian, G. e Kumar, N.S., 2015. Síntese de nanopartículas de prata e ouro usando extrato de folha de *Jasminum nervosum* e sua atividade larvicida contra o vetor filarial e arboviral *Culex quinquefasciatus* Say (Diptera: Culicidae). Environ. Sci. Pollut. Res. Int. 22:17753-17768.

Lalrotluanga, Ngente, L., Nachimuthu, S. e Guruswami, G., 2012. Atividade inseticida e repelente de *Hiptage benghalensis* L. Kruz (Malpighiaceae) contra vetores de mosquitos. Parasitol. Res. 111:1007-1017.

Lima, M.G., Maia, I.C., Sousa, B.D., Morais, S.M. e Freitas, S.M., 2006. Efeito de extractos de talos e folhas de espécies de Euphorbiaceae sobre larvas *de Aedes aegypti* (Diptera, Culicidae). Rev. Inst. Med. Trop. São. Paulo. 48(4):211-214.

Liu, X.C., Liu, Q., Zhou, L. e Liu, Z.L., 2014. Avaliação da atividade larvicida do óleo essencial de *Allium macrostemon* Bunge e dos seus compostos constituintes principais selecionados contra *Aedes albopictus* (Diptera: Culicidae). Parasit. Vectors. 7:184.

Liu, X.C., Liu, Z.L., Dong, H.W., Zhou, L. e Du, S.S., 2013. Composição do óleo essencial e atividade larvicida das raízes de *Toddalia asiatica* contra o mosquito *Aedes albopictus* (Diptera: Culicidae). Parasitol. Res. 112:1197-1203.

Liu, Z.L., He, Q., Chu, S.S., Wang, C.F., Du, S.S. e Deng, Z.W., 2012. Composição do óleo essencial e atividade larvicida das raízes de *Saussurea lappa* contra o mosquito *Aedes albopictus* (Diptera: Culicidae). Parasitol. Res. 110:2125-2130.

Lukman, A.I., Gong, B., Marjo, C.E., Roessner, U. e Harris, A.T., 2011. Síntese fácil, estabilização e desempenho antibacteriano de nanopartículas discretas de Ag usando exsudados de sementes de *Medicago sativa*. J. Colloid Interface Sci. 353(2):433-444.

Luz, C., Tai, M.H., Santos, A.H., Rocha, L.F., Albernaz, D.A. e Silva, H.H., 2007. Atividade ovicida de hifomicetos entomopatogênicos sobre *Aedes aegypti* (Diptera: Culicidae) em condições de laboratório. J. Med. Entomol. 44(5):799-804.

Madhiyazhagan, P., Murugan, K., Naresh Kumar, A., Nataraj, T., Dinesh, D., Panneerselvam, C., Subramaniam, J., Mahesh Kumar, P., Suresh, U, Roni M., Nicoletti, M., Alarfaj, A.A. Higuchi, A., Murugan, A., Munusamy, N. e Benelli, G., 2015. Nanopartículas de prata *sintetizadas em Sargassum muticum*: uma ferramenta de controlo eficaz contra vectores de mosquitos e agentes patogénicos bacterianos. Parasitol. Res. 114:4305-4317.

Mageswari, A., Subramanian, P., Ravindran, V., Yesodharan, S., Bagavan, A., Abdul Rahuman, A., Karthikeyan, S. e Gothandam, K.M., 2015. Síntese e atividade larvicida de nanopartículas de prata estáveis a baixa temperatura de *Pseudomonas mandelii* psicrotolerante. Environ. Sci. Pollut. Res. 22:5383-5394.

Mahesh Kumar, P., Murugan, K., Madhiyazhagan, P., Kovendan, K., Amerasan, D., Chandramohan, B., Dinesh, D., Suresh, U., Nicoletti, M., Saleh Alsalhi, M., Devanesan, S., H, Wei., Kalimuthu, K., Hwang, J.S., Lo Iacono, A. e Benelli, G., 2016. Biossíntese, caraterização e toxicidade aguda de nanopartículas de prata *fabricadas com Berberis* tinctoria contra o mosquito tigre asiático, *Aedes albopictus*, e os predadores de mosquitos *Toxorhynchites splendens* e *Mesocyclops thermocyclopoides*. Parasitol. Res. 115:751-759.

Maheswaran, R. e Ignacimuthu, S., 2012. Uma nova formulação à base de plantas contra os mosquitos vectores da dengue *Aedes aegypti* e *Aedes albopictus.* Parasitol. Res. 110:1801-1813.

Maheswaran, R. e Ignacimuthu, S., 2014. Efeito do *Polygonum hydropiper* L. contra o mosquito vetor da dengue *Aedes albopictus* L. Parasitol. Res. 113:3143-3150.

Maheswaran, R. e Ignacimuthu, S., 2015. Um novo biopesticida Ponneem para controlar os mosquitos vetores humanos *Anopheles stephensi* L. e *Culex quinquefasciatus* Say. Environ. Sci. Pollut. Res. 22:13153-13166.

Mahitha, B., Deva, Prasad, Raju, B., Dillip, G.R., Madhukar Reddy, C., Mallikarjuna, K., Manoj, I., Priyanka, S., Jayantha Rao, K. e Sushma, J.N., 2011. Biossíntese, caraterização e estudos antimicrobianos de AgNPs extraídos da planta inteira *de Bacopa monniera*. Dig. J. Nanomat. Biostruct. 6:135-142.

Manimaran, A.M., Cruz, J., Muthu. C., Vincent, S. e Ignacimuthu, S., 2013. Actividades larvicidas e inibidoras do crescimento de diferentes formulações de óleos voláteis de plantas contra *Anopheles stephensi* (Liston), *Culex quinquefasciatus* Say e *Aedes aegypti* (L.). Int. J. Hyto. Res. 2278-5701.

Marimuthu, S., Rahuman, A.A., Kirthi, A.V., Santhoshkumar, T., Jayaseelan, C. e Rajakumar, G., 2013. Rota microbiana ecológica para sintetizar nanopartículas de cobalto usando *Bacillus thuringiensis* contra vetores de malária e dengue. Parasitol. Res. 112:4105-4112.

Marimuthu, S., Rahuman, A.A., Rajakumar, G., Santhoshkumar, T., Kirthi, A.V., Jayaseelan, C., Bagavan, A., Zahir, A.A., Elango, G. e Kamaraj, C., 2011. Avaliação de nanopartículas de prata sintetizadas em verde contra parasitas. Parasitol. Res. 10:2212-2224.

Matasyoh, J.C., Wathuta, E.M., Kairuki, S.T., Chepkorir, R. e Kavulani, J., 2008. Extractos de plantas de Aloé como larvicidas alternativos para o controlo de mosquitos. Afr. J. Biotech. 7(7):912-915.

Mathew, N., Anitha, M.G., Bala, T.S., Sivakumar, S.M., Narmadha, R. e Kalyanasundaram, M., 2009. Atividade larvicida dos extractos de *Saraca indica*, *Nyctanthes arbortristis* e *Clitoria ternatea* contra três espécies de mosquitos vectores. Parasitol. Res. 104:1017-1025.

Mathivanan, T., Govindarajana, M., Elumalai, K., Krishnappa, K. e Ananthan, A., 2010. Propriedades larvicidas e fitoquímicas de *Ervatamia coronaria* Stapf. (Família: Apocynaceae). J. Vetor. Borne. Dis. 47: 178-180.

Mavundza, E.J., Maharaj, R., Chukwujekwu, J.C., Finnie, J.F. e Van Staden, J., 2014. Triagem para atividade adulticida contra *Anopheles arabiensis* em dez plantas usadas como repelentes de mosquitos na África do Sul. Malar. J. 13:173.

Mehlhorn, H., Schmahl, G. e Schmidt, J., 2005. O extrato das sementes da planta *Vitex agnus castus* provou ser altamente eficaz como repelente contra carraças, pulgas, mosquitos e moscas que picam. Parasitol. Res. 95:363-365.

Mehra, B.K. e Hiradhar, P.K., 2002. *Cuscuta hyalina* Roth. e inibidor do desenvolvimento de insectos contra o mosquito doméstico comum *Culex quinquefasciatus* Say. J. Environ. Biol. 23:335-339.

Mohan, L., Sharma, P. e Srivastava, C.N., 2005. Avaliação de extractos de *Solanum xanthocarpum* como larvicidas de mosquitos. J. Environ. Biol. 26 (2):399-401.

Mukandiwa, L., Eloff, J.N. e Naidoo, V., 2016. Efeitos repelentes e mosquitocidas de extractos de folhas de *Clausena anisata* contra o mosquito *Aedes aegypti* (Diptera: Culicidae). Environ. Sci. Pollut. Res. 23(11):11257-11266.

Mukherjee, P., Roy, M., Mandal, B.P., Dey, G.K., Mukherjee, P.K., Ghatak, J., Tyagia, K. e Kale, S.P., 2008. Síntese verde de partículas de prata nanocristalinas altamente estabilizadas por um fungo não patogénico e de importância agrícola *T. asperellum*. Nanotech. 19:075103.

Mullai, K. e Jebanesan, A., 2006. Atividade larvicida e ovicida do extrato de folhas de duas cucurbitáceas contra o vetor da filária, *Culex quinquefasciatus* Say. Ind. J. Environ. Ecoplan. 12:611-615.

Mullai, K. e Jebanesan, A., 2007. Actividades larvicida, ovicida e repelente do extrato de folhas de duas plantas cucurbitáceas contra o vetor filarial *Culex quinquefasciatus* (Say) (Diptera: Culicidae). Trop. Biomed. 24(1):1-6.

Mullai, K., Jebanesan, A. e Pushpanathan, T., 2008. Efeito de fracções bioactivas do extrato de folhas de *Citrullus vulgaris* Schrad. contra *Anopheles stephensi* e *Aedes aegypti*. Parasitol. Res. 102 (5):951-955.

Murugan, K. e Jeyabalan, D., 1999. Efeito Mosquitocida de certos extractos de plantas em *Anophels stephensi*. Curr. Sci. 76:631-633.

Murugan, K., Mahesh Kumar, P., Kovendan, K., Amerasan, D. e Subramaniam, J., 2012. Atividade larvicida, pupicida, repelente e adulticida do extrato de casca de laranja *Citrus sinensis* contra *Anopheles stephensi*, *Aedes aegypti* e *Culex quinquefasciatus* (Diptera: Culicidae). Parasitol Res. 111:1757-1769.

Murugan, K., Venus, J.S.E., Panneerselvam, C., Bedini, S., Conti, B., Nicoletti, M., Kumar Sarkar, S., Hwang, J.S., Subramaniam, J., Madhiyazhagan, P., Mahesh Kumar, P., Dinesh, D., Suresh, U. e Benelli, G., 2015a. Biossíntese, propriedades mosquitocidas e antibacterianas de nanopartículas de prata *sintetizadas por Toddalia asiatica*: elas afetam a predação do guppy *Poecilia reticulata* contra o mosquito da filariose *Culex quinquefasciatus*? Environ. Sci. Poll. Res. 22:17053-17064.

Murugan, K., Aarthi, N., Kovendan, K., Panneerselvam, C., Chandramohan, B., Mahesh Kumar, P., Amerasan, D., Paulpandi, M., Chandirasekar, R., Dinesh, D., Suresh, U., Subramaniam, J., Higuchi, A., Alarfaj, A.A., Nicoletti, M., Mehlhorn, H. e Benelli, G., 2015b. Atividade mosquitocida e antiplasmodial de *Senna occidentalis* (Cassiae) e *Ocimum basilicum* (Lamiaceae) das colinas de Maruthamalai contra *Anopheles stephensi* e *Plasmodium falciparum*. Parasitol. Res.114:3657-3664.

Murugan, K., Benelli, G., Panneerselvam, C., Subramaniam, J., Jeyalalitha, T., Dinesh, D., Nicoletti, M., Hwang, J.S., Suresh, U. e Madhiyazhagan, P., 2015c. As nanopartículas de ouro *sintetizadas em Cymbopogon citratus* aumentam a eficiência de predação do copépode *Mesocyclops aspericornis* contra os mosquitos da malária e da dengue. Exp. Parasitol. 153:129-138.

Murugan, K., Priyanka, V., Dinesh, D., Madhiyazhagan, P., Panneerselvam, C., Subramaniam, J., Suresh, U., Chandramohan, B., Roni, M., Nicoletti, M., Alarfaj, A.A., Higuchi, A., Munusamy, M.A., Khater, H.F., Messing, R.H. e Benelli, G., 2015d. Predação por girinos de rã-touro asiática, *Hoplobatrachus tigerinus*, contra o vetor da dengue *Aedes aegypti* num ambiente aquático tratado com nanopartículas mosquitocidas. Parasitol. Res. 114:3601-3610.

Murugan, K., Sanoopa, C.P., Madhiyazhagan, P., Dinesh, D., Subramaniam, J., Panneerselvam, C., Roni, M., Suresh, U., Nicoletti, M., Alarfaj, A.A., Munusamy, M.A., Higuchi, A., Kumar, S., Perumalsamy, H., Ahn, J.Y. e

Benelli, G., 2015e. Biossíntese rápida de nanopartículas de prata usando folhas de *Crotalaria verrucosa* contra o vetor da dengue *Aedes aegypti*: o que acontece ao redor? Uma análise do comportamento predatório de libélulas após exposição a doses ultrabaixas. Nat. Prod. Res. 30(7): 826-833.

Murugan, K., Aamina, Labeeba, M., Panneerselvam, C., Dinesh, D., Suresh, U., Subramaniam, J., Madhiyazhagan, P., Hwang, J.S., Wang, L., Nicoletti, M. e Benelli, G., 2015f. Nanopartículas de prata sintetizadas em verde *de Aristolochia indica*: uma ferramenta de controlo sustentável contra o vetor da malária *Anopheles stephensi*? Res. Vet. Sci. 102:127-135.

Murugan, K., Dinesh, D., Paulpandi, M., Dakhellah Meqbel Althbyani, A., Subramaniam, J., Madhiyazhagan, P., Wang, L., Suresh, U., Mahesh Kumar, P., Mohan, J., Rajaganesh, R., Wei, H., Kalimuthu, K., Parajulee, M.N., Mehlhorn, H. e Benelli, G., 2015g. Nanopartículas na luta contra doenças transmitidas por mosquitos: bioatividade de nanopartículas *sintetizadas por Bruguiera cylindrica* contra o vírus da dengue DEN-2 (in vitro) e o seu mosquito vetor *Aedes aegypti* (Diptera: Culicidae). Parasitol. Res. 114:4349-4361.

Murugan, K., Dinesh, D., Jenil Kumar ,P., Panneerselvam, C., Subramaniam, J., Madhiyazhagan, P., Suresh, U., Nicoletti, M., Alarfaj, A.A., Munusamy, M.A., Higuchi, A., Mehlhorn, H. e Benelli, G., 2015h. Nanopartículas de prata sintetizadas por *Datura metel* aumentam a predação de ninfas de libélulas contra o vetor da malária *Anopheles stephensi*. Parasitol. Res. 114:4645-4654.

Murugan, K., Samidoss, C.M., Panneerselvam, C., Higuchi, A., Roni, M., Suresh, U., Chandramohan, B., Subramaniam, J., Madhiyazhagan, P., Dinesh, D., Rajaganesh, R., Alarfaj, A.A., Nicoletti, M., Kumar, S., Wei H., Canale, A., Mehlhorn, H. e Benelli, G., 2015i. Nanopartículas de prata sintetizadas em algas marinhas: uma ferramenta ecológica na luta contra o *Plasmodium falciparum* e seu vetor *Anopheles stephensi*? Parasitol. Res. 114:4087-4097.

Murugan, K., Nataraj, D., Madhiyazhagan, P. Sujitha, V., Chandramohan, B., Panneerselvam, C., Dinesh, D., Chandirasekar, R., Kovendan, K., Suresh, U., Subramaniam, J., Paulpandi, M., Vadivalagan, C., Rajaganesh, R., Wei, H. Syuhei, B.,. Aziz, A.l.T., Alsalhi, M.S., Devanesan, S., Nicoletti, M., Canale, A. e Benelli, G., 2016a. Nanopartículas de carbono e prata na luta contra o vetor da filariose *Culex quinquefasciatus*: genotoxicidade e impacto nas caraterísticas comportamentais de organismos aquáticos não-alvo. Parasitol. Res. 115:1071-1083.

Murugan, K., Aruna, P., Panneerselvam, C., Madhiyazhagan, P., Paulpandi, M., Subramaniam, J., Rajaganesh, R., Wei, H., Saleh Alsalhi, M., Devanesan, S., Nicoletti, M., Syuhei, B., Canale, A. e Benelli, G., 2016b. Combate a doenças arbovirais: baixa toxicidade em células de mamíferos, inibição do crescimento da dengue (in vitro) e atividade mosquitocida de nanopartículas de prata *sintetizadas por Centroceras clavulatum*. Parasitol. Res. 115:651-662.

Najitha Banu, A. e Balasubramanian, C., 2014a. Mico-síntese de nanopartículas de prata usando *Beauveria bassiana* contra o vetor da dengue, *Aedes aegypti* (Diptera: Culicidae). Parasitol. Res. 113:2869-2877.

Najitha Banu, A. e Balasubramanian, C., 2014b. Otimização e síntese de nanopartículas de prata usando *Isaria fumosorosea* contra mosquitos vetores humanos. Parasitol. Res. 113:3843-3851.

Najitha Banu, A. e Balasubramanian, C., 2015. Síntese extracelular de nanopartículas de prata utilizando *Bacillus megaterium* contra o vetor da malária e da dengue (Diptera: Culicidae). Parasitol. Res. 114:4069-4079.

Najitha Banu, A., Balasubramanian, C. e Vinayaga Moorthi, P., 2014. Biossíntese de nanopartículas de prata usando *Bacillus thuringiensis* contra o vetor da dengue, *Aedes aegypti* (Diptera: Culicidae).Parasitol. Res. 113:311-316.

Naresh Kumar, A., Jeyalalitha, T., Murugan, K. e Madhiyazhagan, P., 2013. Bioeficácia de nanopartículas de ouro mediadas por plantas e *Anthocepholus cadamba* no vetor filarial, *Culex quinquefasciatus* (Insecta: Diptera: Culicidae). Parasitol. Res. 112:1053-1063.

Nathan, S.S., Hisham, A. e Jayakumar, G., 2008. Inibição larvicida e de crescimento do vetor da malária *Anopheles stephensi* por triterpenos de *Dysoxylum malabaricum* e *Dysoxylum beddomei*. Fitoterapia. 79(2):106-111.

Nathan, S.S., Kalaivani, K., Murugan, K. e Chung, P.G., 2005. Efeitos dos limonóides de neem no vetor da malária *Anopheles stephensi* Liston (Diptera: Culicidae). Ata. Trop. 96:47-55.

Nayak, J.B. 2014. Eficácia dos extractos brutos de *Annona reticulata* e *Pongamia pinnata* como larvicida para a gestão do vetor filarial *Culex quinquefasciatus* Say Diptera: Culicidae. Int. J. Res. Bot. 4(1): 1-5.

Noginov, M.A., Zhu, G., Bahoura, M., Adegoke, J., Small, C., Ritzo, B.A., Drachev, V.P. e Shalaev, V.M., 2006. O efeito do ganho e da absorção no plasmon de superfície em nanopartículas metálicas. Appl. Phys. B. 86:458-460.

Ouda, N.A.A., Al-chalabi, B.B.M., Al-charchafchi, F.F.M.R. e Mohsen, Z.Z.H., 1998. Extrato de *Atriplex canescens* contra *Culex quinquefasciatus*. Pharm. Biol. 36(1):69-71.

Oz, E., Cinbilgel, I. e Cetin, H., 2007. Toxicidade fumigante do óleo essencial de *Mentha longifolia* L. (Lamiaceae) contra o mosquito doméstico, *Culex pipiens* (Diptera: Culicidae). Parasitol. Res. 112:1205-1219.

Panneerselvam, C., e Murugan, K. 2013. Propriedades adulticidas, repelentes e ovicidas de extractos de plantas indígenas contra o vetor da malária, *Anopheles stephensi* (Diptera: Culicidae). Parasitol. Res. 112:679-692.

Panneerselvam, C., Ponarulselvam, S. e Murugan, K., 2011. Potencial atividade antiplasmodial de nanopartículas de prata sintetizadas utilizando *Andrographis paniculata* Nees (Acanthaceae). Arch. Appl. Sci. Res. 3(6):208-217.

Panneerselvam, C., Murugan, K., Kovendan, K. e Mahesh Kumar, P., 2012. Atividade larvicida, pupicida, adulticida e repelente de mosquitos de *Artemisia nilagirica* (Família: Compositae) contra *Anopheles stephensi* e *Aedes aegypti*. Parasitol. Res. 111:2241-2251.

Panneerselvam, C., Murugan, K., Kovendan, K., Mahesh Kumar, P. e Subramaniam, J., 2013. Atividade larvicida e pupicida de mosquitos de *Euphorbia hirta* Linn. (Família: Euphorbiaceae) e *Bacillus sphaericus* contra *Anopheles stephensi* Liston. (Diptera: Culicidae). Asian. Pac. J. Trop. Med. 6:102-109.

Panneerselvam, C., Murugan, K., Roni, M., Thabiani Aziz, A.l., Suresh, U., Rajaganesh, R., Madhiyazhagan, P., Subramaniam, J., Dinesh, D., Nicoletti, M., Higuchi, A., Alarfaj, A.A., Munusamy, M.A., Suresh Kumar, Desneux, N. e Benelli, G., 2016. Nanopartículas sintetizadas por samambaia na luta contra a malária: análise LC / MS do extrato de folhas de *Pteridium aquilinum* e biossíntese de nanopartículas de prata com alta atividade mosquitocida e antiplasmodial. Parasitol. Res.115:997-1013.

Patil, C.D., Patil, S.V., Salunke, B.K. e Salunkhe, R.B., 2011. Bioeficácia dos extractos de plantas de *Plumbago zeylanica* (Plumbaginaceae) e *Cestrum nocturnum* (Solanaceae) contra *Aedes aegypti* (Diptera: Culicide) e peixes não visados *Poecili areticulata*. Parasitol. Res. 108(5):1253-1263.

Patil, C.D., Patil, S.V., Borase, H.P., Salunke, B.K. e Salunkhe, R.B., 2012a. Atividade larvicida de nanopartículas de prata sintetizadas usando látex de planta *Plumeria rubra* contra *Aedes aegypti* e *Anopheles stephensi*. Parasitol. Res. 110:1815-1822.

Patil, C.D., Borase, H.P., Patil, S.V., Salunkhe, R.B. e Salunke, B.K., 2012b. Atividade larvicida de nanopartículas de prata sintetizadas usando látex de planta *Pergularia daemia* contra *Aedes aegypti* e *Anopheles stephensi* e peixes não-alvo *Poecillia reticulata*. Parasitol. Res. 111:555-562.

Pavela, R. e Govindarajan, M., 2016. O óleo essencial de *Zanthoxylum monophyllum* um potencial larvicida de mosquito com baixa toxicidade para o peixe não-alvo *Gambusia affinis*. J. Pest. Sci. DOI 10.1007/s10340-016-0763-6.

Phukan, S. e Kalita, M.C., 2005. Eficácia fitopesticida e repelente de *Litsea salicifolia* (Lauraceae) contra *Aedes aegypti* e *Culex quinquefasciatus*. Índia. J. Exp. Biol. 43:472-474.

Poopathi, S., Britto, L.J.D., Lakshmi Praba, V.C., Mani, M. e Praveen, M., 2015. Síntese de nanopartículas de prata de *Azadirachta indica - um* método mais eficaz para o controlo de mosquitos. Environ. Sci. Pollut. Res. 22:2956-2963.

Prabakar, K. e Jebanesan, A., 2004. Eficácia larvicida de alguns extractos de folhas de plantas cucurbitáceas contra *Culex quinquefasciatus* (Say). Bioresour. Technol. 95(1):113-114.

Prajapati, V., Tripathi, A.K., Aggarwal, K.K. e Khanuja, S.P.S., 2005. Atividade inseticida, repelente e de impedimento da oviposição de óleos essenciais selecionados contra *Anopheles stephensi*, *Aedes aegypti* e *Culex quinquefasciatus*. Bioresour. Technol. 96:1749-1757.

Prathibha, K.P., Raghavendra, B.S. e Vijayan, V.A., 2011. Avaliação do efeito larvicida do extrato de folhas de *Euodia ridleyi*, Hoch, contra três espécies de mosquitos em Mysore. Int. J. Biol. Sci. Eng. 02(01):106-109.

Prathibha, K.P., Raghavendra, B.S. e Vijayan, V.A., 2014. Actividades larvicidas, ovicidas e dissuasoras da oviposição de quatro extractos de plantas contra três espécies de mosquitos. Environ. Sci. Pollut. Res. 21:6736-6743.

Priyadarshini, K., Murugan, K., Panneerselvam, C., Ponarulselvam, S., Hwang, J-S. e Nicoletti, M., 2012. Potencial biolarvicida e pupicida de nanopartículas de prata sintetizadas usando *Euphorbia hirta* contra *Anopheles stephensi* Liston (Diptera: Culicidae). Parasitol. Res. 111(3):997-1006.

Pushpanathan, T., Jebanesan, A. e Govindarajan, M., 2006. Actividades larvicida, ovicida e repelente do óleo essencial de *Cymbopogan citratus* Stapf (Graminae) contra o mosquito filarial *Culex quinquefasciatus* (Say) (Diptera: Culicidae). Trop. Biomed. 23:208-212.

Pushpanathan, T., Jebanesan, A. e Govindarajan, M., 2008. O óleo essencial de *Zingiber officinalis* Linn (Zingiberaceae) como agente larvicida e repelente de mosquitos contra o vetor filarial *Culex quinquefasciatus* Say (Diptera: Culicidae). Parasitol. Res. 102:289-292.

Rafiuddin, Z.Z., 2013. Nanopartículas de prata bioconjugadas de *Ocimum sanctum* e papel do brometo de cetiltrimetil amónio. Colloids Surf. B, Biointerfaces. 108:90-94.

Ragavendran, C. e Natarajan, D., 2015. Potência inseticida de *Aspergillus terreus* contra larvas e pupas de três espécies de mosquitos *Anopheles stephensi*, *Culex quinquefasciatus* e *Aedes aegypti*.Environ. Sci. Pollut. Res. 22:17224-17237.

Raghavendra, B.S., Prathibha, K.P. e Vijayan, V.A., 2011. Eficácia larvicida de *Eugenia jambolana* Linn, extrato em três espécies de mosquitos em Mysore. J. Entomol. 8(5):491-496.

Rahuman, A.A., Gopalakrishnan, G., Venkatesan, P. e Geetha, K., 2008a. Atividade larvicida de alguns extractos de plantas de Euphorbiaceae contra *Aedes aegypti* e *Culex quinquefasciatus* (Diptera: Culicidae). Parasitol. Res. 102:867-873.

Rahuman, A.A., Venkatesan, P. e Gopalakrishnan, G., 2008b. Atividade larvicida de mosquitos dos ácidos oleico e linoleico isolados de *Citrullus colocynthis* (Linn.) Schrad. Parasitol. Res. 103: 1383-1390.

Rajakumar, G. e Rahuman, A.A., 2011. Atividade larvicida de nanopartículas de prata sintetizadas usando extrato de folhas de *Eclipta prostrata* contra filariose e vetores de malária. Ata Trop. 118(3):196-203.

Rajakumar, G., Rahuman, A.A., Roopan, S.M., Chung, I.M., Anbarasan, K. e Karthikeyan, V., 2015. Eficácia da atividade larvicida de nanopartículas de dióxido de titânio sintetizadas em verde usando extrato de *Mangifera indica* contra parasitas que se alimentam de sangue. Parasitol. Res. 114:571-581.

Rajan, R., Chandran, K., Harper, S.L., Yun, S.I. e Kalaichelvan, P.T., 2015. Nanopartículas sintetizadas de extrato vegetal: uma fonte contínua de novos materiais biocompatíveis. Ind. Crops. Prod. 70:356-73.

Rajasekharreddy, P. e Rani, P.U., 2015. Biofabricação de nanopartículas de Ag usando extrato de sementes de *Sterculia foetida* L. e seu potencial tóxico contra vetores de mosquitos e células cancerígenas HeLa. Mater. Sci. Eng. C. 39:203-212.

Rajeswary, M. e Govindarajan, M., 2014. Propriedades adulticidas do mosquito *Delonix elata* (Família: Fabaceae) contra o vetor da dengue, *Aedes aegypti* (Diptera: Culicidae). J. Coast. Life Med. 2(5): 389-393.

Rajeswary, M., Govindarajan, M., Murugan, K., Hwang, J.S., Barnard, D.R., Amsath, A. e Veerakumar, K., 2014. Propriedades ovicidas do mosquito de *Ageratina adenophora* (família: asteraceae) contra o vetor da filariose, *Culex quinquefasciatus* (Diptera: Culicidae). Int. J. Pure. Appl. Zool. 2(2):182-186.

Rajkumar, S. e Jebanesan, A., 2004. Actividades Mosquitocidas do octasano de *Moschosma polystachyum* Linn. (Lamiaceae). J. Ethnopharm. 90:87-89.

Rajkumar, S. e Jebanesan, A., 2005. Actividades dissuasoras da oviposição e repelentes da pele do extrato de folhas de *Solanum trilobatum* contra o vetor da malária *Anopheles stephensi*. J. Insect. Sci. 5:15.

Rajkumar, S. e Jebanesan, A., 2008. Bioatividade de compostos flavonóides de *Poncirus trifoliata* L. (Família: Rutaceae) contra o vetor da dengue, *Aedes aegypti* L. (Diptera: Culicidae). Parasitol. Res. 104:19-25.

Rajkumar, S. e Jebanesan, A., 2009. Atividade larvicida e de oviposição do extrato de folhas de *Cassia obtusifolia* Linn (Família: Leguminosae) contra o vetor da malária, *Anopheles stephensi* Liston (Diptera: Culicidae). Parasitol. Res. 104(2):337-340.

Raman, N., Sudharsan, S., Veerakumar, V., Pravin, N. e Vithiy, K., 2012. Síntese verde extracelular de nanopartículas de prata larvicidas mediada por *Pithecellobium dulce*. Spectrochim. Ata. A. Mol. Biomol. Spectrosc. 96:1031-1037.

Ramanibai, R. e Velayutham, K., 2015. Síntese de compostos bioativos de nanopartículas de Ag a partir de folhas de *Melia azedarach* e seu controle para larvas de mosquitos. Res. Vet. Sci. 98:82-88.

Ramesh Kumar, K., Nattuthurai, N., Gopinath, P. e Mariappan, T., 2015. Síntese de nanopartículas de prata co-amigáveis a partir de extrato de folhas de *Morinda tinctoria* e sua atividade larvicida contra *Culex quinquefasciatus*. Parasitol. Res. 114:411-417.

Ramkumar, G., Karthi, S., Muthusamy, R., Natarajan, D. e Shivakumar, M.S., 2014. Toxicidade adulticida e de fumo dos extractos de plantas de *Cipadessa baccifera* (Roth) contra *Anopheles stephensi*, *Aedes aegypti* e *Culex quinquefasciatus*. Parasitol. Res.114:167-173.

Raveen, R., Kamakshi, K.T., Deepa, M., Arivoli, S. e Tennyson, S., 2014. Atividade larvicida dos extractos de flores de *Nerium oleander* L. (Apocynaceae) contra *Culex quinquefasciatus* Say (Diptera: Culicidae). Int. J. Mosq. Res. 1 (1):38-42.

Rawani, A., Ghosh, A. e Chandra, G., 2010. Actividades larvicidas de mosquitos do extrato de folhas de *Solanum nigrum* L. contra *Culex quinquefasciatus* Say. Parasitol. Res. 107:1235-1240.

Rawani, A., Ghosh, A. e Chandra, G., 2013. Atividade larvicida e antimicrobiana de mosquitos de partículas de prata nano-cristalinas sintetizadas usando folhas e extrato de baga verde de *Solanum nigrum* L. (Solanaceae: Solanales). Ata. Trop. 128:613-622.

Reegan, A.D., Gandhi, M.R., Paulraj, M.G. e Ignacimuthu, S., 2015. Actividades de dissuasão ovicida e de oviposição de extractos de plantas medicinais contra os mosquitos *Aedes aegypti* L. e *Culex quinquefasciatus* Say (Diptera: Culicidae). Osong. Public. Heal. Res. Perspect. 6:64-69.

Reegan, A.D., Kinsalin, A.V., Paulraj, M.G. e Ignacimuthu, S., 2013. Actividades larvicida, ovicida e repelente dos extractos da esponja marinha *Cliona celata* (Grant) contra *Culex quinquefasciatus* Say e *Aedes aegypti* L. (Diptera: Culicidae). ISRN. Entomologia. Artigo ID. 315389, 1-8.

Roni, M., Murugan, K., Panneerselvam, C., Subramaniam, J. e Hwang, J.S., 2013. Avaliação do extrato aquoso de folhas e nanopartículas de prata sintetizadas usando *Nerium oleander* contra *Anopheles stephensi* (Diptera: Culicidae). Parasitol. Res. 112:981-990.

Roni, M., Murugan, K., Panneerselvam, C., Subramaniam, J., Nicoletti, M., Madhiyazhagan, P., Dinesh, D., Suresh, U., Khater, H.F., Wei, H., Canale, A., Alarfaj, A.A., Munusamy, M.A., Higuchi, A. e Benelli, G., 2015. Caracterização e biotoxicidade de nanopartículas de prata *sintetizadas por Hypnea musciformis* como potencial ferramenta de controlo ecológico contra *Aedes aegypti* e *Plutella xylostella*. Ecotoxicol. Environ. Saf. 121:31-38.

Roopan, S.M., Madhumitha, G., Rahuman, A.A., Kamaraj, C., Bharathi, A. e Surendra, T.V., 2013. Fito-síntese de baixo custo e ecologicamente correta de nanopartículas de prata usando extrato de coco *nucifera* e sua atividade larvicida. Ind. Crop Prod. 43:631-635.

Salunkhe, R.B., Patil, S.V., Patil, C.D. e Salunke, B.K., 2011. Potencial larvicida de nanopartículas de prata sintetizadas usando o fungo *Cochliobolus lunatus* contra *Aedes aegypti* (Linnaeus, 1762) e *Anopheles stephensi* Liston (Diptera; Culicidae). Parasitol. Res. 109:823-831.

Samidurai, K., 2012. Propriedades larvicidas e ovicidas do mosquito de *Pemphis acidula* Frost. (Lythraceae) contra *Culex tritaeniorhynchus* Giles e *Anopheles subpictus* Grassi (Diptera:Culicidae). Ásia. Pac. J. Trop. Biomed. 1862-1866.

Samidurai, K., Jebanesan, A., Saravanakumar, A., Govindarajan, M. e Pushpanathan, T., 2009. Actividades larvicida, ovicida e repelente de *Pemphis acidula* Forst. (Lythraceae) contra mosquitos vectores da filária e da dengue. Acad. J. Entomol. 2(2):62-66.

Santhosh, S.B., Yuvarajan, R. e Natarajan, D., 2015. Síntese de nanopartículas de prata mediada por extrato de folha de *Annona muricata* e seu potencial larvicida contra vetores de dengue, malária e filariose. Parasitol. Res. 114:3087-3096.

Santhoshkumar, T., Rahuman, A.A., Rajakumar, G., Marimuthu, S.A., Bagavan, C., Jayaseelan, Zahir, A.A., Elango, G. e Kamaraj, C., 2011. Síntese de nanopartículas de prata utilizando extrato de folhas de *Nelumbo nucifera* e sua atividade larvicida contra vectores de malária e filariose. Parasitol. Res. 108:693-702.

Sareen, S.J., Pillai, P.K., Chandramohanakumar, N. e Balagopalan, M., 2011. Potencial larvicida de nanopartículas de prata sintetizadas biologicamente contra *Aedes albopictus*. Res. J. Recent. Sci. 1:52-56.

Sathyavathi, R., Balamurali, Krishna, M., Venugopal Rao, S., Saritha, R. e Narayana Rao, D., 2010. Biossíntese de nanopartículas de prata utilizando extrato de folhas de *Coriandrum sativum* e sua aplicação em ótica não linear. Adv. Sci. Lett. 3:1-6.

Senthilkumar, N., Varma, P. e Gurusubramanian, G., 2009. Actividades larvicidas e adulticidas de algumas plantas medicinais contra o vetor da malária, *Anopheles stephensi* (Liston). Parasitol. Res.104:237-244.

Shahverdi, A.R., Fakhimi, A., Shahverdi, H.R. e Minaian, S.A., 2007. Síntese e efeito de nanopartículas de prata na atividade antibacteriana de diferentes antibióticos contra Staphylococcus aureus e Escherichia coli. Nanomed. Nanotechnol. Biol. Med. 3:168-171.

Shankar, S.S., Rai, A., Ahmad, A. e Sastry, M.J., 2004. Síntese rápida de nanopartículas de casca de Au, Ag e Au bimetálico usando Neem. J. Colloid. Interface. Sci. 275:496-502.

Sharma, G., Kapoor, H., Chopra, M., Kumar, K. e Agrawal, V., 2014. Forte potencial larvicida do extrato de folhas de *Artemisia annua* contra os vectores da malária (*Anopheles stephensi* Liston) e da dengue (*Aedes aegypti* L.) e isolamento dos compostos marcadores com base em bioensaios. Parasitol. Res. 113:197-209.

Sharma, P., Mohan, L. e Srivastava, C.N., 2005. Potencial larvicida dos extractos de *Nerium indicum* e *Thuja oriertelis* contra o vetor da malária e da encefalite japonesa. J. Environ. Biol. 26(4):657-660.

Shawky, A.M., Abdulall, A.K., Rabeh, M.A. e Abdellatif, A.O., 2014. Atividades biocidas aprimoradas de extratos aquosos *de Citrullus colocynthis* por nanotecnologia verde. Int. J. Appl. Res. Nat. Prod. 7:1-10.

Singh, B.P., Hatton, B.J., Singh, B., Cowie, A.L. e Kathuria, A., 2010. Influência dos biochars na emissão de óxido nitroso e na lixiviação de azoto de dois solos contrastantes. J. Environ. Qual. 39:1-12.

Singh, R.K., Dhiman, R.C. e Mittal, P.K., 2006. Propriedades larvicidas de *Momordica charantia* Linn (Família: Cucurbitaceae) para mosquitos. J. Vect. Borne. Dis. 43:88-91.

Singh, R.K., Mittal, P.K. e Dhiman, R.C., 2005. Estudo laboratorial sobre as propriedades larvicidas do extrato de folhas de *Calotropis procera* (Família: Asclepiadaceae) contra larvas de mosquitos. J. Comm. Dise. 37 (2):109-113.

Singhi, M., Joshi, V. e Dam, P.K., 2006. Estudos sobre *Calotropis procera* como planta larvicida e repelente contra vectores de dengue e DHF em Rajasthan, Índia. Relatório anual 2005-06. Centro de Investigação de Medicina do Deserto, Jodhpur, pp 24-28.

Sivagnaname, N. e Kalyanasundaram, M., 2004. Avaliação laboratorial do extrato metanólico de *Atlantia monophylla* (Família: Rutaceae) contra estágios imaturos de mosquitos e organismos não-alvo. Mem. Inst. Oswaldo. Cruz. 99:1-4.

Song, Y.J., Jang, H.K. e Kim, S.B., 2009. Síntese biológica de nanopartículas de ouro utilizando extrato de folhas de *Magnolia kobus* e *Diopyros kaki*. Process. Biochem. 44:1133-1138.

Soni, N. e Prakash, S., 2011. Eficácia de nanopartículas de prata e ouro mediadas por fungos contra larvas de *Aedes aegypti*. Parasitol. Res. 110:175-184.

Soni, N. e Prakash, S., 2012. Nano prata mediada por fungos: um adulticida eficaz contra mosquitos. Parasitol. Res. 111:2091-2098.

Soni, N. e Prakash, S., 2013. Possível controlo de mosquitos por nanopartículas de prata sintetizadas por fungos do solo (*Aspergillus niger* 2587). Adv. Nanopart. 2:125-132.

Soni, N. e Prakash, S., 2014a. Síntese microbiana de nanosilver esférico e nanogold para controle de mosquitos. Ann. Microbiol. 64:1099-1111.

Soni, N. e Prakash, S., 2014b. Nanopartículas de prata: uma possibilidade para a tecnologia de controlo dos vectores da malária e da filária. Parasitol. Res. 113:4015-4022.

Soni, N. e Prakash, S., 2015. Atividade antimicrobiana e mosquitocida de nanopartículas de prata sintetizadas microbianas. Parasitol. Res. 114:1023-1030.

Soonwera, M., 2015. Eficácia do óleo essencial de *Cananga odorata* (Lamk.) Hook.f. & Thomson (Annonaceae) contra três espécies de mosquitos *Aedes aegypti* (L.), *Anopheles dirus* (Peyton e Harrison) e *Culex quinquefasciatus* (Say). Parasitol. Res. 114:4531-4543.

Souza, T.M., Farias, D.F., Soares, B.M., Viana, M.P., Lima, G.P.G., Machado, L.K.A., Morais, S.M. e Carvalho, A.F.U., 2011. Toxicidade de extratos de sementes de plantas brasileiras para duas cepas de *Aedes aegypti* (Diptera: Culicidae) e animais não-alvo. J. Med. Entomol. 48:846-851.

Srivastava, S., Santos, A., Critchley, K., Kim, K.S., Podsiadlo, K., Sun, P., Lee, J., Xu, C., Lilly G.D., Glotzesr, S.C. e Kotov, N.A., 2010. Auto-montagem controlada por luz de nanopartículas semicondutoras em fitas torcidas. Sci. Mar. 12(327):1355-1359.

Su, T. e Mulla, M.S., 1998. Atividade ovicida de produtos de neem (Azadirachtin) contra *Culex tarsalis* e *Culex quinquefasciatus* (Diptera: Culicidae). J. Am. Mosq. Cont. Assoc. 14:204-209.

Subarani, S., Sabhanayakam, S. e Kamaraj, C., 2013. Estudos sobre o impacto das nanopartículas de prata biossintetizadas (AgNPs) em relação ao controlo do vetor da malária e da filariose contra *Anopheles stephensi* Liston e *Culex quinquefasciatus* Say (Diptera: Culicidae). Parasitol. Res. 112:487-499.

Subramaniam, J., Murugan, K., Panneerselvam, C., Kovendan, K., Madhiyazhagan, P., Mahesh Kumar, P., Dinesh, D., Chandramohan, B., Suresh, U., Nicoletti, M., Higuchi, A., Hwang, J.S., Kumar, S., Alarfaj, A.A., Munusamy, M.A., Messing, R.H. e Benelli, G., 2015. Controlo ecológico de vectores de malária e arbovírus utilizando o peixe-mosquito *Gambusia affinis* e dosagens ultra-baixas de nanopartículas de prata *sintetizadas por Mimusops elengi*: rumo a uma abordagem integradora? Environ. Sci. Pollut. Res. 22:20067-20083.

Subramaniam, J., Murugan, K., Panneerselvam, C., Kovendan, K., Madhiyazhagan, P., Dinesh, D., Mahesh Kumar, P., Chandramohan, B., Suresh, U., Rajaganesh, R., Alsalhi, M.S., Devanesan, S., Nicoletti, M., Canale, A. e Benelli, G., 2016. Eficácia polivalente das nanopartículas de ouro *sintetizadas por Couroupita guianensis*: elevado potencial antiplasmódico, eficácia no terreno contra os vectores da malária e sinergia com os predadores *Aplocheilus lineatus*. Environ. Sci. Pollut. Res. 23:7543-7558.

Suganya, A., Murugan, K., Kovendan, K., Mahesh Kumar, P. e Hwang, J.S., 2013. Síntese verde de nanopartículas de prata usando extrato de folha de *Murraya koenigii* contra *Anopheles stephensi* e *Aedes aegypti*. Parasitol. Res. 112:1385-1397.

Suganya, G., Karthi, S. e Shivakumar, M.S., 2014. Potencial larvicida de nanopartículas de prata sintetizadas a partir de extratos de folhas de *Leucas aspera* contra o vetor da dengue *Aedes aegypti*. Parasitol. Res. 113:1673-1679.

Sujitha, V., Murugan, K., Paulpandi, M., Panneerselvam, C., Suresh, U., Roni, M., Nicoletti, M., Higuchi, A., Madhiyazhagan, P., Subramaniam, J., Dinesh, D., Vadivalagan, C., Chandramohan, B., Alarfaj, A.A., Munusamy, M.A., Barnard, D.R. e Benelli, G., 2015. Nanopartículas de prata sintetizadas em verde como uma nova ferramenta de controlo contra o vírus da dengue (DEN-2) e o seu vetor primário *Aedes aegypti*. Parasitol. Res. 114:3315-3325.

Sukumar, K., Perich, M.J. e Boobar, L.R., 1991. Derivados botânicos no controlo de mosquitos: A review. J. Amer. Mosquito Control Association. 7: 2010-237.

Suman, T.Y., Elumalai, D., Kaleena, P.K. e Rajasree, S.R.R., 2013. Análise GC-MS de componentes bioativos e síntese de nanopartículas de prata usando extrato aéreo *de Ammannia baccifera* e sua atividade larvicida contra vetores de malária e filariose. Ind. Crops. Prod. 47:239-245.

Suman, T.Y., Radhika Rajasree, S.R., Jayaseelan, C., Regina Mary, R., Gayathri, S., Aranganathan, L. e Remya, R.R., 2016. Análise GC-MS de componentes bioactivos e biossíntese de nanopartículas de prata utilizando *Hybanthus enneaspermus* à temperatura ambiente, avaliação da sua estabilidade e da sua atividade larvicida. Environ. Sci. Pollut. Res. 23:2705-2714.

Sundaravadivelan, C. e Nalini, M., 2012. Efeito biolarvicida de nanopartículas de prata fitossintetizadas utilizando o extrato de caule de *Pedilanthus tithymaloides* (L.) Poit contra o vetor da dengue *Aedes aegypti* L. (Diptera; Culicidae). Ásia. Pacífico. J. Trop. Biomed. 1-8.

Sundaravadivelan, C. e Padmanabhan, M.N., 2014. Efeito das nanopartículas de prata micossintetizadas do filtrado de *Trichoderma harzianum* contra larvas e pupas do vetor da dengue *Aedes aegypti* L. Environ. Sci. Pollut. Res. 21:4624-4633.

Sundaravadivelan, C., Nalini Padmanabhan, M., Sivaprasath, P. e Kishmu, L., 2013. Nanopartículas de prata biossintetizadas do extrato de folhas de *Pedilanthus tithymaloides* com atividade anti-desenvolvimento contra instares larvais de *Aedes aegypti* L. (Diptera; Culicidae). Parasitol. Res. 112:303-311.

Suresh, G., Gunasekar, P.H., Kokil, D., Prabhu, D., Dinesh, D., Ravichandran, N., Ramesh, B., Koodalingam, A. e Vijaiyan Siva, G., 2014. A síntese verde de nanopartículas de prata usando extrato de raiz de *Delphinium denudatum* exibe atividades antibacterianas e larvicidas de mosquitos. Spectrochim. Ata. A. Mol. Biomol. Spectrosc. 127:61-66.

Suresh, U., Murugan, K., Benelli, G., Nicoletti, M., Barnard, D.R., Panneerselvam, C., Mahesh Kumar, P., Subramaniam, J., Dinesh, D. e Chandramohan, B., 2015. Enfrentando a crescente ameaça da dengue: Síntese de nanopartículas de prata *mediada por Phyllanthus niruri* e suas propriedades mosquitocidas contra o vetor da dengue *Aedes aegypti* (Diptera: Culicidae). Parasitol. Res. 114:1551-1562.

Tawatsin, A., Asavadachanukorn, P., Thavara, U., Wonngiskongman, P., Bansidhi, J., Boonruad, T., Chavalittumrong, P., Soonthomchareonnon, N., Komalamisra, N. e Mulla, M.S., 2006. Repelência de óleos essenciais extraídos de plantas na Tailândia contra quatro vectores de mosquitos (Diptera: Culicidae) e efeitos dissuasores da oviposição contra *Aedes aegypti* (Diptera: Culicidae). Sudeste. Asia. J. Trop. Med. Public. Health. 37(5):915-931.

Tennyson, S., Ravindran, J., Eapen, A. e William, J., 2015. Atividade ovicida dos extractos de folhas de *Ageratum houstonianum* Mill. (Asteraceae) extractos de folhas contra *Anopheles stephensi*, *Aedes aegypti* e *Culex quinquefasciatus* (Diptera: Culicidae). Ásia. Pacífico. J. Trop. Dis. 5:199-203.

Thabrew, M.I., Joice, P. e Rajatissa, W., 1987. Um estudo comparativo da eficácia de *Pavetta indica* e *Osbeckia octanda* no tratamento da disfunção hepática. Planta. Med. 53: 239-241.

Thirunavokkarasu, M., Balaji, U., Behera, S., Panda, P.K. e Mishra, B.K., 2013. Biossíntese de nanopartículas de prata a partir de extrato de *Desmodium gangeticum* (L.) DC. e seu potencial biomédico. Spectrochim. Ata. Parte A. Mol. Biomol. Spectrosc. 116:424-427.

Thirunavukkarasu, S., Rahuman, A.A., Govindasamy, R., Marimuthu, S., Asokan, B., Chidambaram, J., Zahir, A.A., Elango, G. e Chinnaperumal, K., 2010. Síntese de nanopartículas de prata utilizando extrato de folhas de *Nelumbo nucifera* e sua atividade larvicida contra vectores de malária e filariose. Parasitol. Res. 108(3):693-702.

Veerakumar, K. e Govindarajan, M., 2014. Propriedades adulticidas de nanopartículas de prata sintetizadas usando extratos de folhas de *Feronia elephantum* (Rutaceae) contra mosquitos vetores de filariose, malária e dengue. Parasitol. Res. 113:4085-4096.

Veerakumar, K., Govindarajan, M. e Rajeswary, M., 2013. Síntese verde de nanopartículas de prata usando extrato de folha de *Sida acuta* (Malvaceae) contra *Culex quinquefasciatus*, *Anopheles stephensi* e *Aedes aegypti* (Diptera: Culicidae). Parasitol. Res. 112:4073-4085.

Veerakumar, K., Govindarajan, M. e Rajeswary, M., 2014a. Síntese verde de baixo custo e ecologicamente correta de nanopartículas de prata usando *Feronia elephantum* (Rutaceae) contra *Culex quinquefasciatus*, *Anopheles stephensi* e *Aedes aegypti* (Diptera: Culicidae). Parasitol. Res. 113: 1775-1785.

Veerakumar, K., Govindarajan, M. e Rajeswary, M., 2014b. Propriedades larvicidas de mosquitos de nanopartículas de prata sintetizadas usando *Heliotropium indicum* (Boraginaceae) contra *Aedes aegypti*, *Anopheles stephensi* e *Culex quinquefasciatus* (Diptera: Culicidae). Parasitol. Res. 113:2363-2373.

Velayutham, K., Rahuman, A.A., Rajakumar, G., Roopan, S.M., Elango, G., Kamaraj, C., Marimuthu, S., Santhoshkumar, T., Iyappan, M. e Siva, C., 2013. Atividade larvicida de nanopartículas de prata sintetizadas em verde usando extrato aquoso de casca de *Ficus racemosa* contra *Culex quinquefasciatus* e *Culex gelidus*. Asian. Pac. J. Trop. Med. 6:95-101.

Velu, K., Elumalai, D., Hemalatha, P., Janaki, A., Babu, M., Hemavathi, M. e Kaleena, P.K., 2015. Avaliação da toxicidade das nanopartículas de prata dos extractos de casca de *Arachis hypogaea* e da sua atividade larvicida contra os vectores da malária e da dengue. Environ. Sci. Pollut. Res. 22:17769-17779.

Verma, P. e Prakash, S., 2010. Eficácia do metabolito de *Chrysosporium tropicum* contra uma população mista de mosquitos adultos (*Culex quinquefasciatus*, *Anopheles stephensi* e *Aedes aegypti*) após purificação com cromatografia flash. Parasitol. Res. 107:163-166.

Vijayakumar, S., Vinoj, G., Malaikozhundan, B., Shanthi, S. e Vaseeharan, B., 2015. Síntese de nanopartículas de óxido de zinco mediada por extrato de folha de *Plectranthus amboinicus* e seu controlo de biofilme de *Staphylococcus aureus* resistente à meticilina e larvas de mosquitos sugadores de sangue. Spectrochim. Ata. A. Mol. Biomol. Spectrosc. 25; 137:886-891.

Vikneshwaran, D., Viji, M. e Raja Lakshmi, K., 2008. Levantamento e documentação de plantas etnomedicinais relacionadas com a comunidade de Paliyar. Etnobotânica. Folhetos. 12:1108-15.

Vimala, R.T.V., Sathishkumar, G. e Sivaramakrishnan, S., 2015. Otimização das condições de reação para fabricar nano-prata usando *Couroupita guianensis*

Aubl. (folha e fruta) e seu efeito larvicida aprimorado. Spectrochim. Ata. A. Mol. Biomol. Spectrosc. 135:110-115.

Vinothkumar, D., Murugavelh, S. e Prabhavathy, A.K., 2011. Estudos fitossociológicos e etnobotânicos de bosques sagrados no distrito de Pudukkottai, Tamil Nadu, Índia. Asian. J. Exp. Biol. Sci., 2: 306-315.

Vivek, M., Senthil Kumar, P., Steffi, S. e Sudha, S., 2011. Nanopartículas de prata biogénicas por extrato de *Gelidiella acerosa* e seus efeitos antifúngicos. Avicena. J. Med. Biotechnol. 3:143-148.

Vivek, R., Thangam, R., Muthuchelian, K., Gunasekaran, P., Kaveri, K. e Kannan, S., 2012. Biossíntese verde de nanopartículas de prata a partir do extrato de folhas de *Annona squamosa* e o seu efeito citotóxico in vitro nas células MCF-7. Process. Biochem. 47:2405-2410.

Warikoo, R., Wahab, N. e Kumar, S., 2011. Potenciais de alteração da oviposição e ovicida de cinco óleos essenciais contra fêmeas adultas do vetor da dengue, *Aedes aegypti* L. Parasitol. Res. 109:1125-1131.

OMS, 1981. Instruções para determinar a suscetibilidade ou resistência de mosquitos adultos a insecticidas organoclorados, organofosforados e carbamatos: teste de diagnóstico. OMS/ VBC/81-807, Genebra.

OMS, 2005. Diretrizes para testes laboratoriais e de campo de larvicidas para mosquitos. Controlo, prevenção e erradicação de doenças transmissíveis, esquema de avaliação de pesticidas da OMS. OMS, GenebraWHO/CDS/WHOPES/GCDPP/1.3.

Yuan, L., Xue, M., Liu, Y. e Wang, H., 2006. Toxicidade e dissuasão da oviposição de extractos de *Vitex negundo* para *Plutella xylostella*. Yingyong. Shengtai. Xuebao. 17(4):695-698.

Zahir, A.A., Rahuman, A.A., Kamaraj, C., Bagavan, A., Elango, G., Sangaran, A. e Kumar, B.S., 2009. Determinação laboratorial da eficácia de extractos de plantas indígenas para o controlo de parasitas. Parasitol. Res. 105(2):453-461.

Zaridah, M.Z., Idid, S.Z., Omar, A.W. e Khozirah, S., 2001. Efeitos antifilariais in vitro de três espécies de plantas contra vermes adultos de *Brugia malayi* subperiódica. J. Ethnopharmacol. 78(1):79-84.

MIX
Papier aus verantwortungsvollen Quellen
Paper from responsible sources
FSC® C105338

Printed by Books on Demand GmbH, Norderstedt / Germany